国家出版基金项目
NATIONAL PUBLICATION FOUNDATION

"十三五"国家重点出版物出版规划项目

中国东北药用植物资源

图志 4

周繇 编著　肖培根 主审

Atlas of Medicinal Plant Resource in the Northeast of China

黑龙江科学技术出版社
HEILONGJIANG SCIENCE AND TECHNOLOGY PRESS

图书在版编目（CIP）数据

中国东北药用植物资源图志 / 周繇编著. -- 哈尔滨:
黑龙江科学技术出版社,2021.12
ISBN 978-7-5719-0825-6

Ⅰ. ①中… Ⅱ. ①周… Ⅲ. ①药用植物－植物资源－
东北地区－图集 Ⅳ. ①S567.019.23-64

中国版本图书馆CIP数据核字(2020)第262753号

中国东北药用植物资源图志
ZHONGGUO DONGBEI YAOYONG ZHIWU ZIYUAN TUZHI
周繇 编著　肖培根 主审

出 品 人	侯 擘　薛方闻
项目总监	朱佳新
策划编辑	薛方闻　项力福　梁祥崇　闫海波
责任编辑	侯 擘　朱佳新　回 博　宋秋颖　刘 杨　孔 璐　许俊鹏　王 研
	王 姝　罗 琳　王化丽　张云艳　马远洋　刘松岩　周静梅　张东君
	赵雪莹　沈福威　陈裕衡　徐 洋　孙 雯　赵 萍　刘 路　梁祥崇
	闫海波　焦 琰　项力福
封面设计	孔 璐
版式设计	关 虹
出 版	黑龙江科学技术出版社
	地址：哈尔滨市南岗区公安街70-2号　邮编：150007
	电话：（0451）53642106　传真：（0451）53642143
	网址：www.lkcbs.cn
发 行	全国新华书店
印 刷	哈尔滨市石桥印务有限公司
开 本	889 mm×1 194 mm　1/16
印 张	350
字 数	5 500千字
版 次	2021年12月第1版
印 次	2021年12月第1次印刷
书 号	ISBN 978-7-5719-0825-6
定 价	4 800.00元（全9册）

▲ 太平花植株

山梅花属 *Philadelphus* L.

太平花 *Philadelphus pekinensis* Rupr.

别　　名　京山梅花

药用部位　虎耳草科太平花的干燥根。

原植物　落叶灌木，高 1 ～ 2 m。当年生小枝表皮黄褐色，不开裂；叶卵形或阔椭圆形，长 6 ～ 9 cm，宽 2.5 ～ 4.5 cm，花枝上叶较小，椭圆形或卵状披针形，长 2.5 ～ 7.0 cm，宽 1.5 ～ 2.5 cm；叶柄长 5 ～ 12 mm，无毛。总状花序具花 5 ～ 9；花序轴长 3 ～ 5 cm，黄绿色；花梗长 3 ～ 6 mm；花萼黄绿色，外面无毛，裂片卵形，先端急尖，花冠盘状，直径 2 ～ 3 mm；花瓣白色，倒卵形，长 9 ～ 12 mm，宽约 8 mm；雄蕊 25 ～ 28，最长达 8 mm；花盘和花柱无毛；花柱长 4 ～ 5 mm，纤细，先端稍分裂，柱头棒形或槌形，常较花药小。蒴果近球形或倒圆锥形，

▼ 太平花果实

▲ 太平花花（侧）

直径 5 ～ 7 mm，宿存萼裂片近顶生。花期 6—7 月，果期 8—10 月。

生　　境　生于山坡杂木林中或灌丛中。

分　　布　辽宁北镇、义县、葫芦岛市区、朝阳、建昌、凌源、大连等地。河北、河南、山西、陕西、湖北。朝鲜。

采　　制　秋季采挖根，除去泥沙，洗净，晒干。

性味功效　味淡，性平。有解热镇痛、截疟的功效。

主治用法　用于疟疾、胃痛、腰痛、腰肌劳损、挫伤、跌打损伤等。水煎服。外用鲜品捣烂敷患处或用鲜品擦患处。

用　　量　3 ～ 6 g。外用适量。

◎ 参考文献 ◎

▼ 太平花枝条

▲太平花花

［1］钱信忠.中国
本草彩色图鉴
（第一卷）[M].
北京：人民卫
生 出 版 社，
2003：437-438.

［2］中国药材公
司.中国中
药资源志要
[M].北 京：
科学出版社，
1994：485.

［3］江纪武.药
用植物辞典
[M].天 津：
天津科学技
术 出 版 社，
2005：591.

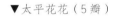

▼太平花花（5瓣）

薄叶山梅花 *Philadelphus tenuifolius* Rupr. ex Maxim.

别　　名　堇叶山梅花　太平花

药用部位　虎耳草科薄叶山梅花的干燥根及未成熟果实。

原 植 物　落叶灌木，高1～3 m。叶卵形，长8～11 cm，宽5～6 cm，先端急尖，基部近圆形或阔楔形，边缘具疏离锯齿，花枝上叶卵形或卵状椭圆形，长3～6 cm，宽2～3 cm，常紫堇色；叶柄长3～8 mm。总状花序具花3～9；花序轴长3～5 cm，黄绿色；花梗长3～10 mm，果期较长；花萼黄绿色，外面疏被微柔毛；裂片卵形，长约5 mm，先端急尖，干后脉纹明显，无白粉；花冠盘状，直径2.5～3.5 cm；花瓣白色，卵状长圆形，长1.0～1.5 cm，宽0.6～1.3 cm，顶端圆，稍2裂；雄蕊25～30，花盘无毛；花柱先端稍分裂，柱头槌形，较花药小。蒴果倒圆锥形，长4～6 mm，直径4～5 mm。花期6—7月，果期8—9月。

生　　境　生于针阔叶混交林和次生阔叶林中。

分　　布　黑龙江张广才岭、老爷岭。吉林安图、和龙、珲春、抚松、江源等地。辽宁本溪、宽甸、新宾、清原、西丰、鞍山等地。内蒙古赤峰。河北。朝鲜、俄罗斯（西伯利亚中东部）。

采　　制　春、夏、秋三季采挖根，除去泥沙，洗净，晒干。夏季取未成熟果实，鲜用或晒干。

性味功效	有补虚强壮、利尿的功效。
主治用法	用于身体虚弱、小便不利、痔疮。水煎服。外用煎水洗。
用　　量	9～15 g。外用适量。
附　　注	花可用作神经系统的强壮剂和利尿剂。

▲薄叶山梅花花

◎ 参考文献 ◎

[1] 钱信忠.中国本草彩色图鉴（第四卷）[M].北京：人民卫生出版社，2003：264-265.

[2] 中国药材公司.中国中药资源志要[M].北京：科学出版社，1994：485.

[3] 江纪武.药用植物辞典[M].天津：天津科学技术出版社，2005：592.

▼薄叶山梅花果实

▲ 东北山梅花植株

东北山梅花 *Philadelphus schrenkii* Rupr.

别　　名 辽东山梅花　石氏山梅花

药用部位 虎耳草科东北山梅花的干燥根及未成熟果实。

原 植 物 落叶灌木，高 2 ~ 4 m；当年生小枝暗褐色。叶卵形或椭圆状卵形，生于无花枝上叶较大，长 7 ~ 13 cm，宽 4 ~ 7 cm，花枝上叶较小，长 2.5 ~ 8.0 cm，宽 1.5 ~ 4.0 cm。总状花序，具花 5 ~ 7；

▲ 东北山梅花果实

▲ 东北山梅花花

▲ 东北山梅花枝条

花序轴长 2 ~ 5 cm，黄绿色，疏被微柔毛；花梗长 6 ~ 12 mm，疏被毛；花萼黄绿色，萼筒外面疏被短柔毛，裂片卵形，长 4 ~ 7 mm，顶端急尖，外面无毛，干后脉纹明显；花冠直径 2.5 ~ 4.0 cm，花瓣白色，倒卵形或长圆状倒卵形，长 1.0 ~ 1.5 cm，宽 1.0 ~ 1.2 cm，无毛，雄蕊 25 ~ 30，花柱从先端分裂至中部以下，柱头槌形，常较花药小。蒴果椭圆形，长 8.0 ~ 9.5 mm，直径 3.5 ~ 4.5 mm。花期 6—7 月，果期 8—9 月。

生　境　生于山坡、林缘及杂木林中等处。

分　布　黑龙江小兴安岭、张广才岭、完达山、老爷岭。吉林长白山各地。辽宁本溪、宽甸、凤城、新宾、清原、西丰、鞍山、瓦房店等地。朝鲜、俄罗斯（西伯利亚中东部）、日本。

附　注　其他同薄叶山梅花。

▲ 东北山梅花花（背）

▲ 长白茶藨子枝条

▲ 长白茶藨子花序

茶藨子属 *Ribes* L.

长白茶藨子 *Ribes komarovii* Pojark.

| 别　　名 | 长白茶藨 |

别　　名　长白茶藨

药用部位　虎耳草科长白茶藨子的果实。

原 植 物　落叶灌木，高 1.5 ~ 3.0 m；小枝暗灰色或灰色，皮条状剥离，幼枝棕褐色至红褐色。叶宽卵圆形或近圆形，长 2 ~ 6 cm，宽 2 ~ 5 cm，常掌状3 浅裂，叶柄长 6 ~ 17 mm。花单性，雌雄异株，排成直立短总状花序；雄花序长 2 ~ 5 cm，具花 10 余朵；雌花序较短，长 1.5 ~ 2.5 cm，具花 5 ~ 10；花梗长 2 ~ 4 mm；苞片棕褐色，椭圆形，花萼绿色；萼筒杯形，萼片卵圆形或长卵圆形；花瓣很小，倒卵圆形或近扇形；雄蕊稍长于花瓣，花丝稍长于花药；雌花的雄蕊短小；雄花的子房不发育；花柱先端 2 浅裂。果实球形或倒卵球形，直径 7 ~ 8 mm，未熟时黄绿色，熟时红色。花期 5—6 月，果期 8—9 月。

生　　境　生于山坡阔叶林中、林缘、路旁及灌丛中。

分　　布　黑龙江老爷岭。吉林长白、抚松、安图、临江、和龙、敦化、汪清、蛟河、集安、珲春等地。辽宁清原、本溪、凤城、桓仁等地。朝鲜、俄罗斯（西伯利亚中东部）。

采 制 秋季采收成熟果实，除去杂质，鲜用或晒干。

性味功效 有发汗、解毒的功效。

主治用法 用于感冒、发热、头痛等。水煎服或食用。

用 量 适量。

◎参考文献◎

[1] 江纪武. 药用植物辞典 [M]. 天津：天津科学技术出版社，2005：690.

▲长白茶藨子果实（长卵形）

▼长白茶藨子果实（球形）

▲ 尖叶茶藨子枝条

▲ 尖叶茶藨子种子

尖叶茶藨子 *Ribes maximowiczianum* Kom.

别　　名	尖叶茶藨 远东茶藨 北方茶藨 马氏醋李

药用部位　虎耳草科尖叶茶藨子的根。

原植物　落叶小灌木，高约 1 m。枝细瘦，小枝皮纵向剥裂，嫩枝棕褐色，无刺；叶宽卵圆形或近圆形，长 2.5 ~ 5.0 cm，宽 2 ~ 4 cm，掌状 3 裂，叶柄长 5 ~ 10 mm。花单性，雌雄异株，组成短总状花序；雄花序长 2 ~ 4 cm，具花 10 余朵；雌花序较短，具 10 花以下；花梗长 1 ~ 3 mm；苞片椭圆状披针形，长 3 ~ 5 mm，宽 1 ~ 2 mm；花萼黄褐色；萼筒碟形，长 1.5 ~ 2.0 mm，宽大于长；萼片长卵圆形，先端圆钝，直立；花瓣极小，倒卵圆形；雄蕊比花瓣稍长或几等长，花药和花丝近等长；雌花的退化雄蕊棒状；雄花的子房不发育；花柱先端 2 裂。果实近球形，直径 6 ~ 8 mm，红色。花期 5—6 月，果期 8—9。

生　　境　生于针阔叶混交林或次生阔叶林下或林缘等处。

分　　布　黑龙江小兴安岭、张广才岭、完达山、老爷岭。吉林长白、安图、和龙、珲春、抚松、临江、蛟河、汪清等地。辽宁本溪、宽甸、凤城等地。朝鲜、俄罗斯（西伯利亚中东部）、日本。

采　　制　春、夏、秋三季采挖根，洗净，晒干。

性味功效　有祛风、除湿的功效。

主治用法　用于风湿性关节痛。水煎服。

用　　量　9 ~ 15 g。

附　　注　果实入药，有清热、生津止渴的功效。

▲ 尖叶茶藨子果实

▲ 尖叶茶藨子植株

◎ 参考文献 ◎

[1] 钱信忠 . 中国本草彩色图鉴（第二卷）[M]. 北京：人民卫生出版社，2003：426-427.

[2] 中国药材公司 . 中国中药资源志要 [M]. 北京：科学出版社，1994：485.

[3] 江纪武 . 药用植物辞典 [M]. 天津：天津科学技术出版社，2005：690.

▲ 尖叶茶藨子花序

▲ 尖叶茶藨子花

▲ 华蔓茶藨子植株

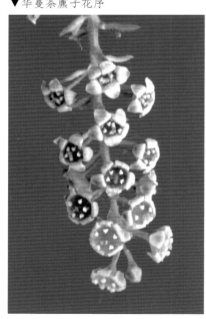

▼ 华蔓茶藨子花序

华蔓茶藨子 *Ribes fasciculatum* var. *chinense* Maxim.

别　　名　华茶藨　大蔓茶藨

药用部位　虎耳草科华蔓茶藨子的根和果实。

原 植 物　落叶灌木，高达 1.5 m。小枝灰褐色，皮稍剥裂，嫩枝密被柔毛；叶近圆形，长 10 cm，基部截形至浅心脏形，两面密被柔毛，边缘掌状 3 ~ 5 裂，叶柄长 1 ~ 3 cm。花单性，雌雄异株，组成几无总梗的伞形花序；雄花序，具花 2 ~ 9；雌花 2 ~ 6 簇生，稀单生；花梗长 3 ~ 9 mm，具关节，密被柔毛；苞片长圆形，花萼黄绿色，有香味；萼筒杯形，萼片卵圆形或舌形，花瓣近圆形或扇形，长 1.5 ~ 2.0 mm，宽稍大于长；雄蕊长于花瓣，花丝极短，花药扁椭圆形；雌花的雄蕊不发育；子房梨形，花柱先端 2 裂。果实近球形，直径 7 ~ 10 mm，红褐色。花期 5—6 月，果期 8—9 月。

生　　境　生于山坡林下、林缘及石质坡地等处。

分　　布　辽宁大连。山东、江苏、安徽、浙江、江西、河南、湖北、陕西、甘肃。朝鲜、日本。

采　　制　春、夏、秋三季采挖根，洗净，晒干。秋季采收果实。

性味功效　根：有清热凉血、养血补气、滋养调经的功效。果实：有清热解毒的功效。

▲华蔓茶藨子果实

主治用法 根：用于妇女虚热、四肢乏力、月经不调、痛经、面色萎黄、头晕目眩、乏力自汗等。水煎服。果实：用于瘰疬、痈肿、痢疾等。水煎服。

用 量 适量。

◎参考文献◎

[1] 中国药材公司．中国中药资源志要 [M]．北京：科学出版社，1994：486．

[2] 江纪武．药用植物辞典 [M]．天津：天津科学技术出版社，2005：689．

▲华蔓茶藨子枝条

▲ 东北茶藨子果实（橙黄色）

▲ 东北茶藨子种子

东北茶藨子 *Ribes mandshuricum* （Maxim.）Kom.

别　　名	东北茶藨 满洲茶藨子 山麻子
俗　　名	灯笼果 狗葡萄 山樱桃 洋樱桃 山欧李
药用部位	虎耳草科东北茶藨子的果实。
原 植 物	落叶灌木，高 1 ～ 3 m。小枝灰色或褐灰色，皮纵向或长条状剥落，嫩枝褐色，无刺；叶宽大，长 5 ～ 10 cm，宽几与长等长，叶柄长 4 ～ 7 cm。花两性，开花时直径 3 ～ 5 mm；总状花序长 7 ～ 16 cm，初直立后下垂，具花 40 ～ 50；花梗长 1 ～ 3 mm；苞片小，卵圆形；萼片浅绿色或带黄色；萼筒盆形，萼片倒卵状舌形或近舌形，花瓣近匙形，

▼ 东北茶藨子果实（红色）

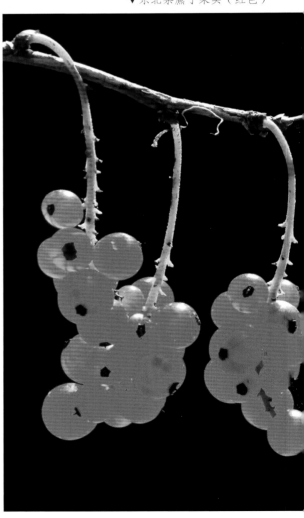

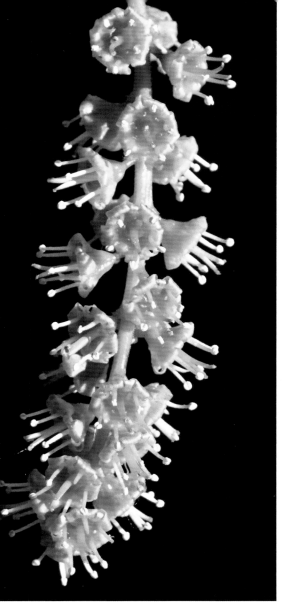

▲东北茶藨子花序

▲东北茶藨子枝条（果期）

长 1.0 ～ 1.5 mm，宽稍短于长，先端圆钝或截形，浅黄绿色；雄蕊稍长于萼片，花药近圆形，红色；花柱稍短或几与雄蕊等长，先端 2 裂，有时分裂几达中部。果实球形，直径 7 ～ 9 mm，红色，味酸可食；种子多数，较大，圆形。花期 5—6 月，果期 8—9 月。

生　　境　生于针阔叶混交林或次生阔叶林下、林缘及灌丛中。

分　　布　黑龙江小兴安岭、完达山、张广才岭、老爷岭等地。吉林长白山各地。辽宁西丰、清原、本溪、桓仁、丹东市区、宽甸、凌源、大连等地。内蒙古科尔沁右翼前旗。河北、河南、山西、陕西、甘肃。朝鲜、俄罗斯（西伯利亚）。

采　　制　秋季采收成熟果实，除去杂质，洗净，鲜用或晒干。

性味功效　味苦，性温。有疏风解表、散寒的功效。

▲ 东北茶藨子植株

主治用法 用于感冒。水煎服。

用 量 25 ～ 40 g。

附 注 在东北尚有1变型：
光叶东北茶藨子 var. *subglabrum* Kom.，叶表面无毛，背面灰绿色，仅叶脉疏生毛。其他与原种同。

◎ 参考文献 ◎

[1] 朱有昌. 东北药用植物 [M]. 哈尔滨：黑龙江科学技术出版社，1989：493-494.

[2] 中国药材公司. 中国中药资源志要 [M]. 北京：科学出版社，1994：486-487.

[3] 江纪武. 药用植物辞典 [M]. 天津：天津科学技术出版社，2005：630.

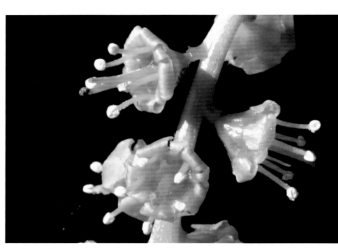

▲ 东北茶藨子花

▲ 东北茶藨子枝条（花期）

▲ 光叶东北茶藨子枝条

▲糖茶藨子枝条

糖茶藨子 *Ribes himalense* Royle ex Decne

别　名　埃牟茶藨子　喜马拉雅茶藨子

药用部位　虎耳草科糖茶藨子的茎枝及果实。

原 植 物　落叶小灌木，高 1 ~ 2 m。枝粗壮，小枝黑紫色或暗紫色，嫩枝紫红色或褐红色；叶卵圆形或近圆形，长 5 ~ 10 cm，宽 6 ~ 11 cm，叶柄长 3 ~ 5 cm，红色。花两性，开花时直径 4 ~ 6 mm；总状花序，长 5 ~ 10 cm，具花 8 ~ 20，花朵排列较密集；花梗长 1.5 ~ 3.0 mm；苞片卵圆形，花萼绿色带紫红色晕或紫红色；萼筒钟形，萼片倒卵状匙形或近圆形，花瓣红色或绿色带浅紫红色，近匙形或扇形，长 1.0 ~ 1.7 mm，雄蕊几与花瓣等，花丝丝状，花药圆形，白色；花柱约与雄蕊等长，先端 2 浅裂。果实球形，直径 6 ~ 7 mm，红色或熟后转变成紫黑色。花期 5—6 月，果期 7—8 月。

生　境　生于山谷、河边灌丛、针叶林下及林缘等处。

分　布　内蒙古呼伦贝尔、科尔沁右翼前旗等地。湖北、四川、云南、西藏。克什米尔、尼泊尔、不丹。

采　制　四季割取茎枝，洗净，切段，晒干。秋季采收果实。

性味功效　有清热解毒的功效。

▲ 糖茶藨子花序

▲ 糖茶藨子花

主治用法 用于肝炎。水煎服。

用　　量 5 ~ 15 g。

◎参考文献◎

[1] 江苏新医学院．中药大辞典（下册）[M]．上海：上海科学技术出版社，1977：2666．

[2] 中国药材公司．中国中药资源志要 [M]．北京：科学出版社，1994：486．

▲ 双刺茶藨子枝条（花期）

▲ 双刺茶藨子植株

双刺茶藨子 *Ribes diacanthum* Pall.

| 别　　名 | 楔叶茶藨　二刺茶藨 |

别　　名 楔叶茶藨　二刺茶藨
药用部位 虎耳草科双刺茶藨子的茎枝和果实。
原 植 物 落叶灌木，高 1～3 m。小枝较平滑，灰褐色，嫩枝红褐色或红棕色，在叶下部的节上常有 1 对长 3～5 mm 的小刺；叶倒卵圆形或菱状倒卵圆形，长 1.5～3.5 cm，宽 1～3 cm。花单性，雌雄异株，组成总状花序；雄花序长 3～6 cm，下垂，具花 10～20；雌花序较短，长 1.0～2.5 cm，具花 10～15；花梗长 2～4 mm；苞片披针形或舌形，花萼筒辐状或碟形，萼片卵圆形，稀椭圆形，先端微钝，直立；花瓣甚小，楔状圆形，长 0.5～1.0 mm，先端圆钝；雄蕊短，约与花瓣等长，稀稍长，下弯；子房近球形，花柱先端 2 裂。果实球形或卵球形，直径 5～9 mm，红色或红黑色。花期 5—6 月，

▲ 双刺茶藨子枝条（果期）

▼ 双刺茶藨子花序

▲ 双刺茶藨子果实

▼ 双刺茶藨子花

果期8—9月。

生 境 生于林内、林缘及灌丛中。

分 布 黑龙江加格达奇。吉林安图、靖宇、临江、和龙、长白、抚松等地。内蒙古额尔古纳、鄂伦春旗、鄂温克旗、扎兰屯、科尔沁右翼前旗、阿尔山、东乌珠穆沁旗、西乌珠穆沁旗、阿巴嘎旗、正蓝旗等地。朝鲜、俄罗斯（西伯利亚）、蒙古。

采 制 四季刈割枝条，切段，晒干。秋季采收成熟果实，除去杂质，鲜用或晒干。

性味功效 有清热解毒、祛风消肿的功效。

主治用法 用于风寒感冒、发热、头身恶痛、肌表肿大疼痛、毒块不能溃散等。水煎服。

用 量 适量。

◎参考文献◎

[1] 中国药材公司. 中国中药资源志要 [M]. 北京: 科学出版社, 1994: 486.

[2] 江纪武. 药用植物辞典 [M]. 天津: 天津科学技术出版社, 2005: 689.

美丽茶藨子 *Ribes pulchellum* Turcz.

别 名 美丽茶藨 碟花茶藨子 小叶茶藨

俗 名 酸麻子

药用部位 虎耳草科美丽茶藨子的茎枝和果实。

原 植 物 落叶灌木,高 1.0～2.5 m。小枝灰褐色,在叶下部的节上常具 1 对小刺;叶宽卵圆形,长、宽各 1～3 cm,叶柄长 0.5～2.0 cm。花单性,雌雄异株,形成总状花序;雄花序长 5～7 cm,具花 8～20,疏松排列;雌花序短,长 2～3 cm,具花 8～20,密集排列;花梗长 2～4 mm;苞片披针形或狭长圆形,花萼浅绿黄色至浅红褐色,萼筒碟形,宽大于长;萼片宽卵圆形,长于花瓣,先端稍钝;花瓣很小,鳞片状,长 1.0～1.5 mm;雄蕊长于花瓣,花药白色,雌花中雄蕊败育;子房近球形,无毛,雄花中无子房;花柱先端 2 裂。果实球形,直径 5～8 mm,红色。花期 5—6 月,果期 8—9 月。

生 境 生于山地灌丛中。

分 布 吉林洮南、乾安、长白等地。内蒙古阿尔山、科尔沁右翼前旗、东乌珠穆沁旗、西乌珠穆沁旗、正蓝旗

▲ 美丽茶藨子花序

▲ 美丽茶藨子花

▲ 美丽茶藨子植株

等地。河北、山西、陕西、宁夏、甘肃、青海。蒙古、俄罗斯（西伯利亚）。

采　制　四季刈割枝条，切段，晒干。秋季采收成熟果实，除去杂质，鲜用或晒干。

性味功效　有解表散寒、解毒的功效。

主治用法　用于感冒发热、恶寒、咽喉痛、鼻塞、头痛等。水煎服。

用　量　适量。

◎参考文献◎

[1] 中国药材公司. 中国中药资源志要 [M]. 北京: 科学出版社，1994: 486.

[2] 江纪武. 药用植物辞典 [M]. 天津: 天津科学技术出版社，2005: 690-691.

▼ 美丽茶藨子枝条

▲ 美丽茶藨子果实

▲ 刺果茶藨子果实

▼ 刺果茶藨子枝条

刺果茶藨子 *Ribes burejense* Fr.

别　名	刺果茶藨　刺李　刺梨　山梨　醋栗
俗　名	灯笼果
药用部位	虎耳草科刺果茶藨子的果实。

原 植 物　落叶灌木，高 1 ～ 2 m。小枝灰棕色，在叶下部的节上着生粗刺 3 ～ 7，长达 1 cm，节间密细针刺；叶宽卵圆形，长 1.5 ～ 4.0 cm，宽 1.5 ～ 5.0 cm，叶柄长 1.5 ～ 3.0 cm。两性花单生于叶腋，苞片宽卵圆形，长 3 ～ 4 mm，宽约 3 mm，先端急尖或稍钝，具 3 脉；花萼浅褐色至红褐色；萼筒宽钟形，长 3 ～ 4 mm，宽稍大于长，萼片长圆形或匙形，长 6 ～ 7 mm；花瓣浅红色或白色，匙形或长圆形，长 4 ～ 5 mm，雄蕊较花瓣长或几等长，花药卵状椭圆形；子房梨形，具黄褐色小刺。果实圆球形，直径约 1 cm，未熟时浅绿色至浅黄绿色，熟后变为暗红黑色，具多数黄褐色小刺。花期5—6月，果期7—8月。

生　境　生于山地针叶林、阔叶林或针，阔叶混交林下，林缘及亚高山草地上。

分　布　黑龙江小兴安岭、完达山、张广才岭、老爷岭等地。

▲ 刺果茶藨子花

▲ 刺果茶藨子花（侧）

吉林长白山各地。辽宁清原、本溪、桓仁、丹东市区、宽甸、大连等地。内蒙古宁城。河北、河南、山西、陕西、甘肃。朝鲜、俄罗斯（西伯利亚中东部）、蒙古。

采 制 夏末采收成熟果实，除去杂质，洗净，鲜用或晒干。

主治用法 用于消化不良、食积饱胀及便血、痔血等多种出血等。水煎服或食用。

用 量 适量。

附 注 根：可治疗风湿性关节炎。茎枝、种子：有清热燥湿、利水、调经的功效，可治疗风湿痛。

▲刺果茶藨子植株

◎ 参考文献 ◎

[1] 中国药材公司. 中国中药资源志要 [M]. 北京: 科学出版社, 1994: 486.

[2] 江纪武. 药用植物辞典 [M]. 天津: 天津科学技术出版社, 2005: 689.

▲刺果茶藨子幼株

▲市场上的刺果茶藨子果实

▲ 水葡萄茶藨子植株

▼ 水葡萄茶藨子花序

水葡萄茶藨子 *Ribes procumbens* Pall.

别　　名	水葡萄茶藨
俗　　名	水葡萄
药用部位	虎耳草科水葡萄茶藨子的枝条。

原 植 物　落叶蔓性小灌木，高仅 20 ~ 40 cm；枝斜生或横生。叶圆状肾形，长 2.5 ~ 6.0 cm，宽达 8 cm，基部截形至浅心脏形，掌状 3 ~ 5 裂，裂片卵圆形，先端圆钝；叶柄长 2 ~ 4 cm。花两性；总状花序长 2 ~ 4 cm，具花 6 ~ 12；花梗长 2 ~ 6 mm；苞片短小，宽三角状卵圆形；萼筒盆形，长 1.0 ~ 1.5 mm，宽 1.5 ~ 2.0 mm，浅绿色；萼片卵圆形或卵状椭圆形，长 2.0 ~ 3.5 mm，宽 1.5 ~ 2.5 mm，先端圆钝，紫红色，具 3 脉，常反折；花瓣近扇形或倒卵圆形，长 1.0 ~ 1.5 mm；雄蕊几与花瓣近等长，花丝稍长于花药，花药近圆形。果实卵球形，直径 1.0 ~ 1.3 cm，未熟时绿色，熟时紫褐色，果肉味甜芳香。花期 5—6 月，果期 7—8 月。

生　　境　生于河岸旁及落叶松林下、杂木林内阴湿处。

分　　布　黑龙江漠河、塔河、呼玛等地。吉林安图。内蒙古牙克石、阿尔山、科尔沁右翼前旗等地。朝鲜、俄罗斯（西伯利亚）、蒙古。

采　　制　春、夏季采收枝条，切段，洗净，鲜用或晒干。

性味功效	有清热、解毒、消炎的功效。
主治用法	用于毒蛇咬伤、疮毒等。外用。
用　　量	适量。

◎参考文献◎

[1] 巴根那.中国大兴安岭蒙中药植物资
　　源志 [M].呼和浩特：内蒙古科学技术
　　出版社，2011：185.

▲水葡萄茶藨枝条

▲市场上的水葡萄茶藨子果实

▼水葡萄茶藨子果实

▲ 鬼灯檠幼株　　　　　　　　　　　　　　　　　　　　▲ 鬼灯檠幼苗

鬼灯檠属 *Rodgersia* Gray.

鬼灯檠 *Rodgersia podophylla* Gray.

药用部位　虎耳草科鬼灯檠的干燥根状茎（入药称"慕荷"）。

原 植 物　多年生草本，高 0.6 ~ 1.0 m。茎无毛，基生叶少数，具长柄，为掌状复叶，小叶片 5 ~ 7，近倒卵形，长 15 ~ 35 cm，宽 10 ~ 25 cm，叶柄长 15 ~ 30 cm，疏生柔毛，基部扩大呈鞘状，边缘具长睫毛；茎生叶互生，较小。圆锥花序顶生，长 15 ~ 30 cm，多花；花梗和花序轴均密被鳞片状毛（有时具腺头）；萼片 5 ~ 7，白色，近卵形，长约 2.1 mm，宽约 1.1 mm，先端渐尖，腹面无毛，边缘和背面疏生腺毛，具羽状脉，脉于先端不汇合；花瓣不存在；雄蕊通常 10，长约 4 mm；心皮 2，下部合生，子房近上位，卵球形，长约 1.5 mm，花柱长约 1.3 mm。蒴果；种子多数。花期 6—7 月，果期 7—8 月。

生　　境　生于林下灌丛中或山谷石崖上。

分　　布　吉林集安。辽宁宽甸。河南、山西、陕西、湖北、四川、甘肃、宁夏、云南、西藏。朝鲜、日本。

采　　制　春、秋季采挖根状茎，洗净，晒干。

性味功效　味微酸、涩，性平。有清热解毒、止血生肌、止痛消瘿的功效。

主治用法　用于吐血、衄血、崩漏、肠风下血、痢疾、月经不调、外伤出血、白浊、带下、外痔、瘿瘤、咽喉痛、疮痈、毒蛇咬伤等。水煎服。外用捣敷或研末搽。

用　　量　7.5 ~ 15.0 g（鲜品 25 ~ 50 g）。外用适量。

◎ 参考文献 ◎

［1］江苏新医学院 . 中药大辞典（下册）[M]. 上海：上海科学技术出版社，1977：2540-2541.

［2］中国药材公司 . 中国中药资源志要 [M]. 北京：科学出版社，1994：487.

［3］江纪武 . 药用植物辞典 [M]. 天津：天津科学技术出版社，2005：691.

▲ 刺虎耳草幼株

虎耳草属 *Saxifraga* Tourn. ex L.

刺虎耳草 *Saxifraga bronchialis* L.

别　　名　条裂虎耳草
药用部位　虎耳草科刺虎耳草的全草。

▲ 刺虎耳草果实

▲ 刺虎耳草幼苗

▲刺虎耳草花（背）

▲刺虎耳草花

原植物 多年生草本，高10~20cm。花茎纤细，莲座叶丛之叶片肉质，线状披针形，长7.5~9.0mm，宽1.4~1.6mm，先端急尖且具软骨质硬芒，茎生叶线形，长5.2~6.0mm，宽0.8~1.0mm。聚伞花序，长约2.5cm，具花3~5；花序分枝细弱，疏生短腺毛，有时苞腋具芽；萼片在花期开展，稍肉质，卵形，长约1.8mm，宽约1.2mm，先端急尖，腹面无毛，背面和边缘疏生短腺毛，3~4脉于先端不汇合；花瓣白色，近长圆形，长5.2~5.6mm，宽2.0~2.2mm，先端急尖，基部无爪，3脉，无痂体，雄蕊长约5mm，花丝钻形；子房近上位，卵球形，长约2mm，花柱2，长约1.5mm。花期6—7月，果期7—8月。

生　　境 生于干燥山坡石隙中、峭壁上及林下岩石缝里等处。

分　　布 黑龙江塔河、漠河、呼玛、黑河等地。内蒙古额尔古纳、根河、阿尔山等地。俄罗斯（西伯利亚）。

附　　注 本种为内蒙古药用植物。

◎参考文献◎

［1］江纪武. 药用植物辞典 [M]. 天津：天津科学技术出版社，2005：726.

▼刺虎耳草植株

▲ 长白虎耳草群落

▼ 长白虎耳草植株

长白虎耳草 *Saxifraga laciniata* Makai et Takeda

药用部位 虎耳草科长白虎耳草的全草。

原植物 多年生草本，高 6 ~ 26 cm。叶全部基生，稍肉质，通常匙形，长 1.3 ~ 3.0 cm，宽 0.4 ~ 1.0 cm。花葶被腺柔毛。聚伞花序伞房状，长 1.7 ~ 13.0 cm，具花 5 ~ 7；花序分枝与花梗均被腺柔毛；苞叶披针形或线形，长 2 ~ 12 mm；萼片在花期反曲，稍肉质，卵形，长 2.3 ~ 2.5 mm，宽约 1.5 mm，先端急尖，无毛，3 脉于先端汇合；花瓣白色，基部具 2 黄色斑点，卵形、狭卵形至长圆形，长 3.0 ~ 4.5 mm，宽 1.8 ~ 2.0 mm，先端急尖或稍钝，基部狭缩成长 1.0 ~ 1.1 mm 的爪，具 3 ~ 5 脉；雄蕊长约 3 mm，花丝钻形；子房近上位，卵球形，长约 2.2 mm，花柱 2，长约 0.2 mm。蒴果长 5 ~ 7 mm。花期 7—8 月，果期 8—9 月。

生 境 生于岳桦林带、高山苔原带和高山荒漠带上。

分 布 吉林安图、长白、抚松。朝鲜。

采 制 夏、秋季采收全草，除去杂质，切段，洗净，鲜用或晒干。

性味功效 有除湿利尿、行血祛瘀、消肿的功效。

▲ 长白虎耳草花

主治用法 用于咳嗽、咯血、黄疸、骨折、筋伤、白带异常、疮疖等。水煎服。

用　　量 适量。

◎ 参考文献 ◎

[1] 严仲铠，李万林.中国长白山药用植物彩色图志[M].北京：人民卫生出版社，1997: 213-214.

[2] 江纪武.药用植物辞典[M].天津：天津科学技术出版社，2005: 726.

▲ 长白虎耳草幼苗

▲ 长白虎耳草幼株

▲ 长白虎耳草花（背）

▲零余虎耳草植株

零余虎耳草 *Saxifraga cernua* L.

别　名　点头虎耳草　珠芽虎耳草

药用部位　虎耳草科零余虎耳草的全草。

原植物　多年生草本，高 6 ～ 25 cm。茎被腺柔毛，叶腋部具珠芽。基生叶具长柄，叶片肾形，长 0.7 ～ 1.5 cm，宽 0.9 ～ 1.8 cm，叶柄长 3 ～ 8 cm，茎生叶渐小，叶柄变短。单花生于茎顶或枝端，苞腋具珠芽；花梗长 0.6 ～ 3.0 cm；萼片在花期直立，椭圆形、卵形至近长圆形，长 3.0 ～ 3.7 mm，宽 1.0 ～ 2.8 mm，先端急尖或稍钝。花瓣白色或淡黄色，倒卵形至狭倒卵形，长 4.5 ～ 10.5 mm，宽 2.1 ～ 4.1 mm，先端微凹或钝，基部渐狭成长 1.2 ～ 1.8 mm 的爪，具 3 ～ 10 脉；雄蕊长 4.0 ～ 5.5 mm，花丝钻形；2 心皮中下部合生；子房近上位，卵球形，长 1.0 ～ 2.5 mm，花柱 2。花期 6—7 月，果期 8—9 月。

▲零余虎耳草花（侧）

▲零余虎耳草珠芽

▲零余虎耳草居群

▲零余虎耳草花

生　　境　生于林下、林缘、高山苔原带及高山碎石隙中。

分　　布　黑龙江塔河、呼玛、嘉荫等地。吉林抚松。内蒙古额尔古纳、根河、阿尔山、阿巴嘎旗等地。河北、山西、陕西、四川、云南、宁夏、青海、新疆、西藏。朝鲜、俄罗斯、日本、不丹、印度。北半球其他高山地区和寒带。

附　　注　本种为青海省药用植物。

◎参考文献◎

[1]中国药材公司.中国中药资源志要[M].北京:科学出版社,1994:488.

[2]江纪武.药用植物辞典[M].天津:天津科学技术出版社,2005:726.

▲ 球茎虎耳草植株

球茎虎耳草 *Saxifraga sibirica* L.

别　　名　北京虎耳草

药用部位　虎耳草科球茎虎耳草的全草。

原 植 物　多年生草本，高 6.5 ～ 25.0 cm。具鳞茎，茎密被腺柔毛。基生叶具长柄，叶片肾形，长 0.7 ～ 1.8 cm，宽 1 ～ 27 cm，叶柄长 1.2 ～ 4.5 cm，茎生渐小。聚伞花序伞房状，长 2.3 ～ 17.0 cm，具花 2 ～ 13，稀单花；花梗纤细，长 1.5 ～ 4.0 cm，被腺柔毛；萼片直立，披针形至长圆形，先端急尖或钝，花瓣白色，倒卵形至狭倒卵形，长 6.0 ～ 14.5 mm，宽 1.5 ～ 4.7 mm，基部渐狭成爪，具 3 ～ 8 脉，无痂体；雄蕊长 2.5 ～ 5.5 mm，花丝钻形；心皮 2，中下部合生，长 2.6 ～ 4.9 mm，子房卵球形，长 1.8 ～ 3.0 mm，花柱 2，长 0.8 ～ 2.0 mm，柱头小。花期 6—7 月，果期 7—8 月。

生　　境　生于林下、灌丛、高山草甸及石隙中。

分　　布　黑龙江黑河。内蒙古宁城。河北、山东、山西、湖北、湖南、四川、甘肃、云南、西藏、

▲ 球茎虎耳草植株（侧）

新疆。俄罗斯（西伯利亚）、蒙古、尼泊尔、印度。欧洲。

采制 夏、秋季采收全草，除去杂质，切段，洗净，鲜用或晒干。

性味功效 有清热解毒、凉血、祛风湿、消肿止痛、生肌的功效。

用量 适量。

◎参考文献◎

[1] 江纪武. 药用植物辞典 [M]. 天津：天津科学技术出版社，2005：727.

▲球茎虎耳草花

▼球茎虎耳草花（侧）

腺毛虎耳草 *Saxifraga manshuriensis*（Engl.）Kom.

别　　名　东北虎耳草

药用部位　虎耳草科腺毛虎耳草的全草。

原 植 物　多年生草本，高24～42 cm。茎不分枝，被白色卷曲腺柔毛。叶均基生，具长柄；叶片肾形，长3.0～5.7 cm，宽3.8～7.9 cm，边缘具24～26圆状粗齿，掌状达缘脉序；叶柄长6～17 cm，被白色腺柔毛。聚伞花序，长3～5 cm；花梗密被白色腺柔毛；萼片7～8，在花期反曲，稍肉质，近披针形，边缘具腺睫毛，花瓣5，白色，长圆状倒披针形，长2.3～3.0 mm，宽约1 mm，先端微缺，基部渐狭成爪；单脉；雄蕊11～13，长1.4～4.5 mm，花丝棒状；心皮2近分离；子房近卵球形，长1.2～1.6 mm；花柱长1.0～1.2 mm。果实长3.5～5.0 mm，2果瓣叉开，宿存花柱长约1 mm。花期7—8月，果期9月。

生　　境　生于溪边岩隙、林下、山坡石隙及湿草甸子等处。

分　　布　吉林汪清、和龙、珲春等地。朝鲜、俄罗斯（西伯利亚中东部）。

采　　制　夏、秋季采收全草，除去杂质，切段，洗净，鲜用或晒干。

性味功效　有清热、解毒的功效。

主治用法　用于疔疮肿毒等。水煎服。外用捣烂敷患处。

用　　量　适量。

◎参考文献◎

[1] 江纪武. 药用植物辞典 [M].
　　天津：天津科学技术出版
　　社，2005：726.

▲腺毛虎耳草植株

▲腺毛虎耳草花序

▼腺毛虎耳草花序（背）

镜叶虎耳草 *Saxifraga fortunei* Hook. f. var. *koraiensis* Nakai

别　　名　朝鲜虎耳草
药用部位　虎耳草科镜叶虎耳草的全草。
原 植 物　多年生草本，高 24 ～ 40 cm。叶均基生，具长柄；
叶片肾形至近心形，长 3.3 ～ 16.0 cm，宽 3.8 ～ 20.0 cm，
先端钝或急尖，基部心形，7 ～ 11 浅裂，浅裂片近阔卵
形，具掌状达缘脉序；叶柄长 5.0 ～ 18.5 cm，被长腺毛。
花葶被红褐色卷曲长腺毛；多歧聚伞花序圆锥状，花梗长
5 ～ 16 mm；苞片狭三角形，反曲，近卵形。花瓣 5，白色
至淡红色，其中 3 枚较短，卵形，长 1.3 ～ 4.1 mm，1 枚
较长，狭卵形，长 7.2 ～ 17.3 mm，另 1 枚最长，狭卵形，
长 12.0 ～ 23.5 mm，先端渐尖或稍渐尖；雄蕊长 4 ～ 5 mm，
花丝棒状；子房卵球形，花柱 2。蒴果弯垂，长约 6.7 mm，
2 果瓣叉开。花期 6—7 月，果期 8—9 月。
生　　境　生于林下、溪边岩隙及高山岩石缝隙中。
分　　布　吉林集安、临江、白山等地。辽宁丹东市区、宽甸、
凤城、本溪、桓仁、岫岩等地。朝鲜。

▲ 镜叶虎耳草幼株

▲ 镜叶虎耳草居群

▲ 镜叶虎耳草幼苗

▲镜叶虎耳草植株（侧）

采　　制	夏、秋季采收全草，除去杂质，切段，洗净，鲜用或晒干。
性味功效	有祛风、清热、凉血解毒的功效。
主治用法	用于风疹、中耳炎、丹毒、咳嗽吐血、肺痈、崩漏、痔疾等。水煎服。外用捣烂敷患处。
用　　量	适量。

◎ 参考文献 ◎

[1] 江纪武. 药用植物辞典 [M]. 天津：天津科学技术出版社，2005：726.

▲镜叶虎耳草花（侧）

▲镜叶虎耳草花

镜叶虎耳草花序

▲ 斑点虎耳草植株　　　　　　　　　　　▲ 斑点虎耳草花序

斑点虎耳草 *Saxifraga punctata* L.

药用部位　虎耳草科斑点虎耳草的全草。

原 植 物　多年生草本。茎直立，无毛，高 20 ~ 50 cm。基生叶数枚，叶柄长 3 ~ 10 cm，近无毛；叶片肾形，长 2 ~ 4 cm，宽 3 ~ 6 cm，基部心形，边缘具粗齿，齿宽卵形或三角形，先端尖，表面被疏毛，背面无毛。聚伞花序疏展，长 5 ~ 25 cm，花轴与花梗被短腺毛；苞片条形，长 2 ~ 5 mm；萼裂片 5，卵形，长 1 ~ 2 mm，绿色有时带紫红色，无毛或边缘具纤毛，花后反卷；花瓣 5，白色或淡紫红色，有橙色斑点或无，基部具爪，先端钝圆；雄蕊 10，比花瓣稍短或近等长；花丝棒槌形，基部细。蒴果长约 5 mm。花期 7 月，果期 8 月。

生　　境　生于林下、林缘、溪流边及石壁等处。

分　　布　黑龙江伊春、尚志、五常、海林等地。吉林安图、长白、抚松。朝鲜、俄罗斯（西伯利亚中东部）。

采　　制　夏、秋季采挖全草，除去杂质，切段，洗净，鲜用或晒干。

性味功效　有解毒消肿、清热凉血的功效。

主治用法　用于湿热留滞肌表、湿疹瘙痒、痈疡疮疖、无名肿痛等。

用　　量　适量。

▲斑点虎耳草幼株

◎参考文献◎

[1] 严仲铠，李万林. 中国长白山药用植物彩色图志 [M]. 北京：人民卫生出版社，1997：213-214.
[2] 江纪武. 药用植物辞典 [M]. 天津：天津科学技术出版社，2005：727.

▲斑点虎耳草果实

▲斑点虎耳草花

▲内蒙古额尔古纳国家级自然保护区湿地秋季景观

▲ 假升麻植株

▲ 假升麻种子

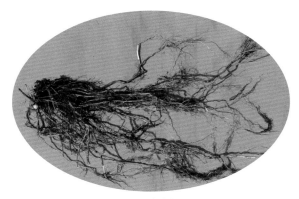

▲ 假升麻根

蔷薇科 Rosaceae

本科共收录 30 属、95 种、5 变种、2 变型。

假升麻属 *Aruncus* Adans.

假升麻 *Aruncus sylvester* Kostel.

别　　名	棣棠升麻 升麻草
俗　　名	山荞麦秧子 山荞麦 荞麦芽 荞麦秧 荞麦花幌子 山花菜
药用部位	蔷薇科假升麻的根及全草（入药称"升麻草"）。
原植物	多年生草本，高达 3 m。茎圆柱形，带暗紫色。大型羽状复叶，通常二回稀三回，总叶柄无毛；小叶片 3 ~ 9，菱状卵形、卵状披针形或长椭圆形，长 5 ~ 13 cm，宽 2 ~ 8 cm，先端渐尖，稀尾尖，小叶柄长 4 ~ 10 mm 或近于无柄。大型穗状圆锥花序，花梗长约 2 mm；苞片线状披针形，花直径 2 ~ 4 mm；萼筒杯状，花瓣白色，倒卵形；雄花具雄蕊 20，

▼ 假升麻果穗　　　　　　　　　▲ 假升麻幼株

着生在萼筒边缘，花丝比花瓣长约1倍，有退化雌蕊；花盘盘状，边缘具10圆形突起；雌花心皮3～4，稀5～8，花柱顶生，微倾斜于背部，雄蕊短于花瓣。蓇葖果并立，无毛，果梗下垂；萼片宿存，开展稀直立。花期7—8月，果期8—9月。

生　境　生于杂木林下、林缘、草甸、溪流边及山坡等处，常聚集成片生长。

分　布　黑龙江塔河、呼玛、黑河、嘉荫、伊春市区、萝北、尚志、五常、东宁、宁安、密山、虎林、饶河、宾县、阿城、海林、穆棱、林口、桦南、方正、依兰、通河、汤原、铁力、庆安、

▼ 假升麻花

▲ 假升麻幼苗

▲ 市场上的假升麻幼株

▲ 假升麻花序

▲ 假升麻果实

绥棱等地。吉林长白山各地。辽宁丹东市区、宽甸、凤城、本溪、桓仁、抚顺、清原、新宾、岫岩、鞍山市区、新宾、抚顺、西丰、铁岭等地。内蒙古额尔古纳、根河、牙克石、鄂伦春旗、鄂温克旗、阿尔山、科尔沁右翼前旗、扎鲁特旗、阿鲁科尔沁旗、克什克腾旗、东乌珠穆沁旗等地。河北、河南、陕西、湖南、江西、安徽、浙江、四川、甘肃、云南、广西、西藏。朝鲜、俄罗斯（西伯利亚）、日本。

采　制　春、秋季采挖根，洗净，晒干。夏、秋季在植株生长十分旺盛时采收全草。

性味功效　有补虚、收敛、解热的功效。

主治用法　用于跌打损伤、筋骨疼痛、劳伤等。水煎服。

用　量　10～15g。

◎ 参考文献 ◎

[1] 江苏新医学院. 中药大辞典（上册）[M]. 上海：上海科学技术出版社，1977：454-455.

[2] 朱有昌. 东北药用植物 [M]. 哈尔滨：黑龙江科学技术出版社，1989：505-506.

[3] 钱信忠. 中国本草彩色图鉴（第一卷）[M]. 北京：人民卫生出版社，2003：545-546.

▲ 白鹃梅植株

▼ 白鹃梅果实

白鹃梅属 *Exochorda* Lindl.

白鹃梅 *Exochorda racemosa*（Lindl.）Rehd.

| 别　　名 | 总花白鹃梅 |

药用部位　蔷薇科白鹃梅的根皮和茎皮。

原植物　落叶灌木，高达5m。小枝圆柱形，幼时红褐色，叶片椭圆形，长椭圆形至长圆状倒卵形，长3.5～6.5cm，宽1.5～3.5cm，全缘，叶柄短或近于无柄。总状花序，具花6～10，无毛；花梗长3～8mm，基部花梗较顶部稍长，无毛；苞片小，宽披针形；花直径2.5～3.5cm；萼筒浅钟状，无毛；萼片宽三角形，长约2mm，先端急尖或钝，边缘有尖锐细锯齿，无毛，黄绿色；花瓣白色，倒卵形，长约1.5cm，宽约1cm，先端钝，基部具短爪；雄蕊15～20，3～4枚一束，着生于花盘边缘，与花瓣对生；心皮5，花柱分离。蒴果，倒圆锥形，无毛，有5脊，果梗长3～8mm。花期5月，果期6—8月。

生　　境　生于山坡、河边及灌木丛中等处。

▲ 白鹃梅枝条

▼ 白鹃梅花

分　布　辽宁凌源。河南、江西、江苏、浙江。

采　制　春、秋季剥取根皮和茎皮，除去杂质，切段，洗净，晒干。

性味功效　味辛、甘，性平。有强筋壮骨、活血止痛、健胃消食的功效。

主治用法　用于腰骨酸痛、腰肌劳损、劳累过度、消化不良、风湿。水煎服。

用　量　30 ~ 60 g。

附　注　花及叶入药，煎汤代茶喝。有生津止渴、健胃消食的功效。

◎参考文献◎

[1] 钱信忠. 中国本草彩色图鉴（第二卷）[M]. 北京：人民卫生出版社，2003: 229-230.

[2] 中国药材公司. 中国中药资源志要 [M]. 北京：科学出版社，1994: 508.

[3] 江纪武. 药用植物辞典 [M]. 天津：天津科学技术出版社，2005: 322.

市场上的齿叶白鹃梅嫩茎叶

▲ 齿叶白鹃梅植株

▼ 齿叶白鹃梅果实

齿叶白鹃梅 *Exochorda serratifolia* S. Moore

别　　名　榆叶白鹃梅　锐齿白鹃梅
俗　　名　臭球子
药用部位　蔷薇科白鹃梅的根皮和茎皮。
原 植 物　落叶灌木，高达 2 m。小枝圆柱形，幼时红紫色，

▼ 齿叶白鹃梅枝条（花期）

▲ 齿叶白鹃梅枝条(果期)

▲ 齿叶白鹃梅花（背）

▲ 齿叶白鹃梅花

老时暗褐色；冬芽卵形，紫红色。叶片椭圆形或长圆状倒卵形，长 5 ~ 9 cm，宽 3 ~ 5 cm，中部以上有锐锯齿，下面全缘，幼叶背面微被柔毛，老叶两面均无毛，羽状网脉，侧脉微呈弧形；叶柄长 1 ~ 2 cm，无毛，不具托叶。总状花序，具花 4 ~ 7，无毛，花梗长 2 ~ 3 mm；花直径 3 ~ 4 cm；萼筒浅钟状，无毛；萼片三角卵形，先端急尖，全缘，无毛；花瓣白色，长圆形至倒卵形，先端微凹，基部有长爪；雄蕊 25，着生在花盘边缘，花丝极短；心皮 5，花柱分离。蒴果倒圆锥形，具脊棱，5 室，无毛。花期 5—6 月，果期 8—9 月。

生　境　生于山坡、河边及灌木丛中等处。

分　布　吉林通化、白山、长白等地。辽宁朝阳、北票、喀左、凌源、北镇、铁岭、鞍山等地。河北。朝鲜。

附　注　其他同白鹃梅。

▼ 齿叶白鹃梅果种子

珍珠梅属 *Sorbaria*（Ser.）A. Br. ex Aschers.

珍珠梅 *Sorbaria sorbifolia*（L.）A. Br.

别　　名	花楸珍珠梅 东北珍珠梅
俗　　名	山高粱 王八脆 山高粱条子 高粱秸子 八木条 小马尿溲
药用部位	蔷薇科珍珠梅的茎皮、枝条及果穗。
原 植 物	落叶灌木，高达 2 m。枝条开展；小枝圆柱形；冬芽卵

▲ 珍珠梅花（侧）

▲ 珍珠梅枝条（果期）

▲ 珍珠梅花

市场上的珍珠梅枝条

▲珍珠梅植株（花期）

▲珍珠梅植株（果期）

▲珍珠梅种子

形。羽状复叶，小叶片 11 ～ 17，连叶柄长 13 ～ 23 cm，宽 10 ～ 13 cm；小叶片对生，披针形至卵状披针形，边缘有尖锐重锯齿，小叶近无柄；托叶卵状披针形。顶生大型密集圆锥花序，长 10 ～ 20 cm，直径 5 ～ 12 cm；苞片卵状披针形，长 5 ～ 10 mm，宽 3 ～ 5 mm，先端长渐尖，全缘或有浅齿；花梗长 5 ～ 8 mm；花直径 10 ～ 12 mm；萼筒钟状；萼片三角卵形，先端钝或急尖，萼片几与萼筒等长；花瓣白色，长圆形或倒卵形，长 5 ～ 7 mm，宽 3 ～ 5 mm；雄蕊 40 ～ 50，生在花盘边缘；心皮 5。蓇葖果长圆形，萼片宿存，反折。花期 7—8 月，果期 9 月。

生　　境　生于河岸、沟谷、山坡溪流附近及林缘等处，常聚集成片生长。

分　　布　黑龙江林区各地。吉林长白山各地。辽宁宽甸、丹东市区、凤城、岫岩、本溪、桓仁、新宾、清原、西丰、庄河、海城、营口等地。内蒙古额尔古纳、根河、牙克石、鄂伦春旗、扎鲁特旗、东乌珠穆沁旗等地。朝鲜、俄罗斯（西伯利亚中东部）、日本、蒙古。

采　　制　春、秋季剥取茎皮，除去杂质，切段，洗净，晒干。四季刈割枝条，切段，洗净，晒干。秋、冬季采摘果穗，除去杂质，晒干。

▲珍珠梅枝条（花期）

性味功效 味苦，性寒。有毒。有活血祛瘀、消肿止痛的功效。

主治用法 用于骨折、跌打损伤、关节扭伤、红肿疼痛、风湿性关节炎。水煎服。外用适量研末敷患处。内服如若出现恶心呕吐现象时，可减量。

用　　量 茎皮：研末 1 ~ 2 g。枝条：15 ~ 25 g。果穗：1 ~ 2 g。外用适量。

附　　方 治风湿性关节炎：珍珠梅枝条、穿山龙、接骨木各 25 g，水煎服。

◎参考文献◎

[1] 江苏新医学院. 中药大辞典（下册）[M]. 上海：上海科学技术出版社，1977：1497.

[2] 朱有昌. 东北药用植物 [M]. 哈尔滨：黑龙江科学技术出版社，1989：555-556.

▲珍珠梅果实

▼珍珠梅花序

▼珍珠梅幼株

▲ 华北珍珠梅植株

▲ 华北珍珠梅果实

▲ 华北珍珠梅花序

华北珍珠梅 *Sorbaria kirilowii* （Regel）Maxim.

| 别　　名 | 吉氏珍珠梅　珍珠梅 |

别　　名　吉氏珍珠梅　珍珠梅

俗　　名　山高粱条子

药用部位　蔷薇科华北珍珠梅的根、叶和果穗。

原植物　落叶灌木，高达 3 m。枝条开展；小枝稍有弯曲；羽状复叶，具小叶片 13 ~ 21，连叶柄在内长 21 ~ 25 cm，宽 7 ~ 9 cm；小叶片对生，披针形，长 4 ~ 7 cm，宽 1.5 ~ 2.0 cm，边缘有尖锐重锯齿，托叶膜质。顶生大型密集的圆锥花序，直径 7 ~ 11 cm，长 15 ~ 20 cm；花梗长 3 ~ 4 mm；苞片线状披针形；花直径 5 ~ 7 mm；萼筒浅钟状；萼片长圆形，先端圆钝或截形；花瓣白色，倒卵形或宽卵形，先端圆钝，基部宽楔形，长 4 ~ 5 mm；雄蕊 20，与花瓣等长或稍短于花瓣；花盘圆杯状；心皮 5，花柱稍短于雄蕊。蓇葖果长圆柱形，花柱稍侧生，向外弯曲；萼片宿存，反折。花期 6—7 月，果期 9—10 月。

生　　境　生于山坡阳处及杂木林中。

分　　布　辽宁北镇、义县、鞍山等地。河北、河南、山东、山西、陕西、甘肃、青海。

▲ 华北珍珠梅枝条

采 制 春、夏、秋三季采挖根，切段，洗净，晒干。夏季采摘叶，晒干。秋、冬季采摘果穗，除去杂质，晒干。

性味功效 味苦，性寒。有清热凉血、祛瘀消肿、止痛的功效。

主治用法 用于骨折、跌打损伤。水煎服。外用研末加适量面粉水调敷。

用 量 0.5 ~ 1.5 g。

◎参考文献◎

[1] 钱信忠. 中国本草彩色图鉴(第二卷)[M]. 北京:
    人民卫生出版社，2003: 513-514.

[2] 中国药材公司. 中国中药资源志要 [M]. 北京:
    科学出版社，1994: 538.

[3] 江纪武. 药用植物辞典 [M]. 天津: 天津科学
    技术出版社，2005: 763.

▲ 华北珍珠梅花

▲ 绣线菊植株

▼ 绣线菊花（背）

▼ 绣线菊枝条

绣线菊属 *Spiraea* L.

绣线菊 *Spiraea salicifolia* L.

别　　名	柳叶绣线菊 绣线梅 空心柳
俗　　名	王八脆 马尿溲
药用部位	蔷薇科绣线菊的根及全株（入药称"空心柳"）。

原植物 落叶直立灌木，高 1 ~ 2 m。枝条密集。叶片长圆状披针形至披针形，长 4 ~ 8 cm，宽 1.0 ~ 2.5 cm，边缘密生锐锯齿，叶柄长 1 ~ 4 mm。花序为金字塔形的圆锥花序，长 6 ~ 13 cm，直径 3 ~ 5 cm，被细短柔毛，花朵密集；花梗长 4 ~ 7 mm；苞片披针形至线状披针形，全缘或具少数锯齿，花直径 5 ~ 7 mm；萼筒钟状；萼片三角形，花瓣粉红色，卵形，先端通常圆钝，长 2 ~ 3 mm，宽 2.0 ~ 2.5 mm；雄蕊 50，约长于花瓣 2 倍；花盘圆环形，裂片呈细圆锯齿状；子房具稀疏短柔毛，花柱短于雄蕊。蓇葖果直立，无毛或沿腹缝具短柔毛，花柱顶生，倾斜开展，萼片反折。花期 7—8 月，果期 8—9 月。

▲ 绣线菊花

▲ 绣线菊花序（淡粉色）　▼ 绣线菊花序（深粉色）

▲ 绣线菊果实

生　境　生于河岸、湿草地、河谷及林缘沼泽地等处，常聚集成片生长。

分　布　黑龙江漠河、塔河、呼玛、嫩江、黑河市区、孙吴、逊克、五大连池、阿城、宾县、五常、尚志、宁安、海林、东宁、穆棱、密山、虎林、饶河、桦川、林口、勃利、依兰、汤原、伊春市区、铁力、庆安、绥棱等地。吉林长白山各地。辽宁宽甸、本溪、桓仁、清原等地。内蒙古额尔古纳、根河、牙克石、鄂伦春旗、阿尔山、科尔沁右翼前旗、扎鲁特旗、东乌珠穆沁旗、西乌珠穆沁旗等地。河北。朝鲜、俄罗斯（西伯利亚）、蒙古、日本。欧洲。

采　制　春、秋季采挖根，除去泥土，剪掉须根，切段，洗净，晒干。夏、秋季采收全株，切段，洗净，晒干。

性味功效　味苦，性平。有通经活血、通便利水、止咳化痰的功效。

主治用法　用于跌打损伤、关节疼痛、周身酸痛、咳嗽痰多、刀伤、闭经、便结腹胀、小便不利。水煎服。外用捣烂敷患处。

用　量　15～20 g。外用适量。

▲ 绣线菊群落

▼ 绣线菊花序（纯粉色）

◎参考文献◎

[1] 江苏新医学院. 中药大辞典（上册）[M]. 上海: 上海科学技术出版社, 1977: 1471.

[2] 朱有昌. 东北药用植物 [M]. 哈尔滨: 黑龙江科学技术出版社, 1989: 560-561.

[3] 中国药材公司. 中国中药资源志要 [M]. 北京: 科学出版社, 1994: 542.

华北绣线菊 *Spiraea fritschiana* Schneid.

别　　名　弗氏绣线菊 大叶华北绣线菊

俗　　名　叫驴腿

药用部位　蔷薇科华北绣线菊的根和果实。

原 植 物　落叶灌木，高1～2m。枝条粗壮，叶片卵形、椭圆卵形或椭圆状长圆形，长3～8cm，宽1.5～3.5cm，边缘有不整齐重锯齿或单锯齿，叶柄长2～5mm，幼时具短柔毛。复伞房花序顶生于当年生直立新枝上，多花，无毛；花梗长4～7mm；苞片披针形或线形；花直径5～6mm；萼筒钟状；萼片三角形，先端急尖，内面近先端具短柔毛；花瓣白色，在芽中呈粉红色，卵形，先端圆钝，长2～3mm，宽2.0～2.5mm，雄蕊25～30，长于花瓣；子房具短柔毛，花柱短于雄蕊。蓇葖果几直立，开张，无毛或仅沿腹缝具短柔毛，花柱顶生，直立或稍倾斜，萼片反折。花期6月，果期7—8月。

生　　境　生于山坡杂木林下、林缘、山谷、多石砾地及石崖等处。

分　　布　辽宁凌源、北镇、建昌、建平、朝阳、喀左、义县、鞍山、盖州等地。河南、陕西、山东、江苏、浙江。朝鲜。

采　　制　春、秋季采挖根，洗净，晒干。秋、冬季采摘果实，除去杂质，晒干。

性味功效　有清热止咳的功效。

▲ 华北绣线菊植株

▲ 华北绣线菊果实

▲ 华北绣线菊花（背）

▲ 华北绣线菊枝条

▲ 华北绣线菊花

主治用法 用于发热、咳嗽等。水煎服。
用　　量 适量。

◎ 参考文献 ◎

[1] 中国药材公司. 中国中药资源志要 [M].
　　北京：科学出版社，1994: 541.
[2] 江纪武. 药用植物辞典 [M]. 天津：天
　　津科学技术出版社，2005: 768.

▲ 华北绣线菊花序

三裂绣线菊 *Spiraea trilobata* L.

别　　名　团叶绣球　团叶绣线菊　三裂叶绣线
菊　三桠绣线菊
俗　　名　石崩子　石棒子
药用部位　蔷薇科三裂绣线菊的叶和果实。
原植物　落叶灌木，高 1～2 m。小枝细瘦，
稍呈之字形弯曲，叶片近圆形，长 1.7～3.0 cm，
宽 1.5～3.0 cm，先端钝，常 3 裂，基部
具显著 3～5 脉。伞形花序具总梗，具花
15～30；花梗长 8～13 mm，苞片线形或倒
披针形，花直径 6～8 mm；萼筒钟状，外面无毛，
内面有灰白色短柔毛；萼片三角形，先端急尖，
内面具稀疏短柔毛；花瓣宽倒卵形，先端常微
凹，长与宽各 2.5～4.0 mm；雄蕊 18～20，
比花瓣短；花盘约有 10 个大小不等的裂片，裂
片先端微凹，排列成圆环形；子房被短柔毛，
花柱比雄蕊短。蓇葖果开张，仅沿腹缝微具短
柔毛或无毛，花柱顶生稍倾斜，萼片直立。花
期 5—6 月，果期 7—8 月。
生　　境　生于多岩石向阳坡地或灌木丛中，
常聚集成片生长。
分　　布　黑龙江东宁、宁安等地。辽宁凌源、
建昌、北镇、绥中、大连市区、长海等地。内
蒙古正蓝旗、镶黄旗、正镶白旗、太仆寺旗、

▲三裂绣线菊果实

▲三裂绣线菊花序

▼三裂绣线菊枝条（花期）

▲三裂绣线菊植株

▼三裂绣线菊枝条（果期）

▲三裂绣线菊花序（背）

多伦等地。山东、山西、河北、河南、安徽、陕西、甘肃。俄罗斯（西伯利亚）。

采 制 夏季采摘叶，晒干。秋、冬季采摘果实，除去杂质，晒干。

性味功效 有活血化瘀、消肿止痛的功效。

用 量 适量。

◎参考文献◎

[1] 中国药材公司. 中国中药资源志要 [M]. 北京：科学出版社，1994: 543.

[2] 江纪武. 药用植物辞典 [M]. 天津：天津科学技术出版社，2005: 769.

▲ 土庄绣线菊群落

土庄绣线菊 *Spiraea pubescens* Turcz.

别　　名	蚂蚱腿 柔毛绣线菊 土庄花
俗　　名	石莠子 石崩子 山石崩
药用部位	蔷薇科土庄绣线菊的茎髓。
原植物	落叶灌木，高 1 ~ 2 m。小枝开展，稍弯曲；叶片菱状卵形至椭圆形，长 2.0 ~ 4.5 cm，宽 1.3 ~ 2.5 cm，先端急尖，基部宽楔形，叶柄长 2 ~ 4mm。伞形花序具总梗，具花 15 ~ 20；花梗长 7 ~ 12mm；苞片线形；花直径 5 ~ 7mm；萼筒钟状，萼片卵状三角形，先端急尖；花瓣白色，卵形、宽倒卵形或近圆形，先端圆钝或微凹，长与宽各 2 ~ 3mm，雄蕊 25 ~ 30，几与花瓣等长；花盘圆环形，具裂片 10，裂片先端稍凹陷；子房无毛或仅在腹部及基部有短柔毛，花柱短于雄蕊。蓇葖果开张，仅在腹缝微具短柔毛，花柱顶生，稍倾斜开展或几直立，多数萼片直立。花期 5—6 月，果期 7—8 月。
生　　境	生于干燥多岩石山坡、杂木林内、林缘及灌木丛中。
分　　布	黑龙江张广才岭、老爷岭等地。吉林长白山

▲ 土庄绣线菊果实

▲ 土庄绣线菊枝条

▲土庄绣线菊花序（背）

▲土庄绣线菊花序

各地。辽宁丹东市区、凤城、本溪、新宾、大连、营口市区、鞍山、盖州、沈阳市区、北镇、建平、西丰、法库、阜新、彰武、凌源等地。内蒙古额尔古纳、鄂伦春旗、扎兰屯、阿鲁科尔沁旗、扎赉特旗、巴林左旗、巴林右旗、克什克腾旗等地。河北、河南、山西、陕西、山东、湖北、安徽、甘肃。朝鲜、俄罗斯（西伯利亚）、蒙古。

采　制　四季割取枝条，剥取茎髓，除去杂质，鲜用或晒干。

性味功效　有利尿的功效。

主治用法　用于水肿、肾炎等。水煎服。

用　量　10～20 g。

◎参考文献◎

[1] 严仲铠，李万林. 中国长白山药用植物彩色图志 [M]. 北京：人民卫生出版社，1997: 238.

[2] 中国药材公司. 中国中药资源志要 [M]. 北京：科学出版社，1994: 542.

[3] 江纪武. 药用植物辞典 [M]. 天津：天津科学技术出版社，2005: 769.

▼土庄绣线菊植株

▲ 欧亚绣线菊果实

欧亚绣线菊 *Spiraea media* Schmidt

別　　名　石棒绣线菊

俗　　名　石蒡子　石崩子　山石崩　石棒子

药用部位　蔷薇科欧亚绣线菊的根、叶及果实（入药称"石棒子"）。

原 植 物　落叶直立灌木，高 0.5 ~ 2.0 m。小枝灰褐色，嫩时带红褐色，叶片椭圆形至披针形，长 1.0 ~ 2.5 cm，宽 0.5 ~ 1.5 cm，先端急尖，基部楔形，全缘或先端有 2 ~ 5 锯齿，叶柄长 1 ~ 2 mm，无毛。伞形总状花序无毛，常具花 9 ~ 15；花梗长 1.0 ~ 1.5 cm，苞片披针形；花直径 0.7 ~ 1.0 cm；萼筒宽钟状，外面无毛，内面被短柔毛；萼片卵状三角形，先端急尖或圆钝，外面无毛或微被短柔毛，内面疏生短柔毛；花瓣白色，近圆形，先端钝，长与宽各为 3.0 ~ 4.5 cm，雄蕊约 45，长于花瓣；花盘呈波状圆环形；子房具短柔毛，花柱短于雄蕊。蓇葖果较直立开张，花柱倾斜开展，萼片反折。花期 5—6 月，果期 7—8 月。

生　　境　生于多石山地、山坡草原或疏密杂木林内等处。

分　　布　黑龙江大兴安岭、小兴安岭、张广才岭、老爷岭等地。吉林长白、安图、抚松等地。内蒙古东乌珠穆沁旗。新疆。朝鲜、俄罗斯、蒙古。亚洲中部及欧洲东南部。

采　　制　春、秋季采挖根，除去泥土，剪掉须根，切段，洗净，晒干。春、夏季采摘叶，洗净，阴干。秋、冬季采摘果实，除去杂质，晒干。

性味功效　有祛风湿、健脾驱虫的功效。

主治用法　用于吐泻、蛔虫病、风湿关节痛、带下病等。水煎服。

用　　量　6 ~ 9 g。

▲ 欧亚绣线菊植株

▲ 欧亚绣线菊花序

▲ 欧亚绣线菊枝条

▲ 欧亚绣线菊花序（背）

◎参考文献◎

[1] 钱信忠. 中国本草彩色图鉴（第二卷）[M]. 北京：人民卫生出版社，2003：120-121.

[2] 中国药材公司. 中国中药资源志要 [M]. 北京：科学出版社，1994：542.

[3] 江纪武. 药用植物辞典 [M]. 天津：天津科学技术出版社，2005：768.

▲ 金丝桃叶绣线菊植株

金丝桃叶绣线菊 *Spiraea hypericifolia* L.

药用部位 蔷薇科金丝桃叶绣线菊的花。

原植物 落叶灌木，高达 1.5 m；枝条直立而开张，小枝圆柱形。叶片长圆状倒卵形或倒卵状披针形，长 1.5 ~ 2.0 cm，宽 0.5 ~ 0.7 cm，先端急尖或圆钝，基部楔形，全缘或在不孕枝上叶片先端有 2 ~ 3 钝锯齿，基部具不显著的 3 脉或羽状脉；叶柄短或近于无柄，无毛。伞形花序无总梗，具花 5 ~ 11，基部有数枚小型簇生叶片；花梗长 1.0 ~ 1.5 cm；花直径 5 ~ 7 mm；萼筒钟状；萼片三角形，先端急尖；花瓣近圆形或倒卵形，先端钝，长 2 ~ 3 mm，宽几与长相等，白色；雄蕊 20，与花瓣等长或稍短；花盘有裂片 10，排列成圆环形；子房有短柔毛或近无毛。蓇葖果直立开张，无毛，花柱顶生于背部，倾斜开展，具直立萼片。花期 5—6 月，果期 6—9 月。

生　境 生于山地沟谷灌丛、石质阳坡及林缘等处。

分　布 黑龙江杜尔伯特、林甸、泰来等地。内蒙古克什克腾旗、喀喇沁旗、阿鲁科尔沁旗、巴林左旗、巴林右旗等地。山西、陕西、甘肃、新疆等。俄罗斯。亚洲（中部）、欧洲等。

采　制 春末夏初采收花，洗净，晒干。

性味功效 有生津止咳、利水、收敛的功效。

用　量 适量。

◎ 参考文献 ◎

[1] 江纪武. 药用植物辞典 [M]. 天津：天津科学技术出版社，2005：768.

▲金丝桃叶绣线菊花

▲金丝桃叶绣线菊枝条

▲ 绣球绣线菊植株

绣球绣线菊 *Spiraea blumei* G. Don

▼ 绣球绣线菊花序

别　　名　补氏绣线菊　麻叶绣球

俗　　名　珍珠绣球

药用部位　蔷薇科绣球绣线菊的根及果实。

原 植 物　灌木，高 1 ~ 2 m；小枝细，深红褐色或暗灰褐色。叶片菱状卵形至倒卵形，长 2.0 ~ 3.5 cm，宽 1.0 ~ 1.8 cm，先端圆钝或微尖，基部楔形，边缘自近中部以上有少数圆钝缺刻状锯齿或 3 ~ 5 浅裂，基部具有不显明的 3 脉或羽状脉。伞形花序有总梗，具花 10 ~ 25；花梗长 6 ~ 10 mm，无毛；苞片披针形；花直径 5 ~ 8 mm；萼筒钟状，外面无毛，内面具短柔毛；萼片三角形或卵状三角形，先端急尖或短渐尖，内面疏生短柔毛；花瓣宽倒卵形，先端微凹，长 2.0 ~ 3.5 mm，宽几与长相等，白色；雄蕊 18 ~ 20，较花瓣短；花盘由 8 ~ 10 个较薄的裂片组成，裂片先端有时微凹；花柱短于雄蕊。蓇葖果较直立，花柱位于背部先端，倾斜开展，萼片直立。花期 5—6 月，果期 8—9 月。

▲绣球绣线菊花

绣球绣线菊花序（背）

生　境　生于向阳山坡、杂木林内、溪流旁、路旁及林缘等处。

分　布　辽宁凌源、建平、建昌、海城、本溪、凤城、开原等地。河北、山东、山西、河南、安徽、广西、宁夏等。

采　制　春、夏、秋三季采挖根，用水洗净，切段，晒干。秋季采收果实，除去杂质，晒干。

性味功效　有理气镇痛、去瘀生新、解毒的功效。

主治用法　用于瘀血、腹胀满、带下病、跌打内伤、疮毒。水煎服。外用捣烂敷患处。

用　量　适量。

◎参考文献◎

[1] 江纪武. 药用植物辞典 [M]. 天津: 天津科学技术出版社, 2005: 768.

▼绣球绣线菊枝条

▲ 石蚕叶绣线菊枝条

▲ 石蚕叶绣线菊植株　　　　▼ 石蚕叶绣线菊果实

石蚕叶绣线菊　*Spiraea chamaedryfolia* L.

别　名　乌苏里绣线菊　曲萼绣线菊

药用部位　蔷薇科石蚕叶绣线菊的花。

原植物　落叶灌木，高 1.0 ~ 1.5 m。小枝褐色，有时呈之字形弯曲，叶片宽卵形，长 2.0 ~ 4.5 cm，宽 1 ~ 3 cm，叶柄长 4 ~ 7 mm，无毛或具极稀疏柔毛。伞形总状花序，直径 2.0 ~ 2.5 cm，无毛，具花 5 ~ 12；花梗长 4 ~ 8 mm；苞片线形，无毛，早落；花直径 6 ~ 9 mm；花萼外面无毛，萼筒广钟状，内面具短柔毛；萼片卵状三角形，先端急尖，内面疏生短柔毛；花瓣白色，宽卵形或近圆形，先端钝，长 2.5 ~ 3.5 mm，宽 2 ~ 3 mm；雄蕊 35 ~ 50，长于花瓣；花盘为微波状圆环形；子房在腹部微具短柔毛，花柱短于雄蕊。蓇葖果直立，花柱直立在蓇葖果腹面先端，常萼片反折。花期 5—6 月，果期 8—9 月。

生　境　生于山坡杂木林内或林间隙地等处。

分　布　黑龙江小兴安岭、张广才岭、老爷岭等地。吉林长白山各地。辽宁清原、本溪、宽甸等地。新疆。朝鲜、俄罗斯、日本。

▲ 石蚕叶绣线菊花序（背）

▲ 石蚕叶绣线菊花序

采　制　夏季采摘花，除去杂质，鲜用或晒干。
性味功效　有生津止咳、利水的功效。
主治用法　用于咳嗽、哮喘、水肿等。水煎服。
用　量　适量。

◎参考文献◎

[1] 江纪武. 药用植物辞典[M].
　　天津：天津科学技术出版社，
　　2005：768.

▲ 小米空木花

小米空木属 *Stephanandra* Sieb. & Zucc.

▼ 小米空木茎

小米空木 *Stephanandra incisa*（Thunb.）Zabel

别　　名　小野珠兰

药用部位　蔷薇科小米空木的根。

原 植 物　落叶灌木，高达 2.5 m。小枝弯曲，幼时红褐色，叶片卵形至三角卵形，长 2 ~ 4 cm，宽 1.5 ~ 2.5 cm，侧脉 5 ~ 7，下面显著；叶柄长 3 ~ 8 mm，被柔毛；托叶卵状披针形至长椭圆形，先端急尖，微具锯齿及睫毛，长约 5 mm。顶生疏松的圆锥花序，长 2 ~ 6 cm，具多花，花梗长 5 ~ 8 mm，总花梗与花梗均被柔毛；苞片小，披针形；花直径约 5 mm；萼筒浅杯状，内外两面微被柔毛；萼片三角形至长圆形；花瓣白色，倒卵形，先端钝；雄蕊 10，短于花瓣，着生在萼筒边缘；心皮 1，花柱顶生，直立。蓇葖果近球形，直径 2 ~ 3 mm，具宿存直立或开展的萼片。花期 6—7 月，果期 8—9 月。

生　　境　生于山坡或沟边。

分　　布　吉林磐石。辽宁宽甸、凤城、桓仁、岫岩、东港、

▲小米空木花序

长海等地。山东、台湾。朝鲜。

采　　制　春、秋季采挖根，除去泥土，剪掉须根，切段，洗净，晒干。

主治用法　用于咽喉痛。水煎服。

用　　量　适量。

◎参考文献◎

[1] 中国药材公司. 中国中药资源志要 [M]. 北京：科学出版社，1994：543.

▲小米空木植株

▼小米空木枝条

▲ 龙芽草群落

龙芽草属 *Agrimonia* L.

龙芽草 *Agrimonia pilosa* Ledeb.

别　　名	瓜香草　仙鹤草　龙牙草
俗　　名	地仙草　黄牛尾　老牛筋　懒汉子筋　黄龙尾
药用部位	蔷薇科龙芽草的地上部分及根。

原植物　多年生草本，高 30 ~ 120 cm。叶为间断奇数羽状复叶，通常具小叶 3 ~ 4 对，向上减少至 3 小叶；小叶片倒卵形，长 1.5 ~ 5.0 cm，宽 1.0 ~ 2.5 cm，边缘有急尖到圆钝锯齿；托叶镰形，边缘有尖锐锯齿或裂片，茎下部托叶有时卵状披针形，常全缘。花序穗状总状顶生，分枝或不分枝，花梗长 1 ~ 5 mm；苞片常 3 深裂，裂片带形，小苞片对生，卵形，全缘或边缘分裂；花直径 6 ~ 9 mm；萼片 5，三角卵形；花瓣黄色，长圆形；雄蕊 5 ~ 15；花柱 2，丝状，柱头头状。果实倒卵状圆锥形，外面具 10 肋，顶端有数层钩刺，幼时直立，成熟时靠合。花期 7—8 月，果期 9—10 月。

生　　境　生于荒地沟边、路旁及住宅附近，常聚集成片生长。

分　　布　东北地区广泛分布。全国绝大部分地区。朝鲜、俄罗斯、蒙古、日本、越南、印度、澳大利亚。东南亚、欧洲。

▲ 龙芽草植株

▲ 龙芽草果实

▲ 龙芽草花

采　制　夏、秋季采收全草，除去杂质，切段，洗净，晒干。春、秋季采挖根，除去泥土，洗净，晒干。

性味功效　全草：味苦、辛，性平。有收敛止血、截疟、止痢、解毒的功效。根：味辛、涩，性温。有活血、驱虫的功效。

主治用法　全草：用于痢疾、肠炎、胃炎、阴道滴虫、阴痒带下、崩漏下血、疟疾、劳伤无力、咯血、吐血、尿血、便血、崩漏、偏头痛、暑热腹痛、创伤出血、跌打损伤等。水煎服。外用适量鲜品捣碎敷患处。根：用于赤白痢疾、经闭、肿毒、绦虫病等。水煎服。外用适量鲜品捣碎敷患处。

用　量　全草：15 ～ 25 g（鲜品 25 ～ 50 g）。外用适量。根：15 ～ 25 g。外用适量。

附　方

（1）治吐血、衄血、肠炎、痢疾、赤痢便血：龙芽草 50 g，水煎服。

（2）治肺结核、咯血：鲜龙芽草 50 g，鲜旱莲草 20 g，

▼ 龙芽草幼苗

▼ 龙芽草花（背）

▲龙芽草幼株

▲龙芽草根

侧柏叶 25 g，水煎服。或用鲜龙芽草 50 g（干品 30 g），白糖 50 g，将龙芽草捣烂，加冷开水 1 小碗，搅拌后榨取汁液，再加入白糖，顿服。

（3）治妇女月经或前或后，有时腰痛、发热、气胀：龙芽草 10 g，杭芍 15 g，川芎 7.5 g，香附 5 g，红花 1 g，水煎点酒服。如经血紫黑，加苏木、黄芩；腹痛，加延胡索、小茴香。

（4）治贫血衰弱、劳伤脱力：龙芽草 50 g，大枣 10 个，水煎服，日服数次。

（5）治小儿疳积：龙芽草 25 ～ 35 g，去根及茎上粗皮，加猪肝 150 ～ 200 g，加水同煮，猪肝熟后去渣，饮汤食肝。

（6）治疟疾：龙芽草根 50 ～ 200 g 或全草 50 ～ 100 g，水煎分 2 次服，每日 1 剂，连服 3 d。

（7）治痈疖疔疮、外痔发炎、乳腺炎：龙芽草全草熬膏涂患部，每日 1 次。

（8）治过敏性紫癜：龙芽草 150 g，生龟板 50 g，枸杞根、地榆炭各 100 g，水煎服。

（9）治绦虫病：龙芽草根芽的粉剂，成人用量 30 ～ 50 g，小儿 0.7 ～ 0.8 g/kg，早晨空腹一次顿服，无须另服泻药。根芽浸膏用量成人 1.5 g，小儿 45 mg/kg。鹤草酚结晶用量成人 0.7 g。鹤草酚粗晶片用量成人 0.8 g，小儿 25 mg/kg。以上制剂均在早晨空腹一次服下，服后 90 min 用硫酸镁导泻。以上制剂临床效果显著。

（10）治阴道滴虫：龙芽草全草制成质量分数为 200% 的浓缩液，以药棉蘸药液，每日搽阴道 1 次，7 d 为一个疗程。

（11）治胃肠炎、痢疾：龙芽草 50 g，水煎服。

附　注　本品为《中华人民共和国药典》（2020 年版）收录的药材。

◎参考文献◎

[1] 江苏新医学院 . 中药大辞典（上册）[M] . 上海：上海科学技术出版社，1977：665-667.

[2] 朱有昌 . 东北药用植物 [M] . 哈尔滨：黑龙江科学技术出版社，1989：494-497.

[3]《全国中草药汇编》编写组 . 全国中草药汇编（上册）[M] . 北京：人民卫生出版社，1975：277-278.

▲龙芽草花序

▲ 地蔷薇花　　　　　　　　　　　　　　　　　　　▲ 地蔷薇花（背）

地蔷薇属 *Chamaerhodos* Bge.

地蔷薇 *Chamaerhodos erecta*（L.）Bge.

别　　名　直立地蔷薇　茵陈狼牙

俗　　名　追风蒿

药用部位　蔷薇科地蔷薇的全草。

原 植 物　一年生或二年生草本，高 20 ～ 50 cm。根木质；基生叶密生，莲座状，长 1.0 ～ 2.5 cm，二回羽状 3 深裂，小裂片条形，长 1 ～ 2 mm；叶柄长 1.0 ～ 2.5 cm；托叶形状似叶，茎生叶似基生叶，3 深裂，近无柄。聚伞花序顶生，具多花，二歧分枝形成圆锥花序，直径 1.5 ～ 3.0 cm；苞片及小苞片 2 ～ 3 裂，裂片条形；花梗细，长 3 ～ 6 mm；花直径 2 ～ 3 mm；萼筒倒圆锥形，萼片卵状披针形，花瓣白色或粉红色，倒卵形，长 2 ～ 3 mm，先端圆钝，基部有短爪；花丝比花瓣短；心皮 10 ～ 15，离生，花柱侧基生，子房卵形或长圆形。瘦果卵形或长圆形，深褐色，先端具尖头。花期 6—7 月，果期 8—9 月。

生　　境　生于山坡、丘陵及干旱河滩上。

分　　布　黑龙江塔河、呼玛、黑河、泰来、大庆市区、肇东、肇源等地。吉林洮南、通榆、镇赉、延吉、龙井等地。辽宁凌源、建平、北镇等地。内蒙古林西、正蓝旗、镶蓝旗、正镶白旗等地。河北、山西、河南、陕西、甘肃、宁夏、青海、新疆等地。朝鲜、蒙古、俄罗斯（西伯利亚中东部）。

采　　制　夏、秋季采收全草，除去杂质，切段，洗净，晒干。

性味功效　味苦、微辛，性温。有祛风除湿的功效。

主治用法　用于黄疸、风湿性关节炎等。水煎服。外用煎汤洗患处。

用　　量　外用适量。

附　　方　治风湿性关节炎：地蔷薇适量，煎汤洗患处。

◎ 参考文献 ◎

[1] 江苏新医学院. 中药大辞典（上册）[M]. 上海：上海科学技术出版社，1977：828-829.

[2] 朱有昌. 东北药用植物[M]. 哈尔滨：黑龙江科学技术出版社，1989：511-512.

[3] 钱信忠. 中国本草彩色图鉴（第二卷）[M]. 北京：人民卫生出版社，2003：376-377.

▲地蔷薇植株

▲地蔷薇幼株

▲灰毛地蔷薇植株

灰毛地蔷薇 *Chamaerhodos canescens* Krause

别　　名　毛地蔷薇

药用部位　蔷薇科灰毛地蔷薇的全草。

原 植 物　多年生草本，高 10 ～ 30 cm。根木质；茎多数。基生叶密集，长 1.0 ～ 1.5 cm，有腺毛及灰色长刚毛，二回 3 裂，一回裂片 3 深裂，二回裂片全缘或 2 ～ 3 裂，小裂片条形，长 4 ～ 6 mm，茎生叶似基生叶；托叶和茎生叶侧裂片相似。花成复聚伞花序，排列紧密；总花梗及花梗具腺柔毛；苞片及小苞片披针形；花直径 3 ～ 5 mm；花梗长 2 ～ 4 mm；萼筒宽钟形，萼片披针形，具 10 明显脉和长刚毛；花瓣粉红色或白色，倒卵形，长 3 ～ 4 mm，先端微缺，基部具短爪，花丝无毛；花托具长柔毛；心皮 4 ～ 6，离生，花柱丝状，子房无毛。瘦果长圆卵形，黑褐色，先端渐尖具尖头。花期6—8月，果期8—10月。

生　　境　　生于山坡、丘陵及干旱河滩上。

分　　布　　黑龙江泰来。吉林省吉林市。辽宁大连、朝阳、凌源、喀左等地。内蒙古敖汉旗、阿巴嘎旗、苏尼特左旗、苏尼特右旗等地。河北、山西、河南、陕西、甘肃、宁夏、青海、新疆。朝鲜、俄罗斯、蒙古。

附　　注　　本种为内蒙古药用植物。

◎参考文献◎

[1] 江纪武. 药用植物辞典 [M]. 天津: 天津科学技术出版社, 2005: 166.

▲灰毛地蔷薇花（侧）

▲灰毛地蔷薇花

▼灰毛地蔷薇花序（侧）

▼灰毛地蔷薇花序

▲ 沼委陵菜果实

▼ 沼委陵菜花（侧）　　　▼ 沼委陵菜根状茎

▼ 沼委陵菜居群

沼委陵菜属 *Comarum* L.

沼委陵菜 *Comarum palustre* L.

别　　名　东北沼委陵菜　水莓

药用部位　蔷薇科沼委陵菜的全草及根状茎。

原 植 物　多年生草本，高 20 ～ 30 cm。茎中空，淡红褐色。奇数羽状复叶，连叶柄长 6 ～ 16 cm，小叶片 5 ～ 7，椭圆形或长圆形，长 4 ～ 7 cm，宽 1.2 ～ 3.0 cm，托叶卵形，上部叶具 3 小叶。聚伞花序顶生或腋生，有一至数花；花梗长 1.0 ～ 1.5 cm；苞片锥形，长 3 ～ 5 mm；花直径 1.0 ～ 1.5 cm；萼筒盘形，萼片深紫色，三角状卵形，长 7 ～ 18 mm，开展，先端渐尖；副萼片披针形至线形，长 4 ～ 9 mm，先端渐尖或急尖；花瓣深紫色，卵状披针形，长 3 ～ 8 mm，先端渐尖；雄蕊 15 ～ 25，花丝及花药均深紫色，比花瓣短；子房卵形，深紫色，花柱线形。瘦果多数，卵形，扁平，黄褐色。花期 6—7 月，果期 8—9 月。

生　　境　生于沼泽及泥炭沼泽处，常聚集成片生长。

分　　布　黑龙江塔河、呼玛、黑河、密山、虎林、萝北、

▲ 沼委陵菜植株

依兰、勃利、宾县、尚志、齐齐哈尔、伊春等地。吉林长白山各地及前郭、大安、长岭等地。内蒙古额尔古纳、根河、牙克石、鄂温克旗、阿尔山等地。河北。朝鲜、俄罗斯、蒙古、日本。欧洲、北美洲。

采　制　夏、秋季采收全草，除去杂质，切段，洗净，鲜用或晒干。春、秋季采挖根状茎，除去泥土，洗净，鲜用或晒干。

性味功效　有止血、止泻的功效。

主治用法　全草：用于肺结核、血栓性静脉炎、黄疸、神经痛、牙痛、牙龈松动等。水煎服。根状茎：用于腹泻、胃癌、乳腺癌。水煎服。

用　量　适量。

附　注　叶入药，有止血、止泻的功效。外洗可促进伤口愈合。

◎ 参考文献 ◎

[1] 朱有昌. 东北药用植物 [M]. 哈尔滨: 黑龙江科学技术出版社, 1989: 512-513.

[2] 中国药材公司. 中国中药资源志要 [M]. 北京: 科学出版社, 1994: 502.

[3] 江纪武. 药用植物辞典 [M]. 天津: 天津科学技术出版社, 2005: 201.

▼ 沼委陵菜花

▲ 沼委陵菜幼株

蛇莓属 *Duchesnea* J. E. Smith

蛇莓 *Duchesnea indica*（Andr.）Focke

别　　名	鸡冠果　蚕莓　蛇蛋果
俗　　名	野地果　高丽地果　野杨梅　地莓　龙吐珠　红顶果　三叶梅　三爪龙　宝珠草
药用部位	蔷薇科蛇莓的全草。

原　植　物　多年生草本。根状茎短，粗壮；匍匐茎多数，长 30 ~ 100 cm。小叶片倒卵形至菱状长圆形，长 2.0 ~ 3.5 cm，宽 1 ~ 3 cm，具小叶柄；叶柄长 1 ~ 5 cm；托叶窄卵形至宽披针形。花单生于叶腋；直径 1.5 ~ 2.5 cm；花梗长 3 ~ 6 cm，有柔毛；萼片卵形，长 4 ~ 6 mm，先端锐尖，外面有散生柔毛；副萼片倒卵形，长 5 ~ 8 mm，比萼片长，先端常具 3 ~ 5 锯齿；花瓣黄色，倒卵形，长 5 ~ 10 mm，先端圆钝；雄蕊 20 ~ 30；心皮多数，离生；花托在果期膨大，海绵质，鲜红色，有光泽，直径 10 ~ 20 mm，外面有长柔毛。瘦果卵形，长约 1.5 mm，光滑或具不明显突起，鲜时有光泽。花期6—8月，果期8—9月。

生　　境　生于山坡、草地、路旁、田梗及沟谷边，常聚集成片生长。

分　　布　吉林集安、辉南、通化、靖宇、临江等地。辽宁宽甸、凤城、桓仁、鞍山等地。河北、山西、陕西、宁夏、甘肃、山东、江苏、浙江、福建、安徽、江西、湖南、湖北、广西、云南等。阿富汗、日本、印度、印度尼西亚。欧洲、北美洲。

采　　制　夏、秋季采收全草，除去杂质，洗净，鲜用或晒干。

▲ 蛇莓植株（果期）

性味功效 味甘、苦，性寒。有小毒。有清热解毒、散瘀消肿、凉血、调经、祛风化痰的功效。

主治用法 用于感冒发热、痢疾、疟疾、湿疹、带状疱疹、咽喉肿痛、咳嗽、哮喘、吐血、月经过多、黄疸型肝炎、小儿高热惊风、白喉、腮腺炎、结膜炎、惊痫、疔疮、烧伤、烫伤、瘰疬、跌打损伤、狂犬咬伤、毒蛇咬伤及牙痛等。水煎服或捣汁。外用鲜品捣碎敷患处或研末撒于患处。

用　　量 15～25 g（鲜品 50～100 g）。外用适量。

附　　方

（1）治白喉：鲜蛇莓全草用冷水洗净，捣烂成泥状，加 2 倍的凉开水浸泡 4～6 h，过滤即成质量分数为 50% 的浸剂。服时可加糖调味，每日服 4 次。3 岁以下，首次 50 ml，以后 20～30 ml；3～5 岁，首次 80 ml，以后 40～50 ml；6～10 岁，首次 100 ml，以后 60 ml；10 岁以上，首次 150 ml，以后 100 ml。

（2）治急性菌痢：鲜蛇莓全草 100～200 g，水煎服。

（3）治伤暑、感冒：干蛇莓 25～40 g，酌加水煎，日服 2 次。

（4）治吐血、咯血：鲜蛇莓草 100～150 g，捣烂绞汁 1 杯，冰糖少许，炖服。

（5）治蛇头疔、乳痈、背疮、疔疮：鲜蛇莓草，捣烂，加蜜敷患处。

▼ 蛇莓花（背）

▼ 蛇莓果实

▲蛇莓种子

初起未化脓者，加蒲公英 100 g，共捣烂，绞汁 1 杯，调黄酒 200 ml，炖服，渣敷患处。

（6）治跌打损伤：鲜蛇莓捣烂，甜酒少许，共炒热外敷。

附　注　根入药，用于内热、潮热等。

◎参考文献◎

［1］江苏新医学院. 中药大辞典（下册）[M]. 上海：上海科学技术出版社，1977：2116–2117，2124.

［2］朱有昌. 东北药用植物 [M]. 哈尔滨：黑龙江科学技术出版社，1989：522–523.

［3］中国药材公司. 中国中药资源志要 [M]. 北京：科学出版社，1994：507.

▼蛇莓花

▲ 蚊子草植株

蚊子草属 *Filipendula* Mill.

蚊子草 *Filipendula palmate*（Pall.）Maxim.

▼ 蚊子草花序

别　　名　合叶子

药用部位　蔷薇科蚊子草的干燥根状茎及全草。

原 植 物　多年生草本，高 60 ～ 150 cm。茎有棱，近无毛或上部被短柔毛。叶为羽状复叶，具小叶 2 对，叶柄被短柔毛或近无毛，顶生小叶特别大，具 5 ～ 9 掌状深裂，裂片披针形至菱状披针形，顶端渐狭或三角状渐尖，边缘常有小裂片和尖锐重锯齿，表面绿色无毛，背面密被白色茸毛，侧生小叶较小，3 ～ 5 裂，裂至小叶 1/3 ～ 1/2 处；托叶大，草质，绿色，半心形，边缘有尖锐锯齿。顶生圆锥花序，花梗疏被短柔毛，以后脱落无毛；花小而多，直径 5 ～ 7 mm；萼片卵形，外面无毛；花瓣白色，倒卵形，具长爪。瘦果半月形，直立，有短柄，沿背腹两边有柔毛。花期 7—8 月，果期 8—9 月。

生　　境　生于河岸、湿地、草甸等处，常聚集成片生长。

分　　布　黑龙江呼玛、黑河、饶河、密山、虎林、宁安、东宁、尚志、五常、海林、伊春、萝北、新林等地。吉林长白山各地。辽宁桓仁。内蒙古额尔古纳、

▲ 蚊子草幼株

▼ 蚊子草花

▼ 蚊子草种子

根河、牙克石、鄂伦春旗、鄂温克旗、阿尔山、扎鲁特旗、东乌珠穆沁旗、西乌珠穆沁旗等地。河北、山西。朝鲜、俄罗斯（西伯利亚）、蒙古、日本。

采　制　春、秋季采挖根状茎，除去泥土，洗净，晒干。夏、秋季采收全草，洗净，鲜用或晒干。

性味功效　味苦、辛，性温。有祛风湿、止痉的功效。

主治用法　用于痛风、癫痫、冻伤、烧伤。水煎服。外用鲜品捣烂敷患处。

用　量　3～6 g。外用适量。

附　注　叶及花入药，用于热病、冻伤、烧伤、痢疾等。

▲ 蚊子草果实

▲蚊子草花序（花药红色）

◎参考文献◎

[1] 钱信忠. 中国本草彩色图鉴（第
    四卷）[M]. 北京：人民卫生出
    版社，2003：169-170.

[2] 中国药材公司. 中国中药资
    源志要 [M]. 北京：科学出版社，
    1994：508.

[3] 江纪武. 药用植物辞典 [M].
    天津：天津科学技术出版社，
    2005：330.

▲蚊子草花（背）

▼ 槭叶蚊子草花

▲ 槭叶蚊子草花序

▲ 槭叶蚊子草植株

▼ 槭叶蚊子草幼株

槭叶蚊子草 *Filipendula purpurea* Maxim.

药用部位 蔷薇科槭叶蚊子草的干燥根状茎及全草。

原植物 多年生草本，高 50 ~ 150 cm。茎光滑有棱。叶为羽状复叶，具小叶 1 ~ 3 对，中间偶夹有附片，叶柄无毛，顶生小叶大，常 5 ~ 7 裂，裂片卵形，顶端常尾状渐尖，边缘有重锯齿或不明显裂片，齿急尖或微钝，两面绿色，无毛或背面沿脉疏生柔毛；侧生小叶小，长圆卵形或卵状披针形，边缘有重锯齿或不明显裂片；托叶草质或半膜质，常淡褐绿色，较小，卵状披针形，全缘。顶生圆锥花序，花梗无毛；花直径 4 ~ 5 mm；萼片卵形，顶端急尖，外面无毛；花瓣粉红色至白色，倒卵形。瘦果直立，基部有短柄，背腹两边有 1 行柔毛。花期 6—7 月，果期 7—8 月。

生境 生于阴湿地、林下、林缘、路旁，常聚集成片生长。

槭叶蚊子草花序（白色）

▲ 槭叶蚊子草群落

分　　布　黑龙江宁安、伊春、尚志、阿城、虎林、宝清、塔河等地。吉林长白山各地。辽宁宽甸、凤城、本溪、桓仁、鞍山等地。内蒙古阿尔山。朝鲜、俄罗斯（西伯利亚）、日本。

采　　制　春、秋季采挖根状茎，除去泥土，洗净，晒干。夏、秋季采收全草，洗净，鲜用或晒干。

性味功效　味苦、辛，性温。有祛风湿、止痉的功效。

主治用法　用于痛风、癫痫、冻伤、烧伤。水煎服。外用鲜品捣烂敷患处。

用　　量　3～6 g。外用适量。

◎参考文献◎

[1] 中国药材公司.中国中药资源志要[M].北京：科学出版社，1994：508.

[2] 江纪武.药用植物辞典[M].天津：天津科学技术出版社，2005：330.

[3] 严仲铠，李万林.中国长白山药用植物彩色图志[M].北京：人民卫生出版社，1997：220.

▼ 槭叶蚊子草果实

▼ 槭叶蚊子草幼苗

▲ 翻白蚊子草花序

▲ 翻白蚊子草花

翻白蚊子草 *Filipendula intermedia*（Glehn）Juzep.

药用部位 蔷薇科翻白蚊子草的干燥根状茎、全草及叶。

原 植 物 多年生草本,高80～100 cm。茎几无毛,有棱。叶为羽状复叶,具小叶2～5对,叶柄几无毛,顶生小叶稍比侧生小叶大或几等大, 常7～9裂,裂片狭窄,带形或披针形,边缘有整齐或不规则锯齿,顶端渐尖,表面无毛,背面被白色茸毛,沿脉有疏柔毛,侧生小叶与顶生小叶相似,唯向下较小及裂片较少;托叶草质,扩大,半心形,边缘有锯齿。圆锥花序顶生,花梗常被短柔毛;萼片卵形,顶端急尖或钝,外面密被短柔毛;花瓣白色,倒卵形。瘦果基部有短柄,直立,周围有一圈糙毛。花期6—7月,果期7—8月。

生 境 生于山冈灌丛、草甸及河岸边等处。

分 布 黑龙江佳木斯、黑河、密山、萝北、呼玛等地。吉林长白山各地。内蒙古额尔古纳、根河、牙克石、鄂伦春旗、鄂温克旗、阿尔山、科尔沁左翼后旗等地。朝鲜、俄罗斯（西伯利亚）、日本。

采 制 春、秋季采挖根状茎,除去泥土,洗净,晒干。夏、秋季采收全草及叶,洗净,鲜用或晒干。

性味功效 根状茎、全草:有止血、止痢、驱蚊的功效。叶:有发汗的功效。

主治用法 根状茎、全草:用于风湿关节痛、刀伤出血。水煎服。外用鲜品捣烂敷患处。叶:用于发热、冻伤、烧伤。水煎服。外用鲜品捣烂敷患处。

用 量 适量。

◎ 参考文献 ◎

[1] 中国药材公司. 中国中药资源志要 [M]. 北京: 科学出版社, 1994:508.

[2] 江纪武. 药用植物辞典 [M]. 天津: 天津科学技术出版社, 2005:330.

[3] 严仲铠, 李万林. 中国长白山药用植物彩色图志 [M]. 北京: 人民卫生出版社, 1997:220.

▲ 翻白蚊子草植株

▲ 细叶蚊子草群落

细叶蚊子草 *Filipendula angustiloba*（Turcz.）Maxim.

药用部位　蔷薇科细叶蚊子草的花。

原植物　多年生草本，高 50 ~ 120 cm。茎有棱，无毛。叶为羽状复叶，具小叶 2 ~ 5 对，顶生小叶稍比侧生小叶长大，常 7 ~ 9 裂，裂片披针形，顶端渐尖，边缘有不规则尖锐锯齿或不明显裂片；两面绿色，无毛；侧生小叶与顶生小叶相似，较小，裂片较少；托叶草质，绿色，宽大，半心形，边缘有锯齿。圆锥花序顶生，花梗几无毛或被稀疏柔毛；花直径约 5 mm；萼片卵形，顶端圆钝；花瓣白色，倒卵形。瘦果无柄，直立，边缘无毛或有毛。花期 6—7 月，果期 7—8 月。

生境　生于草甸、河边、林区湿地。

分布　黑龙江黑河市区、孙吴、集贤、北安、佳木斯、哈尔滨市区、密山、虎林等地。吉林长白山各地。内蒙古额尔古纳、陈巴尔虎旗、牙克石、鄂伦春旗、科尔沁右翼前旗等地。朝鲜、俄罗斯（西伯利亚）、蒙古、日本。

采制　夏季采摘花序，鲜用或晒干。

性味功效　有止血的功效。

主治用法　用于各种出血。

用量　适量。

◎ 参考文献 ◎

[1] 中国药材公司 . 中国中药资源志要 [M]. 北京：科学出版社，1994：508.

[2] 江纪武 . 药用植物辞典 [M]. 天津：天津科学技术出版社，2005：330.

▲ 细叶蚊子草花序

▲ 细叶蚊子草植株

▲ 东方草莓果实（亮红色）

▲ 东方草莓果实（橙红色）

▲ 东方草莓花（6 瓣）

▲ 东方草莓果实（深红色）

草莓属 *Fragaria* L.

东方草莓 *Fragaria orientalis* Lozinsk.

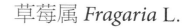
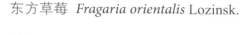

▼ 东方草莓花（背）

俗　　名　野草莓　野地果　野地枣

药用部位　蔷薇科东方草莓的果实及全草。

原 植 物　多年生草本，高 5 ~ 30 cm。茎被开展柔毛。三出复叶，小叶几无柄，倒卵形或菱状卵形，长 1 ~ 5 cm，宽 0.8 ~ 3.5 cm；叶柄被开展柔毛，有时上部较密。花序聚伞状，具花 1 ~ 6，基部苞片淡绿色或具一有柄小叶，花梗长 0.5 ~ 1.5 cm，被开展柔毛。花两性，

▲东方草莓植株

稀单性，直径 1.0 ~ 1.5 cm；萼片卵圆状披针形，顶端尾尖，副萼
片线状披针形，偶有 2 裂；花瓣白色，几圆形，基部具短爪；雄蕊
18 ~ 22，近等长；雌蕊多数。聚合果半圆形，成熟后紫红色，宿
存萼片开展或微反折；瘦果卵形，宽 0.5 mm，表面脉纹明显，或
仅基部具皱纹。花期 6—7 月，果期 7—8 月。

生　境　生于山坡、林缘、草地、路旁及河边沙地上，常聚集成
片生长。

分　布　黑龙江黑河、密山、虎林、饶河、尚志、伊春、依兰、勃利、
呼玛、塔河、漠河等地。吉林长白、安图、抚松、靖宇、临江、集安、
珲春等地。辽宁宽甸。内蒙古额尔古纳、根河、牙克石、鄂伦春旗、
鄂温克旗、扎兰屯、阿尔山、科尔沁右旗前旗、东乌珠穆沁旗、西
乌珠穆沁旗等地。河北、山西、陕西、甘肃、青海。朝鲜、俄罗斯（西
伯利亚中东部）、蒙古。

采　制　夏季采摘成熟果实，除去杂质，洗净，鲜用或晒干。夏、
秋季采收全草，除去杂质，切段，洗净，鲜用或晒干。

▼东方草莓幼株

▼市场上的东方草莓果实

▲ 东方草莓群落

▼ 东方草莓花

性味功效 果实: 有止渴生津的功效。全草: 有清热解毒、祛痰、消肿的功效。

主治用法 果实: 用于肾结石、湿疹。水煎服或食用。全草: 用于腹泻、眼痛、子宫出血。水煎服。

用　　量 适量。

附　　注 叶入药, 可用作祛痰剂。

◎ 参考文献 ◎

[1] 严仲铠, 李万林. 中国长白山药用植物彩色图志 [M]. 北京: 人民卫生出版社, 1997: 221.

[2] 中国药材公司. 中国中药资源志要 [M]. 北京: 科学出版社, 1994: 509.

[3] 江纪武. 药用植物辞典 [M]. 天津: 天津科学技术出版社, 2005: 335.

▲ 东方草莓花（浅粉色）

▲路边青植株（果期）

路边青属 *Geum* L.

路边青 *Geum aleppicum* Jacp.

▼路边青果实

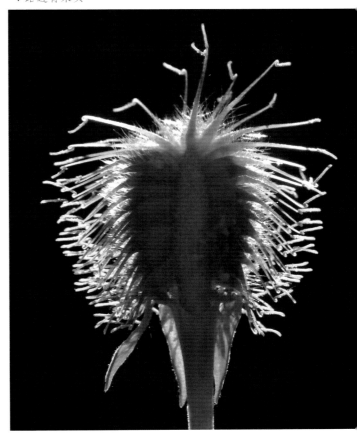

别　　名　水杨梅　草本水杨梅　五气朝阳草

俗　　名　蛤蟆草　海棠菜　山烟花　山辣椒　忙牛尾

药用部位　蔷薇科路边青的根及全草。

原 植 物　多年生草本，高 30 ～ 100 cm。茎直立。基生叶为大头羽状复叶，通常具小叶 2 ～ 6 对，连叶柄长 10 ～ 25 cm，叶柄被粗硬毛，小叶大小极不相等，顶生小叶最大，菱状广卵形或宽扁圆形，长 4 ～ 8 cm，宽 5 ～ 10 cm；茎生叶羽状复叶，有时重复分裂，向上小叶逐渐减少，茎生叶托叶大。花序顶生，花直径1.0 ～ 1.7 cm；花瓣黄色，几圆形，比萼片长；萼片卵状三角形，顶端渐尖，副萼片狭小，比萼片短 1/2 多，花柱顶生，在上部约 1/4 处扭曲，成熟后自扭曲处脱落。聚合果倒卵球形，瘦果被长硬毛，花柱宿存部分无毛，顶端有小钩；果托被短硬毛，长约 1 mm。花期 7—8 月，果期 8—9 月。

生　　境　生于山坡、林缘、草地、沟边、路旁、河边、灌丛、荒地及住宅附近。

分　　布　东北地区各地。河北、河南、山东、山西、陕西、湖北、四川、贵州、甘肃、云南、新疆、西藏。

▲路边青花（6瓣）

▲路边青花

▲重瓣路边青花

▼路边青植株（花期）

北半球温带及暖温带。

采　制　春、秋季采挖根，除去泥土，洗净，鲜用或晒干。夏、秋季采收全草，除去杂质，切段，洗净，鲜用或晒干。

性味功效　根：味辛、甘，性温。无毒。有祛寒、止泻、补虚的功效。全草：味甘、辛，性平。有祛风除湿、补血、活血消肿、止痛、健胃润肺的功效。

主治用法　根：用于风寒感冒、腹痛泻痢、肾虚头晕等。水煎服。外用捣烂敷患处。全草：用于腰腿痹痛、痢疾、崩漏、白带异常、跌打损伤、痈疽疮疡、咽痛、虚弱咳嗽、虚损劳伤、瘰疬、头痛、偏头痛、乳痈、扁桃体炎、皮肤瘙痒等。水煎服。外用适量鲜品捣碎敷患处。

用　量　根：15～25 g。外用适量。全草：10～15 g。外用适量。

附　方

（1）治月经不调、子宫癌：路边青25 g，煮鸡或煮肉吃。

（2）治小儿惊风：路边青（春夏用叶、秋冬用根）捣汁1盅，开水调匀内服。

（3）治痈疖肿痛：鲜路边青捣成泥膏，敷贴疮肿处。

（4）治痈疽：路边青50 g，甘草20 g，共研末，每次5 g，日服2次。

（5）治痢疾：路边青、白头翁、苦参各25 g，水煎服。

（6）治腹泻、痢疾：路边青全草25 g或鲜根50 g，水煎服。

附　注

（1）在东北尚有1变型：

重瓣路边青 f. *plenum* Yang et P. H. Wang，花重瓣或半重瓣。其他与原种同。

（2）本种被《中华人民共和国药典》（2020年版）收录，药材名为"蓝布正"。

▲路边青群落

▼路边青幼株

路边青瘦果▶

◎参考文献◎

[1] 江苏新医学院.中药大辞典(上册)[M].上海:
上海科学技术出版社,1977:395-396.

[2] 朱有昌.东北药用植物[M].哈尔滨:黑龙江
科学技术出版社,1989:523-525.

[3] 中国药材公司.中国中药资源志要[M].北京:
科学出版社,1994:509.

▼路边青幼苗

▲路边青花(背)

小叶金露梅花（6瓣）

▲ 小叶金露梅花

▲ 小叶金露梅枝条

▲ 小叶金露梅花（4瓣）

委陵菜属 *Potentilla* L.

小叶金露梅 *Potentilla parvifolia* Fisch.

别　　名　小叶金老梅

俗　　名　老鸹爪　药王茶

药用部位　蔷薇科小叶金露梅的嫩叶及花。

原 植 物　落叶灌木，高 0.3 ～ 1.5 m。分枝多，树皮纵向剥落。小枝灰色或灰褐色，幼时被灰白色柔毛或绢毛。叶为羽状复叶，具小叶 2 对，小叶披针形或倒卵状披针形，长 0.7 ～ 1.0 cm，宽 2 ～ 4 mm，边缘全缘，明显向下反卷，托叶膜质，褐色或淡褐色，全缘，外面被疏柔毛。顶生单花或数朵，花梗被灰白色柔毛或绢状柔毛；花直径 1.2 ～ 2.2 cm；萼片卵形，顶端急尖，副萼片披针形、卵状披针形或倒卵状披针形，顶端渐尖或急尖，短于萼片或近等长，外面被绢状柔毛或疏柔毛；花瓣黄色，宽倒卵形，顶端微凹或圆钝，比萼片长 1 ～ 2 倍；花

▲小叶金露梅群落

▲小叶金露梅植株（果期）

柱近基生，棒状。花期6—8月，果期8—9月。

生　境　生于干燥山坡、岩石缝中、林缘及林中。

分　布　黑龙江大兴安岭。内蒙古东乌珠穆沁旗、西乌珠穆沁旗、正蓝旗、镶黄旗等地。甘肃、青海、四川、西藏。俄罗斯、蒙古。

采　制　春末夏初采摘嫩叶，除去杂质，洗净，鲜用或晒干。夏末秋初采摘花，除去杂质，洗净，鲜用或晒干。

性味功效　嫩叶：味甘，性平。有清暑热、益脑、清心、调经、健胃的功效。花：味苦，性凉。有健脾化湿的功效。

主治用法　嫩叶：用于寒湿脚气、皮肤痒疹、乳腺炎、水肿、黄水病、疮疡溃烂。水煎服。外用捣烂敷患处。花：用于消化不良、水肿、赤白带下、乳腺炎。水煎服。

用　量　嫩叶：10～15 g。外用适量。花：2.5 g。

附　方

（1）治皮肤痒疹：小叶金露梅、虎耳草、苦参煎服。

（2）治乳腺炎：小叶金露梅鲜叶及花，捣烂敷患处。

▲ 小叶金露梅植株（花期）

◎ 参考文献 ◎

[1] 江苏新医学院. 中药大辞典（上册）[M]. 上海：上海科学技术出版社，1977：273.

[2] 朱有昌. 东北药用植物 [M]. 哈尔滨：黑龙江科学技术出版社，1989：520-522.

[3] 钱信忠. 中国本草彩色图鉴（第一卷）[M]. 北京：人民卫生出版社，2003：321-322.

▲ 小叶金露梅果实

▲ 小叶金露梅花（背）

▲ 金露梅植株

金露梅 *Potentilla fruticosa* L.

别 名	金老梅 金腊梅
俗 名	老鸹爪 药王茶
药用部位	蔷薇科金露梅的嫩叶及花。
原 植 物	落叶灌木，高 0.5 ~ 2.0 m。多分枝，树皮纵向剥落。

小枝红褐色，幼时被长柔毛。羽状复叶，具小叶 2 对，稀 3 小
叶，叶柄被绢毛或疏柔毛；小叶片长圆形，长 0.7 ~ 2.0 cm，
宽 0.4 ~ 1.0 cm，全缘，两面绿色，托叶薄膜质。单花或数朵
生于枝顶，花梗密被长柔毛或绢毛；花直径 2.2 ~ 3.0 cm；萼
片卵圆形，顶端急尖至短渐尖，副萼片披针形至倒卵状披针形，
顶端渐尖至急尖，与萼片近等长，外面疏被绢毛；花瓣黄色，
宽倒卵形，顶端圆钝，比萼片长；花柱近基生，棒形，基部稍
细，顶部缢缩，柱头扩大。瘦果近卵形，褐棕色，长约 1.5 mm，
外被长柔毛。花期 6—8 月，果期 8—9 月。

生 境	生于针阔叶混交林、落叶松林、火烧迹地的林缘、

湿草地、火山灰路旁及高山苔原上。

分 布	黑龙江呼玛、塔河、黑河、牡丹江等地。吉林长白、

抚松、安图、临江、和龙等地。内蒙古额尔古纳、根河、牙克石、

▲ 金露梅花（深黄色）

▲ 金露梅花（浅黄色）

▲金露梅群落

▲ 金露梅枝条

▲ 金露梅花（背）

▲ 金露梅果实

鄂伦春旗、科尔沁右翼前旗、东乌珠穆沁旗、西乌珠穆沁旗、正蓝旗、镶黄旗等地。河北、山西、陕西、宁夏、甘肃、新疆、云南等。朝鲜、俄罗斯、蒙古、日本。欧洲、北美洲。

采　制　春末夏初采摘嫩叶，除去杂质，洗净，鲜用或晒干。夏末秋初采摘花，除去杂质，洗净，鲜用或晒干。

性味功效　嫩叶：味甘，性平。有清暑热、益脑、清心、调经、健胃的功效。花：味苦，性凉。有健脾化湿的功效。

主治用法　嫩叶：用于暑热眩晕、两目不清、胃气不合、食滞、月经不调、消化不良、乳腺炎、水肿。水煎服。花：用于消化不良、水肿、赤白带下、乳腺炎。水煎服。

用　量　嫩叶：10～15 g。花：2.5 g。

附　方　治各种水肿：金露梅花（炒炭）、鹿角、芒硝、细叶铁线莲各等量，共研细末，每日2次，每次1.5 g，温开水送服。

◎参考文献◎

[1] 江苏新医学院. 中药大辞典（上册）[M]. 上海：上海科学技术出版社，1977：1411.

[2] 朱有昌. 东北药用植物 [M]. 哈尔滨：黑龙江科学技术出版社，1989：519-520.

[3] 中国药材公司. 中国中药资源志要 [M]. 北京：科学出版社，1994：517.

▲ 市场上的金露梅的枝叶

▲ 银露梅植株

银露梅 *Potentilla gabra* Lodd.

别　　名　银老梅

俗　　名　白花棍儿茶

药用部位　蔷薇科银露梅的茎、叶及花。

原 植 物　灌木，高 0.3 ~ 2.0 m，稀达 3.0 m。树皮纵向剥落。
小枝灰褐色或紫褐色。叶为羽状复叶，具小叶 2 对，稀 3 小叶，
叶柄被疏柔毛；小叶片椭圆形，长 0.5 ~ 1.2 cm，宽 0.4 ~ 0.8 cm，
顶端圆钝或急尖，基部楔形或几圆形，边缘平坦或微向下反卷，全缘，
两面绿色，被疏柔毛或几无毛；托叶薄膜质，外被疏柔毛或脱落几
无毛。顶生单花或数朵，花梗细长，被疏柔毛；花直径 1.5 ~ 2.5 cm；
萼片卵形，急尖或短渐尖，副萼片披针形，比萼片短或近等长，外
面被疏柔毛；花瓣白色，倒卵形，顶端圆钝；花柱近基生，棒状，
基部较细，在柱头下缢缩，柱头扩大。瘦果表面被毛。花期 6—7 月，
果期 8—9 月。

生　　境　生于河谷岩石缝中、灌丛、林中及亚高山草地上。

分　　布　黑龙江呼玛。内蒙古额尔古纳、根河、牙克石、阿尔山、
克什克腾旗、正蓝旗、镶黄旗等地。河北、山西、陕西、甘肃、青
海、安徽、湖北、四川、云南等。蒙古、俄罗斯（西伯利亚中东部）。

▲ 银露梅花（7 瓣）

▲ 银露梅花（背）

▲ 银露梅群落

▲ 银露梅果实

▲ 银露梅花

▲ 银露梅枝条

采　制　春末夏初采摘嫩叶和割取枝条，除去杂质，洗净，鲜用或晒干。夏末秋初采摘花，除去杂质，洗净，鲜用或晒干。

性味功效　味甘，性温。有理气散寒、镇痛固牙、利尿消水的功效。

主治用法　用于风热牙痛、牙齿松动、水肿等。水煎服。外用捣烂搽患处。

用　量　10～15 g。外用适量。

附　方

（1）治风热牙痛、牙齿松动：银露梅茎叶，配石膏、白芷、华榭蕨，水煎服。

（2）治固齿：用银露梅花擦牙。

◎ 参考文献 ◎

[1] 江苏新医学院. 中药大辞典（下册）[M]. 上海：上海科学技术出版社，1977：2168-2169.

[2] 朱有昌. 东北药用植物 [M]. 哈尔滨：黑龙江科学技术出版社，1989：518-519.

[3] 中国药材公司. 中国中药资源志要 [M]. 北京：科学出版社，1994：517.

▲ 银露梅花（4瓣）

▲ 蕨麻花

▲ 蕨麻花（6 瓣）

蕨麻 *Potentilla anserina* L.

别　　名　蕨麻委陵菜　鹅绒委陵菜　曲尖委陵菜

俗　　名　鸭子巴掌菜　老鸹膀子　河篦梳

药用部位　蔷薇科蕨麻的块根。

原 植 物　多年生草本。根的下部长呈纺锤形块根。茎匍匐，在节处生根。基生叶为间断羽状复叶，具小叶 6 ～ 11 对，连叶柄长 2 ～ 20 cm。小叶对生或互生，椭圆形，长 1.0 ～ 2.5 cm，宽 0.5 ～ 1.0 cm，茎生叶与基生叶相似，唯小叶对数较少；基生叶和下部茎生叶托叶膜质，褐色，和叶柄连成鞘状，上部茎生叶托叶草质，多分裂。单花腋生；花梗长 2.5 ～ 8.0 cm，被疏柔毛；花直径 1.5 ～ 2.0 cm；萼片三角卵形，顶端急尖或渐尖，副萼片椭圆形或椭圆状披针形，常 2 ～ 3 裂，稀不裂，与副萼片近等长或稍短；花瓣黄色，倒卵形，顶端圆形，比萼片长 1 倍；花柱侧生，小枝状，柱头稍扩大。花期 7—8 月，果期 8—9 月。

生　　境　生于河岸沙质地、路旁、田边及住宅旁。

分　　布　黑龙江漠河、塔河、呼玛、黑河市区、五大连池、萝北、饶河、虎林、大庆、安达、肇东、富裕、尚志、宾县等地。吉林安图、集安、长白、吉林、通榆、镇赉、洮南等地。辽宁东港、长海、沈阳、建平、黑山、凌源、彰武等地。内蒙古额尔古纳、根河、牙克石、莫力达瓦旗、扎兰屯、阿尔山、科尔沁右翼前旗、扎赉特旗、扎鲁特旗、科尔沁左翼后旗、科尔沁左翼中旗、科尔沁右翼

▲ 蕨麻果实

▲ 蕨麻幼株

▲ 蕨麻群落

▲ 蕨麻花（背）

▲ 蕨麻花（侧）

中旗、克什克腾旗、翁牛特旗、喀喇沁旗、巴林左旗、巴林右旗、东乌珠穆沁旗、西乌珠穆沁旗、苏尼特左旗、苏尼特右旗、正蓝旗、正镶白旗、镶黄旗等地。河北、山西、陕西、甘肃、宁夏、青海、新疆、四川、云南、西藏。本种分布较广，横跨欧亚美三洲北半球温带，以及南美智利、大洋洲新西兰及塔斯马尼亚岛等地。

采制 春、秋季采挖块根，鲜用或晒干药用。

性味功效 味甘，性平。有健脾益胃、生津止渴、益气补血、利湿的功效。

主治用法 用于脾虚腹泻、病后贫血、营养不良、风湿痹痛等。水煎服。

用量 25 ~ 50 g。

◎ 参考文献 ◎

[1] 江苏新医学院. 中药大辞典（下册）[M]. 上海：上海科学技术出版社，1977：2606.

[2] 中国药材公司. 中国中药资源志要 [M]. 北京：科学出版社，1994：515.

[3] 江纪武. 药用植物辞典 [M]. 天津：天津科学技术出版社，2005：642.

▲ 蕨麻居群

▲ 蕨麻花（7 瓣）

▲ 蕨麻花（4 瓣）

各论　4-117

▲ 蕨麻植株

▲ 蕨麻花（8瓣）

蛇莓委陵菜 *Potentilla centigrana* Maxim.

别　　名　蛇莓萎陵菜

药用部位　蔷薇科蛇莓委陵菜的全草。

原 植 物　一年生或二年生草本。多须根。花茎上升或匍匐，或近于直立。基生叶 3 小叶，开花时常枯死，茎生叶 3 小叶，叶柄细长，叶片椭圆形或倒卵形，长 0.5 ~ 1.5 cm，宽 0.4 ~ 1.5 cm，顶端圆形，基生叶托叶膜质，褐色，茎生叶托叶卵形，边缘常有齿，淡绿色。单花，下部与叶对生，上部生于叶腋中；花梗纤细，长 0.5 ~ 2.0 cm，无毛或几无毛；花直径 0.4 ~ 0.8 cm；萼片较宽阔，卵形或卵状披针形，顶端急尖或渐尖，副萼片披针形，顶端渐尖，比萼片短或近等长；花瓣淡黄色，倒卵形，顶端微凹或圆钝，比萼片短；花柱近顶生，基部膨大，柱头不扩大。花期 6—7 月，果期 8—9 月。

生　　境　生于荒地、河岸阶地、林缘及林下湿地。

分　　布　黑龙江尚志、阿城等地。吉林长白、抚松等地。辽宁本溪、清原、西丰、开原等地。陕西、甘肃、四川、云南。朝鲜、俄罗斯、日本。

▲蛇莓委陵菜植株

采　　制　　夏、秋季采收全草，切段，晒干。
性味功效　　有清热解毒、祛风、利尿的功效。
用　　量　　适量。

◎ 参考文献 ◎

[1] 中国药材公司.中国中药资源志要 [M].北京：科学出版社，1994：517.
[2] 江纪武.药用植物辞典 [M].天津：天津科学技术出版社，2005：642.

▲蛇莓委陵菜花（背）

▲蛇莓委陵菜花

▲ 匍枝委陵菜植株

匍枝委陵菜 *Potentilla flagellaris* Willd. ex Schlecht.

别 名	蔓委陵菜
俗 名	鸡儿头苗
药用部位	蔷薇科匍枝委陵菜的全草。

原植物 多年生匍匐草本。匍匐枝长 8 ~ 60 cm。
基生叶掌状五出复叶，连叶柄长 4 ~ 10 cm，小叶
片披针形，长 1.5 ~ 3.0 cm，宽 0.7 ~ 1.5 cm，
边缘具 3 ~ 6 缺刻状大小不等的急尖锯齿，两面绿
色，伏生稀疏短毛；匍匐枝上叶与基生叶相似；基
生叶托叶膜质，褐色，外面被稀疏长硬毛，纤匍枝
上托叶草质，绿色，卵披针形，常深裂。单花与叶
对生，花梗长 1.5 ~ 4.0 cm，被短柔毛；花直径
1.0 ~ 1.5 cm；萼片卵状长圆形，顶端急尖，与萼
片近等长，稀稍短，外面被短柔毛及疏柔毛；花瓣
黄色，顶端微凹或圆钝，比萼片稍长；花柱近顶生，

▲ 匍枝委陵菜花

▲匍枝委陵菜花（背）

基部细，柱头稍微扩大。花期6—7月，果期8—9月。

生　　境　生于阴湿草地、水泉旁及疏林下。

分　　布　黑龙江安达、哈尔滨市区等地。吉林桦甸、磐石等地。辽宁凤城、昌图、沈阳、长海、大连市区、建平、北镇、凌源等地。内蒙古额尔古纳、根河、陈巴尔虎旗、牙克石、鄂伦春旗、扎兰屯、阿尔山、科尔沁右翼前旗、扎鲁特旗、东乌珠穆沁旗、西乌珠穆沁旗等地。河北、山西、山东、甘肃。朝鲜、俄罗斯（西伯利亚中东部）、蒙古。

采　　制　夏、秋季采收全草，切段，晒干。

性味功效　有清热解毒的功效。

用　　量　适量。

◎ 参考文献 ◎

[1] 中国药材公司. 中国中药资源志要 [M]. 北京：科学出版社，1994：516.

[2] 江纪武. 药用植物辞典 [M]. 天津：天津科学技术出版社，2005：642.

▲ 蛇含委陵菜植株

▲ 蛇含委陵菜花（背）

蛇含委陵菜 *Potentilla kleiniana* Wight et Arn.

别　　名　蛇含　五爪龙

俗　　名　五匹风

药用部位　蔷薇科蛇含委陵菜的全草（入药称"蛇含"）。

原 植 物　一年生、二年生或多年生宿根草本。花茎上升或匍匐，常于节处生根并发育出新植株，长 10～50 cm。基生叶为近于鸟足状，小叶 5，连叶柄长 3～20 cm；小叶几无柄，小叶片倒卵形，长 0.5～4.0 cm，宽 0.4～2.0 cm，下部茎生叶有小叶 5，上部茎生叶有小叶 3，基生叶托叶膜质，淡褐色，茎生叶托叶草质，绿色。聚伞花序密集枝顶如假伞形，花梗长 1.0～1.5 cm，下有茎生叶如苞片状；花直径 0.8～1.0 cm；萼片三角卵圆形，副萼片披针形或椭圆状披针形，花时比萼片短；花瓣黄色，倒卵形，顶端微凹，长于萼片；花柱近顶生，圆锥形，基部膨大，柱头扩大。花期 6—7 月，果期 8—9 月。

生　　境　生于疏林下、林缘、山坡、草甸、田边及河岸等处。

分　　布　吉林长白、抚松、安图、敦化、靖宇等地。辽宁沈阳、鞍山市区、岫岩、庄河、瓦房店、北镇等地。陕西、山东、河南、安徽、江苏、浙江、湖北、湖南、江西、福建、广东、广西、四川、贵州、云南、西藏。朝鲜、日本、印度、马来西亚、印度尼西亚。

采　　制　夏、秋季采收全草，鲜用或洗净晒干。

性味功效　味苦、辛，性凉。有清热解毒、止咳化痰的功效。

主治用法　用于外感咳嗽、百日咳、咽喉肿痛、角膜溃疡、小儿高热惊风、疟疾、痢疾、腮腺炎、乳腺炎、虫蛇咬伤、带状疱疹、疔疮、痔疮、外伤出血等。水煎服。外用鲜草捣烂敷，煎水洗或取汁搽患处。

▲蛇含委陵菜花

用　量　7.5 ～ 15.0 g（鲜品 50 ～ 100 g）。外用适量。

附　方

（1）治细菌性痢疾、阿米巴痢疾：蛇含 100 g，水煎加蜂蜜调服。

（2）治疟疾：蛇含 2 ～ 7 株，洗净，泡开水服。

（3）治疗疮：蛇含鲜汁适量，加食盐少许捣烂，敷患处。

（4）治角膜溃疡：鲜蛇含 3 株，洗净捣烂，敷患眼眉弓，1 ～ 2 d 换药一次。

（5）治小儿高热惊风：蛇含 15 g，全虫 1 个，僵虫 1 个，朱砂 2.5 g。各药研成细末，混合成散剂，开水吞服。

（6）治百日咳：蛇含 2.5 g，生姜 3 片，煎水服。

（7）治疗肠梗阻：鲜蛇含全株 120 g，捣烂绞汁（或用干品 100 g 做煎剂），冲入等量童尿，稍加热，缓缓服下。服药后如发生呕吐吐出药液时，应补足服药量。采取少量多次服药方法，一般第二次服药即不呕吐。服药后 24 h 内见效。

（8）治痔疮：新鲜蛇含全草适量，洗净捣烂，冲入沸水浸泡，趁热坐熏外洗。

◎ 参考文献 ◎

［1］江苏新医学院 . 中药大辞典（下册）[M]. 上海：上海科学技术出版社，1977: 2115-2116.

［2］朱有昌 . 东北药用植物 [M]. 哈尔滨：黑龙江科学技术出版社，1989: 536-538.

［3］《全国中草药汇编》编写组 . 全国中草药汇编（上册）[M]. 北京：人民卫生出版社，1975: 780-781.

▲ 星毛委陵菜群落

星毛委陵菜 *Potentilla acaulis* L.

▲ 星毛委陵菜花

别　　名　无茎委陵菜

药用部位　蔷薇科星毛委陵菜的全草。

原 植 物　多年生草本，高 2 ~ 15 cm。植株灰绿色。花茎丛生。基生叶掌状三出复叶，连叶柄长 1.5 ~ 7.0 cm，小叶几无柄；小叶片倒卵状椭圆形，长 0.8 ~ 3.0 cm，宽 0.4 ~ 1.5 cm，每边具 4 ~ 6 圆钝锯齿，两面灰绿色；茎生叶 1 ~ 3，小叶与基生小叶相似；基生叶托叶膜质，淡褐色，茎生叶托叶草质，灰绿色。顶生花 1 ~ 2 或 2 ~ 5，聚伞花序，花梗长 1 ~ 2 cm，密被星状毛及疏柔毛；花直径约 1.5 cm；萼片三角卵形，顶端急尖，副萼片椭圆形，顶端圆钝，稀 2 裂；花瓣黄色，倒卵形，顶端微凹或圆钝，比萼片长约 1 倍；花柱近顶生，基部有乳头，柱头稍微扩大。花期 6—7 月，果期 8—9 月。

生　　境　生于山坡草地、沙原草滩、黄土坡、多砾石瘠薄山坡等处。

分　　布　内蒙古额尔古纳、海拉尔、新巴尔虎左旗、新巴尔虎右旗、东乌珠穆沁旗、西乌珠穆沁旗等地。河北、山西、陕西、甘肃、青海、新疆。蒙古、俄罗斯（西伯利亚）。

采　　制　夏季未抽茎时采挖全草，除去泥土，洗净，切段，晒干。

性味功效　有清热解毒、止血、止痢的功效。

用　　量　适量。

◎参考文献◎

［1］中国药材公司 . 中国中药资源志要 [M] . 北京：科学出版社，1994：515.

［2］江纪武 . 药用植物辞典 [M] . 天津：天津科学技术出版社，2005：641.

▲星毛委陵菜植株

▲星毛委陵菜居群

▲ 雪白委陵菜植株（山坡型）

雪白委陵菜 *Potentilla nivea* L.

别　名　假雪委陵菜 白委陵菜

药用部位　蔷薇科雪白委陵菜的全草及根。

原植物　多年生草本。花茎直立或上升，高5～25 cm，被白色茸毛。基生叶为掌状三出复叶，连叶柄长1.5～8.0 cm，叶柄被白色茸毛；小叶无柄，小叶片卵形，长1～2 cm，宽0.8～1.3 cm，边缘具3～7圆钝锯齿，茎生叶1～2，小叶较小；基生叶托叶膜质，褐色，茎生叶托叶草质，绿色，卵形。聚伞花序顶生，少花，稀单花，花梗长1～2 cm，外被白色茸毛；花直径1.0～1.8 cm；萼片三角卵形，顶端急尖或渐尖，副萼片带状披针形，顶端圆钝，比萼片短，外面被平铺绢柔毛；花瓣黄色，倒卵形，顶端下凹；花柱近顶生，基部膨大，有乳头，柱头扩大。花期6—7月，果期8—9月。

生　境　生于高山灌丛边、山坡草地、沼泽边缘及高山冻原带上。

分　布　吉林长白、抚松、安图等地。内蒙古额尔古纳、科尔沁右翼前旗等地。山西、新疆。朝鲜、日本、俄罗斯。欧洲。

采　制　夏、秋季采收全草，除去杂质，切段，洗净，鲜用或晒干。春、秋季采挖根，除去泥土，洗净，鲜用或晒干。

性味功效　有清热解毒、补虚止痛、止血、止痢的功效。

主治用法　用于吐血、咯血、便血、崩漏、阿米巴痢疾、细菌性痢疾、急性肠炎、小儿消化不良、腹泻、肝炎、高血压、发热、风湿性关节炎、咽喉炎、百日咳、子宫出血、月经不调、疝痛、外伤出血、痈疮肿毒等。水煎服。外用鲜品捣烂敷患处。

用　量　适量。

◎参考文献◎

[1] 中国药材公司. 中国中药资源志要 [M]. 北京科学出版社，1994：518.

[2] 江纪武. 药用植物辞典 [M]. 天津：天津科学技术出版社，2005：642.

▲ 雪白委陵菜花

▼ 雪白委陵菜植株（岩生型）

▲ 白叶委陵菜植株

白叶委陵菜 *Potentilla betonicifolia* Poir.

别　　名　白萼委陵菜　三出叶委陵菜
药用部位　蔷薇科白叶委陵菜的全草。
原 植 物　多年生草本。基生叶为三出
复叶，有长柄，长 2.5 ~ 10.0 cm，纤细，
带红色，小叶无柄，长圆状披针形或披
针形，顶生小叶较大，长 2 ~ 7 cm，宽
0.6 ~ 2.2 cm，侧生小叶长 1 ~ 5 cm，
宽 0.5 ~ 1.5 cm，基部楔形或歪楔形，
先端尖或钝，边缘具粗大齿，稍反卷，
表面绿色，粗糙，背面密被白色毡毛；
茎生叶小，通常为单叶；有托叶。花茎
纤细，具 1 ~ 2 不发达叶，顶端形成聚
伞花序；花直径 7 ~ 10 mm，有梗，被
白毛；萼片卵形或长圆状卵形，先端渐尖，
副萼片线形，短于萼片，萼片与副萼片
背面均被白色绵毛；花瓣黄色，倒卵形，

▲ 白叶委陵菜花（背）

▲ 白叶委陵菜花

长 3 ~ 4 mm，宽 2 ~ 3 mm，先端微凹。瘦果近圆形或肾形，直径 1.0 ~ 1.5 mm。花期4—6月，果期6—8月。

生　　境　生于草原、石质地、岩石缝、山坡草地及石砬子等处。

分　　布　黑龙江安达、杜尔伯特、肇东等地。吉林双辽。辽宁凌源、建平、喀左等地。内蒙古额尔古纳、牙克石、扎兰屯、满洲里、科尔沁右翼前旗、扎鲁特旗、喀喇沁旗、东乌珠穆沁旗、西乌珠穆沁旗等地。西北。俄罗斯、蒙古。

采　　制　春、夏季采收全草，切段，洗净，鲜用或晒干。

性味功效　有清热、解毒、消炎的功效。

主治用法　用于水肿等。水煎服。

用　　量　适量。

◎参考文献◎

[1] 江纪武. 药用植物辞典 [M]. 天津：天津科学技术出版社，2005：642.

狼牙委陵菜 *Potentilla cryptotaeniae* Maxim.

别　名　狼牙　狼牙萎陵菜

药用部位　蔷薇科狼牙委陵菜的全草。

原 植 物　一年生或二年生草本。花茎直立或上升，高 50 ～ 100 cm。基生叶三出复叶，茎生叶 3 小叶，小叶片长圆形至卵状披针形，长 2 ～ 6 cm，常中部最宽，达 2.5 cm，边缘有多数急尖锯齿，两面绿色；基生叶托叶膜质，褐色；茎生叶托叶草质，绿色，全缘，披针形。伞房状聚伞花序多花，顶生，花梗细，长 1 ～ 2 cm，被长柔毛或短柔毛；花直径约 2 cm；萼片长卵形，顶端渐尖或急尖，副萼片披针形，顶端渐尖，开花时与萼片近等长，花后比萼片长，外面被稀疏长柔毛；花瓣黄色，倒卵形，顶端圆钝或微凹，比萼片长或近等长；花柱近顶生，基部稍膨大，柱头稍微扩大。花期 7—8 月，果期 8—9 月。

生　境　生于草甸、山坡草地、林缘湿地、林缘路旁及水沟边等处。

分　布　黑龙江伊春、阿城、宝清等地。吉林长白山各地。辽宁宽甸、凤城、本溪、桓仁、新宾、鞍山、沈阳等地。陕西、甘肃、四川。朝鲜、俄罗斯（西伯利亚中东部）、日本。

采　制　夏、秋季采收全草，除去杂质，切段，洗净，晒干。

▲ 狼牙委陵菜幼株

▼ 狼牙委陵菜花

▲ 狼牙委陵菜瘦果

性味功效 味涩，性平。有活血止血、清热敛疮的功效。

主治用法 用于泄泻、痢疾、胃痛、肺虚咳嗽、外伤出血、跌打损伤、狂犬咬伤等。水煎服。外用适量鲜品捣碎敷患处。

用　量 9～15g。外用适量。

附　注 根入药，有抗菌、消炎、止血的功效，可用作驱虫剂。

◎参考文献◎

［1］严仲铠，李万林. 中国长白山药用植物彩色图志［M］. 北京：人民卫生出版社，1997：223.

［2］中国药材公司. 中国中药资源志要［M］. 北京：科学出版社，1994：516.

［3］江纪武. 药用植物辞典［M］. 天津：天津科学技术出版社，2005：642.

▲ 狼牙委陵菜植株

▼ 狼牙委陵菜果实

▼ 狼牙委陵菜花（背）

▲三叶委陵菜植株

▲三叶委陵菜瘦果

三叶委陵菜 *Potentilla freyniana* Bornm.

药用部位 蔷薇科三叶委陵菜的全草及根。

原植物 多年生草本。花茎纤细，直立或上升，高 8 ~ 25 cm。基生叶掌状三出复叶，连叶柄长 4 ~ 30 cm，宽 1 ~ 4 cm；小叶片长圆形，两面绿色；茎生叶 1 ~ 2，小叶与基生叶小叶相似，唯叶柄很短，叶边锯齿减少；基生叶托叶膜质，褐色，外面被稀疏长柔毛，茎生叶托叶草质，绿色，呈缺刻状锐裂，有稀疏长柔毛。伞房状聚伞花序顶生，多花，松散，花梗纤细，长 1.0 ~ 1.5 cm，外被疏柔毛；花直径 0.8 ~ 1.0 cm；萼片三角卵形，顶端渐尖，副萼片披针形，顶端渐尖，与萼片近等长，外面被平铺柔毛；花瓣淡黄色，长圆状倒卵形，顶端微凹或圆钝；花柱近顶生，上部粗，基部细。花期 5—6 月，果期 6—7 月。

生境 生于山坡草地、溪边、林缘、草甸及疏林下阴湿处，常聚集成片生长。

分　布　黑龙江伊春、尚志、五常、东宁等地。吉林安图、汪清、和龙、通化、磐石、蛟河等地。辽宁凤城、本溪、鞍山、沈阳等地。河北、山西、山东、陕西、湖北、湖南、浙江、江西、福建、四川、甘肃、贵州、云南。朝鲜、俄罗斯（西伯利亚）、日本。

采　制　夏、秋季采收全草，除去杂质，切段，洗净，鲜用或晒干。春、秋季采挖根，除去泥土，洗净，晒干。

性味功效　全草：味苦，性微寒。有清热解毒、散瘀止痛、止血的功效。根：味微苦、涩，性凉。有清热、利湿、

▲三叶委陵菜幼株

止痛、补虚的功效。

主治用法　全草：用于骨结核、口腔炎、牙痛、胃痛、瘰疬、跌打损伤、痈肿疔疮、痔疮、毒蛇咬伤、小儿惊厥、肠炎、骨髓炎、烧烫伤、外伤出血、月经过多、产后或流产后出血过多等。水煎服。外用适量鲜品捣碎敷患处。根：用于骨髓炎、外伤出血、毒蛇咬伤等。水煎服。外用适量捣碎或研末敷患处。

用　量　全草：15～25 g。外用适量。根：25～50 g。外用适量。

▲三叶委陵菜花（背）

▲三叶委陵菜花

附　方

（1）治月经过多、产后或流产后出血过多：三叶委陵菜根15～25 g，水煎服。每日1剂，或研粉每服2～3 g，每日服3次。

（2）治胃痛、十二指肠溃疡出血：三叶委陵菜根研粉，每次服2 g，每日3～4次。

（3）治骨髓炎：三叶委陵菜根（捣碎）、大蓟根各25 g，用水或烧酒炖服，严重者连服3个月。另外用半边莲2份，地榆根皮8份，捣烂外敷，每天换药1次，最后用三叶委陵菜全草或根捣烂外敷收口，至痊愈为止。

（4）治骨结核、蛇头疔：三叶委陵菜适量，加食盐少许，捣烂敷患处，每日换药1次。

（5）治口腔炎：三叶委陵菜10～15 g，水煎服。

（6）治外伤出血：三叶委陵菜捣烂外敷。

（7）治痔疮：三叶委陵菜洗净，捣烂，冲入沸水浸泡，趁热坐熏。

◎参考文献◎

[1] 江苏新医学院.中药大辞典（上册）[M].上海：上海科学技术出版社，1977：69-70.

[2] 朱有昌.东北药用植物[M].哈尔滨：黑龙江科学技术出版社，1989：535-536.

[3]《全国中草药汇编》编写组.全国中草药汇编(上册)[M].北京：人民卫生出版社，1975：345-346.

▲ 皱叶委陵菜植株

皱叶委陵菜 *Potentilla ancistrifolia* Bge.

别　　名　钩叶委陵菜

药用部位　蔷薇科皱叶委陵菜的全草。

原 植 物　多年生草本，高 10 ~ 30 cm。花
茎直立，基生叶为羽状复叶，具小叶 2 ~ 4
对，下面 1 对常小型，连叶柄长 5 ~ 15 cm；
小叶片无柄，亚革质，椭圆形，长 1 ~ 4 cm，
宽 0.5 ~ 1.5 cm，边缘具急尖锯齿，茎生
叶 2 ~ 3，具小叶 1 ~ 3 对；基生叶托叶
膜质；茎生叶托叶草质，卵状披针形或披
针形，边缘具 1 ~ 3 齿，稀全缘。伞房状
聚伞花序顶生，疏散，花梗长 0.5 ~ 1.0 cm；
花直径 8 ~ 12 cm；萼片三角卵形，顶端
尾尖，副萼片狭披针形，顶端锐尖，与萼
片近等长，外面常带紫色；花瓣黄色，倒
卵状长圆形，顶端圆形，比萼片长 0.5 ~ 1.0
倍；花柱近顶着生，丝状，柱头不扩大。
花期 6—7 月，果期 8—9 月。

生　　境　生于山坡草地、岩石缝中、多
沙砾地及灌木林下。

▲ 皱叶委陵菜花（背）

▲皱叶委陵菜植株（侧）

▲皱叶委陵菜花

分　布　黑龙江尚志、阿城等地。吉林长白、集安、蛟河等地。辽宁凤城、鞍山市区、岫岩、大连、营口等地。河北、河南、山西、陕西、湖北、四川、甘肃。朝鲜、俄罗斯（西伯利亚中东部）。

采　制　夏、秋季采收全草，切段，晒干。

性味功效　有清热解毒、凉血止痛、止痢的功效。

主治用法　用于赤痢腹痛、久痢不止、痔疮出血、痈肿疮毒等。水煎服。外用鲜草适量捣烂敷或取汁搽患处。

用　量　适量。

◎参考文献◎

［1］中国药材公司.中国中药资源志要[M].北京：科学出版社，1994：515.

［2］江纪武.药用植物辞典[M].天津：天津科学技术出版社，2005：642.

▲ 翻白草植株

翻白草 *Potentilla discolor* Bge.

别　　名	翻白萎陵菜　鸡脚草
俗　　名	鸡腿子　叶下白　鸡爪参
药用部位	蔷薇科翻白草的全草。
原 植 物	多年生草本，高10～45 cm。花茎直立，上升或微铺散。基生叶具小叶2～4对，间隔0.8～1.5 cm，

连叶柄长4～20 cm；小叶对生或互生，无柄，小叶片长圆形或长圆状披针形，长1～5 cm，宽0.5～0.8 cm，
茎生叶1～2，有掌状小叶3～5；基生叶托叶膜质，褐色，茎生叶托叶草质，绿色，卵形或宽卵形，边
缘常有缺刻状牙齿，稀全缘。聚伞花序有花数朵至多朵，疏散，花梗长1.0～2.5 cm，外被绵毛；花直
径1～2 cm；萼片三角状卵形，副萼片披针形，比萼片短；花瓣黄色，倒卵形，顶端微凹或圆钝，比萼
片长；花柱近顶生，基部具乳头状膨大，柱头稍微扩大。花期6—7月，果期8—9月。

生　　境	生于荒地、山谷、沟边、山坡草地、草甸及疏林下。
分　　布	黑龙江尚志、虎林、哈尔滨市区、绥化市区、青冈、兰西、望奎、大庆市区、杜尔伯特、齐齐哈尔、

肇东、肇源、宾县、五常、宁安、东宁、穆棱、鸡西市区、林口、密山、饶河、桦南、富锦、集贤、依兰、
通河、方正、延寿、木兰、巴彦、汤原、伊春市区、铁力、庆安、绥棱、海伦、嫩江等地。吉林省各地。
辽宁长海、庄河、岫岩、丹东市区、凤城、宽甸、桓仁、新宾、清原、本溪、抚顺、西丰、铁岭、开原、

▲ 翻白草果实

昌图、鞍山市区、海城、盖州、瓦房店、大连市区、营口市区、义县、北镇、黑山、葫芦岛市区、绥中、凌源、建平、建昌、喀左等地。内蒙古鄂伦春旗、扎兰屯等地。河北、山西、陕西、山东、河南、江苏、安徽、浙江、江西、湖北、湖南、四川、福建、台湾、广东。朝鲜、俄罗斯、日本。

采　制　夏、秋季采收全草，切段，晒干。

性味功效　味甘、微苦，性平。有清热解毒、止血、消肿的功效。

主治用法　用于细菌性痢疾、阿米巴痢疾、疟疾、肺痈、咯血、吐血、下血、崩漏、痈肿、疥癣、瘰疬结核、创伤、痈肿疮毒等。水煎服或浸酒。外用捣烂敷患处。

用　量　15～25 g（鲜品 50～100 g）。外用适量。

附　方

（1）治肠炎、痢疾：翻白草 50 g，水煎服。又方：翻白草 750 g，黄檗、秦皮各 500 g，水煎，浓缩，干燥，研粉备用。每服 1～2 g，每日 3 次。

（2）治创伤：鲜翻白草全草洗净，晒干，研粉，撒敷伤口，每日换药 1 次。

（3）治疟疾、寒热、无名肿毒：翻白草根 5～7 个，煎酒服。

（4）治鼻衄、痔疮出血：翻白草 30 g，水煎服。

（5）治腮腺炎：翻白草干根，用烧酒磨汁涂患处。

（6）治全身疥癣：翻白草，每用 1 把，煎水洗之。

（7）治崩中下血：翻白草根 30 g，捣碎，酒 2 盏，煎成 1 盏服。

（8）治慢性鼻炎、慢性咽炎、常发性口疮：翻白草 15 g，水煎服。可常服用。

▼ 翻白草花（背）

▲ 翻白草花

（9）治臁疮溃疡：翻白草洗净，每用1把（约100 g），煎汤盆盛，围住熏洗患部，每日1次。

（10）治淋巴结结核：翻白草全草45～60 g，用黄酒750 ml浸泡24 h，用汤炖约1 h，以无酒味为度，加红糖适量，一次或分数次1 d服完。每日或隔日1剂，15剂为一个疗程，必要时停药5 d后继续服第二个疗程。

附 注 本品为《中华人民共和国药典》（2020年版）收录的药材。

◎参考文献◎

[1] 江苏新医学院.中药大辞典（下册）[M].上海：上海科学技术出版社，1977：2705-2706.

[2] 朱有昌.东北药用植物[M].哈尔滨：黑龙江科学技术出版社，1989：532-533.

[3] 《全国中草药汇编》编写组.全国中草药汇编（上册）[M].北京：人民卫生出版社，1975：934-935.

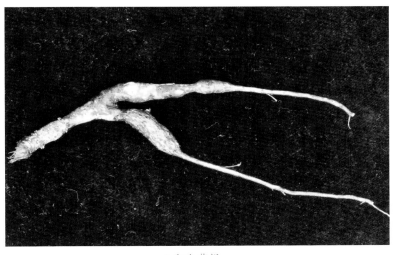

▲ 翻白草根

轮叶委陵菜 *Potentilla verticillaris* Steph. ex Willd.

药用部位 蔷薇科轮叶委陵菜的全草。

原植物 多年生草本。根长圆柱形。花茎丛生，直立，高 5 ～ 16 cm。基生叶 3 ～ 5，小叶片羽状深裂或掌状深裂几达叶轴形成假轮生状，下部小叶片比上部小叶片稍短，裂片带形或窄带形，长 0.5 ～ 3.0 cm，宽 0.1 ～ 0.3 cm，顶端急尖或圆钝，叶边反卷；茎生叶 1 ～ 2，掌状 3 ～ 5 全裂，裂片带形；基生叶托叶膜质，褐色，茎生叶托叶卵状披针形，全缘。聚伞花序疏散，少花，花梗长 1.0 ～ 1.5 cm；花直径 0.8 ～ 1.5 cm；萼片长卵形，顶端渐尖，副萼片狭披针形，急尖至渐尖，比萼片短或近等长；花瓣黄色，宽倒卵形，顶端微凹，比萼片稍长或几达 1 倍；花柱近顶生，基部膨大，柱头扩大。瘦果光滑。花期 5—7 月，果期 6—8 月。

生　　境 生于草原、干旱山坡、河滩沙地及灌丛等处。

分　　布 黑龙江泰来、杜尔伯特、安达、哈尔滨等地。吉林通榆、镇赉等地。辽宁建平、彰武等地。内蒙古海拉尔、扎赉特旗等地。华北、西北。俄罗斯、蒙古。

采　　制 春、夏季采收全草，切段，洗净，鲜用或晒干。

性味功效 有止痢、止血、清热解毒的功效。

主治用法 用于赤痢腹痛、久痢不止、痔疮出血、痈肿疮毒等。水煎服。

用　　量 适量。

◎ 参考文献 ◎

[1] 江纪武. 药用植物辞典 [M]. 天津：天津科学技术出版社，2005: 642.

▲ 轮叶委陵菜花

▼ 轮叶委陵菜（背）

▲ 多茎委陵菜植株

多茎委陵菜 *Potentilla multicaulis* Bge.

药用部位 蔷薇科多茎委陵菜的全草。

原 植 物 多年生草本。根粗壮,圆柱形。花茎多而密集丛生,上升或铺散,长 7 ～ 30 cm。基生叶为羽状复叶,有小叶 4 ～ 8 对,叶柄暗红色,被白色长柔毛,小叶片对生,稀互生,无柄,椭圆形至倒卵形,上部小叶远比下部小叶大,长 0.5 ～ 2.0 cm;茎生叶与基生叶形状相似,唯小叶对数较少;基生叶托叶膜质,棕褐色,外面被白色长柔毛;茎生叶托叶草质,绿色,全缘,卵形,顶端渐尖。聚伞花序多花,初开时密集,花后疏散;花直径 0.8 ～ 1.3 cm;萼片三角卵形,顶端急尖,副萼片狭披针形,顶端圆钝,比萼片短约一半;花瓣黄色,倒卵形或近圆形,顶端微凹,比萼片稍长或长达 1 倍;花柱近顶生,圆柱形,基部膨大。瘦果卵球形有皱纹。花期 6—7 月,果期 7—8 月。

▲ 多茎委陵菜花（侧）

生　境	生于向阳砾石山坡、草地、滩地及路边等处。
分　布	辽宁北镇、黑山、盖州、沈阳等地。内蒙古喀喇沁旗、宁城、敖汉旗、镶黄旗、苏尼特左旗等地。河北、河南、山西、陕西、甘肃、宁夏、青海、新疆、四川。
采　制	夏、秋季采收全草，洗净，晒干。
性味功效	味微苦，性寒。有清热解毒、凉血止痢、收敛的功能。
主治用法	用于痢疾、湿热下痢、久痢不止、痔疮出血、痈肿疮毒、刀伤、疮口久不愈合、烫火伤等。水煎服。也可外用。
用　量	25 ～ 50 g。外用适量。

◎ 参考文献 ◎

［1］江纪武 . 药用植物辞典 [M]. 天津：天津科学技术出版社，2005：643.

▲ 多茎委陵菜花

▲ 多茎委陵菜花（背）

委陵菜 *Potentilla chinensis* Ser.

别　　名	萎陵菜　翻白草

俗　　名　野鸡膀子　痢疾草　蛤蟆草　老
哇爪子　猫爪子菜　老鸹爪子　老皮袄　老姑
帮子　红眼草　黄黏尾　黄龙尾　黄连尾

药用部位　蔷薇科委陵菜的全草。

原 植 物　多年生草本。花茎直立或上升，
高 20 ~ 70 cm。基生叶为羽状复叶，具小叶
5 ~ 15 对，间隔 0.5 ~ 0.8 cm，连叶柄
长 4 ~ 25 cm；小叶片对生或互生，上部
小叶较长，向下逐渐减小，无柄，长圆形，
长 1 ~ 5 cm，宽 0.5 ~ 1.5 cm，边缘羽
状中裂，茎生叶叶片对数较少；基生叶托
叶近膜质，茎生叶托叶草质。伞房状聚伞
花序，花梗长 0.5 ~ 1.5 cm，基部披针形
苞片；花直径 0.8 ~ 1.0 cm，稀达 1.3 cm；
萼片三角卵形，顶端尖，比萼片约短 1/2
且狭窄；花瓣黄色，宽倒卵形，顶端微凹，

▲ 委陵菜瘦果

▲ 委陵菜花

▲ 委陵菜幼株（侧）

比萼片稍长；花柱近顶生，基部微扩大，稍有乳头或不明显，柱头扩大。花期6—7月，果期8—9月。

生　境　生于山坡、林缘、草地、沟边、路旁、河边、灌丛、荒地及住宅旁。

分　布　东北地区广泛分布。全国绝大部分地区（除青海、新疆等外）。朝鲜、俄罗斯（西伯利亚中东部）、日本。

采　制　夏季未抽茎时采挖全草，除去泥土，洗净，切段，晒干。

性味功效　味苦，性平。有祛风湿、清热解毒、消肿、凉血止痢的功效。

主治用法　用于吐血、咯血、便血、崩漏、阿米巴痢疾、细菌性痢疾、急性肠炎、小儿消化不良、腹泻、风湿性关节炎、癫痫、瘫痪、咽喉炎、百日咳、疮疥、痔疮出血、功能性子宫出血、外伤出血及痈肿等。水煎服。研末或浸酒。外用适量鲜品捣碎敷患处，煎水洗或研末敷。

用　量　25～50 g。外用适量。

附　方

（1）治小儿消化不良：委陵菜500 g，百蕊草150 g，加水3 L，煎2 h，过滤，反复煎3次，合并煎液浓缩为500 ml。每日3次，每服5～10 ml。

（2）治急性肠炎、慢性肠炎：委陵菜、朝天罐各50 g，地榆25 g，土青木香15 g，水煎服。

每日1剂。

（3）治阿米巴痢疾、细菌性痢疾、急性肠炎：委陵菜25 g，水煎服。或用委陵菜、马齿苋各25 g，水煎服。日服2次。

（4）治风瘫：委陵菜鲜全草500 g，浸泡1 000 ml白酒，每次服50～100 g。第二次另加何首乌50 g。疼痛加指甲花（凤仙花）根100 g。

（5）治功能性子宫出血、月经过多、鼻衄、咯血、血尿：委陵菜鲜全草100～200 g（干品25～50 g），切碎，水煎2次，混合每次煎液，加入少量红糖再煎片刻，2次分服，每日1剂，必要时可连服1～2剂。

（6）治癫痫：委陵菜根（去心）50 g，白矾15 g，加酒浸泡，温热内服，连发连服，服后再服白矾粉5 g。

▼ 委陵菜果实

▲ 委陵菜植株

▲ 委陵菜花（背）

（7）治疮疖、痈肿初起：委陵菜根 25 ～ 50 g，水煎，黄酒为引，日服 2 次。外用鲜根捣烂，敷于患处。

（8）治刀伤、止血生肌：委陵菜干叶，研末外撒，或鲜根捣烂外敷。

附　注　本品为《中华人民共和国药典》（2020 年版）收录的药材。

◎ 参考文献 ◎

［1］江苏新医学院 . 中药大辞典（上册）[M].上海：上海科学技术出版社，1977：1369-1370.

［2］朱有昌 . 东北药用植物 [M]. 哈尔滨：黑龙江科学技术出版社，1989：530-531.

［3］《全国中草药汇编》编写组 . 全国中草药汇编（上册）[M]. 北京：人民卫生出版社，1975：547-548.

▲ 委陵菜幼株

▲二裂委陵菜居群

二裂委陵菜 *Potentilla bifurca* L.

别 名 光叉叶委陵菜 二裂叶委陵菜 二裂萎陵菜 叉叶委陵菜

俗 名 地红花 痢疾草 黄瓜香 痔疮草

药用部位 蔷薇科二裂委陵菜的全草（入药称"鸡冠草"）。

▼二裂委陵菜植株

原 植 物 多年生草本或亚灌木。花茎直立或上升，高 5 ~ 20 cm。羽状复叶，具小叶 5 ~ 8 对，最上面 2 ~ 3 对小叶基部下延与叶轴汇合，连叶柄长 3 ~ 8 cm；小叶片无柄，对生，稀互生，椭圆形或倒卵状椭圆形，长 0.5 ~ 1.5 cm，宽 0.4 ~ 0.8 cm，顶端常 2 裂，两面绿色；下部叶托叶膜质，褐色，上部茎生叶托叶草质，绿色。近伞房状聚伞花序，花直径 0.7 ~ 1.0 cm；萼片卵圆形，副萼片椭圆形，顶端急尖或钝，比萼片短或近等长，外面被疏柔毛；花瓣黄色，倒卵形，顶端圆钝，比萼片稍长；心皮沿腹部有稀疏柔毛；花柱侧生，棒形，基部较细，顶端缢缩，柱头扩大。花期 6—8 月，果期 8—9 月。

生 境 生于地边、道旁、沙滩、山坡草地、黄土坡、半干旱荒漠草原及疏林下，常聚集成片生长。

分 布 黑龙江塔河、呼玛、黑河、宁安、富裕、哈尔滨市区、佳木斯等地。吉林长白、延吉、汪清等地。

▲二裂委陵菜群落

▲二裂委陵菜花（淡黄色）

辽宁东港、建平等地。内蒙古额尔古纳、牙克石、鄂温克旗、科尔沁右翼前旗、扎赉特旗、扎鲁特旗、科尔沁左翼后旗、科尔沁左翼中旗、科尔沁右翼中旗、克什克腾旗、翁牛特旗、喀喇沁旗、巴林左旗、巴林右旗、东乌珠穆沁旗、西乌珠穆沁旗、苏尼特左旗、苏尼特右旗、正蓝旗、正镶白旗、镶黄旗等地。河北、山西、宁夏、甘肃。朝鲜、俄罗斯（西伯利亚）、蒙古。

采　　制　夏、秋季采收全草，除去杂质，切段，洗净，鲜用或晒干。

▲二裂委陵菜幼株

性味功效　味甘、微辛，性凉。有止血、止痢的功效。
主治用法　用于功能性子宫出血、产后出血过多、
痢疾等。水煎服。
用　　量　25～50 g。
附　　方　治产后出血：二裂委陵菜25～50 g，
水煎，黄酒为引，温服。

◎参考文献◎

[1] 江苏新医学院. 中药大辞典(上册)[M]. 上海
　　上海科学技术出版社，1977：1212.

[2] 朱有昌. 东北药用植物[M]. 哈尔滨：黑龙
　　江科学技术出版社，1989：528-529.

[3] 钱信忠. 中国本草彩色图鉴（第三卷）[M].
　　北京：人民卫生出版社，2003：155-156.

▲二裂委陵菜花（背）

▲二裂委陵菜花

▲ 朝天委陵菜群落

▲ 朝天委陵菜瘦果

朝天委陵菜 *Potentilla supina* L.

别　　名 伏委陵菜　仰卧委陵菜　铺地委陵菜　背铺委陵菜

药用部位 蔷薇科朝天委陵菜的全草。

原　植　物 一年生或二年生草本。茎上升或直立，长 20 ～ 50 cm。基生叶羽状复叶，具小叶 2 ～ 5 对，间隔 0.8 ～ 1.2 cm，连叶柄长 4 ～ 15 cm；小叶互生或对生，无柄，最上面 1 ～ 2 对小叶基部下延，与叶轴合生；茎生叶与基生叶相似，向上小叶对数减少；基生叶托叶膜质，茎生叶托叶全缘，有齿或分裂。花茎上多叶，下部花自叶腋生，顶端呈伞房状聚伞花序；花梗长 0.8 ～ 1.5 cm；花直径 0.6 ～ 0.8 cm；萼片三角卵形，副萼片长椭圆形或椭圆状披针形，比萼片稍长或近等长；花瓣黄色，倒卵形，顶端微凹，与萼片近等长或较短；花柱近顶生，基部乳头状膨大，花柱扩大。花期 6—7 月，果期 8—9 月。

▲ 朝天委陵菜幼株

▲朝天委陵菜植株

生　　境　　生于田边、荒地、河岸沙地、草甸及山坡湿地等处。
分　　布　　东北地区广泛分布。河北、山西、陕西、山东、河南、
江苏、浙江、安徽、江西、湖北、湖南、广东、四川、贵州、宁夏、
甘肃、新疆、云南、西藏。北半球温带及部分亚热带地区广泛分布。
采　　制　　夏、秋季采收全草，除去杂质，切段，洗净，鲜用或晒干。
性味功效　　味淡，性凉。有清热解毒、收敛止血、止咳化痰的功效。
主治用法　　用于感冒发热、肠炎、热毒泻痢、痢疾、血热、各种
出血、疮毒痈肿、蛇虫咬伤等。水煎服。外用鲜品捣敷。
用　　量　　10～20 g。外用适量。

▲朝天委陵菜花

▼朝天委陵菜花（背）

◎ 参考文献 ◎

[1] 钱信忠. 中国本草彩色图鉴（第五卷）[M]. 北京: 人民卫
　　生出版社, 2003: 31-32.
[2] 中国药材公司. 中国中药资源志要 [M]. 北京: 科学出版社,
　　1994: 519.
[3] 江纪武. 药用植物辞典 [M]. 天津: 天津科学技术出版社,
　　2005: 644.

▲ 莓叶委陵菜群落

▲ 莓叶委陵菜植株（侧）

▲ 莓叶委陵菜花（背）

莓叶委陵菜 *Potentilla fragarioides* L.

别　　名	雉子筵
俗　　名	猫爪子　老牛筋　高丽果叶　过路黄
药用部位	蔷薇科莓叶委陵菜的全草、根及根状茎（入药称"雉子筵"）。

原 植 物　多年生草本。花茎丛生、上升或铺散，长 8 ~ 25 cm。基生叶羽状复叶，具小叶 2 ~ 3 对，连叶柄长 5 ~ 22 cm，小叶几无柄；小叶片倒卵形，长 0.5 ~ 7.0 cm，宽 0.4 ~ 3.0 cm，边缘有多数急尖，或圆钝锯齿；茎生叶，常有 3 小叶，小叶与基生叶小叶相似或长圆形，顶端有锯齿而下半部全缘。伞房状聚伞花序，顶生，多花，松散，花梗纤细，长 1.5 ~ 2.0 cm；花直径 1.0 ~ 1.7 cm；萼片三角卵形，顶端急尖至渐尖，副萼片长圆状披针形，顶端急尖，与萼片近等长或稍短；花瓣黄色，倒卵形，顶端圆钝或微凹；花柱近顶生，上部大，基部小。花期 4—5 月，果期 7—8 月。

▲莓叶委陵菜植株

生 境 生于地边、沟边、草地、灌丛及疏林下等处。

分 布 黑龙江呼玛、孙吴、逊克、嘉荫、尚志、五常、海林、东宁、宁安、哈尔滨市区、密山、虎林、饶河、穆棱、林口、桦南、勃利、鸡西市区、木兰、集贤、方正、延寿、宾县、依兰、富锦、通河、汤原、铁力、庆安、绥棱、北安、五大连池等地。吉林长白山区各地及伊通、九台等地。辽宁丹东市区、宽甸、凤城、本溪、桓仁、抚顺、清原、新宾、铁岭、西丰、开原、鞍山市区、岫岩、盖州、瓦房店、庄河、大连市区、沈阳、营口市区、北镇、义县、朝阳、喀左、葫芦岛市区、绥中、建昌等地。内蒙古额尔古纳、根河、牙克石、鄂伦春旗、扎兰屯、阿尔山、科尔沁右翼前旗、东乌珠穆沁旗等地。河北、山西、陕西、山东、河南、安徽、江苏、浙江、福建、湖南、四川、广西、甘肃、云南。朝鲜、俄罗斯（西伯利亚）、蒙古、日本。

采 制 夏、秋季采收全草，切段，晒干。春、秋季采挖根及根状茎，除去泥土，洗净，鲜用或晒干。

性味功效 全草：味甘、微苦，性温。有益中气、补阴虚、止血的功效。根及根状茎：味甘、微苦，性温。有止血的功效。

主治用法 全草：用于疝气、干血痨、子宫出血、肺结核咯血、子宫肌瘤出血、月经过多、功能性子宫出血、产后出血等。水煎服或黄酒煎服。根及根状茎：用于子宫出血、月经过多、功能性子宫出血、产后出血、肺结核咯血等。水煎服或黄酒煎服。

用 量 全草：15 ~ 25 g。根及根状茎：5.0 ~ 7.5 g。

◎参考文献◎

[1] 江苏新医学院.中药大辞典（下册）[M].上海：上海科学技术出版社，1977：2493-2494.

[2] 朱有昌.东北药用植物[M].哈尔滨：黑龙江科学技术出版社，1989：533-535.

[3] 钱信忠.中国本草彩色图鉴（第五卷）[M].北京：人民卫生出版社，2003：297-298.

▲莓叶委陵菜花

▲ 菊叶委陵菜花

菊叶委陵菜 *Potentilla tanacetifolia* Willd. ex Schlecht.

别　　名　　蒿叶委陵菜　叉菊委陵菜　沙地委陵菜
药用部位　　蔷薇科菊叶委陵菜的全草。
原 植 物　　多年生草本。花茎直立或上升，高 15 ~ 65 cm。基生叶羽状复叶，具小叶 5 ~ 8 对，间隔 0.3 ~ 1.0 cm，连叶柄长 5 ~ 20 cm；小叶互生或对生，最上面 1 ~ 3 对小叶基部下延，与叶轴汇合，

▲ 菊叶委陵菜花（背）

▲ 菊叶委陵菜花（侧）

▲ 菊叶委陵菜幼株

▲ 菊叶委陵菜植株

小叶片长圆倒卵状披针形，长1～5 cm，宽0.5～1.5 cm，顶端圆钝，基部楔形，边缘有缺刻状锯齿；茎生叶与基生叶相似，唯小叶对数较少；伞房状聚伞花序，多花，花梗长0.5～2.0 cm；花直径1.0～1.5 cm；萼片三角卵形，副萼片披针形或椭圆状披针形，比萼片短或近等长，外被短柔毛和腺毛；花瓣黄色，倒卵形，顶端微凹，比萼片长约1倍；花柱近顶生，圆锥形，柱头稍扩大。花期6—8月，果期8—9月。

生　境　生于山坡草地、林缘及草甸等处。

分　布　黑龙江齐齐哈尔、杜尔伯特、肇东、肇源、大庆市区、安达、哈尔滨、黑河、萝北、塔河、呼玛等地。吉林通榆、镇赉、洮南、长岭、前郭、大安等地。辽宁凌源、建昌、建平、喀左等地。内蒙古额尔古纳、根河、牙克石、鄂伦春旗、鄂温克旗、阿尔山、东乌珠穆沁旗、西乌珠穆沁旗、正蓝旗、镶黄旗、正镶白旗等地。河北、山东、山西、陕西、甘肃。俄罗斯（西伯利亚）、蒙古。

采　制　夏、秋季采收全草，切段，晒干。

性味功效　味甘、苦，性平。有清热解毒、消炎止血的功效。

主治用法　用于肠炎、痢疾、吐血、便血、崩漏带下、感冒、肺炎、疮痈肿毒等。水煎服。外用捣烂敷患处。

用　量　9～15 g。外用适量。

◎参考文献◎

［1］钱信忠. 中国本草彩色图鉴（第四卷）[M]. 北京：人民卫生出版社，2003：372-373.

［2］中国药材公司. 中国中药资源志要 [M]. 北京：科学出版社，1994：519.

［3］江纪武. 药用植物辞典 [M]. 天津：天津科学技术出版社，2005：644.

▲ 腺毛委陵菜群落

▲ 腺毛委陵菜植株

腺毛委陵菜 *Potentilla longifolia* Willd. ex Schlecht.

别　　名　黏委陵菜

药用部位　蔷薇科腺毛委陵菜的全草及根。

原 植 物　多年生草本。花茎直立或微上升，高 30 ～ 90 cm，长柔毛及腺体。基生叶羽状复叶，具小叶 4 ～ 5 对，连叶柄长 10 ～ 30 cm，小叶对生，稀互生，无柄，最上面 1 ～ 3 对小叶基部下延，与叶轴汇合；小叶片长圆状披针形至倒披针形，长 1.5 ～ 8.0 cm，宽 0.5 ～ 2.5 cm，顶端圆钝或急尖，边缘有缺刻状锯齿；茎生叶与基生叶相似。伞房花序集生于花茎顶端，少花，花梗短；花直径 1.5 ～ 1.8 cm；萼片三角披针形，顶端通常渐尖，副萼片长圆状披针形；花瓣宽倒卵形，顶端微凹，与萼片近等长，果时直立增大；花柱近顶生，圆锥形，基部明显具乳头，膨大，柱头不扩大。花期 7—8 月，果期 8—9 月。

生　　境　生于草甸、山坡、草地、灌丛、林缘及疏林下等处。

分　　布　黑龙江密山、虎林、克山等地。吉林通榆、镇赉、洮南、长岭、前郭、大安、延吉、龙井、珲春等地。辽宁彰武。内蒙古额尔古纳、牙克石、根河、陈巴尔虎旗、新巴尔

▲腺毛委陵菜花

虎左旗、新巴尔虎右旗、阿尔山、科尔沁右翼前旗、科尔沁右翼中旗、扎鲁特旗、扎赉特旗、东乌珠穆沁旗、西乌珠穆沁旗等地。河北、山东、山西、四川、甘肃、青海、新疆、西藏。朝鲜、俄罗斯、蒙古。

采　制　夏、秋季采收全草，切段，晒干。春、秋季采挖根，除去泥土，洗净，鲜用或晒干。

性味功效　有收敛止血、止痢、清热解毒的功效。

主治用法　用于阿米巴痢疾、细菌性痢疾、急性肠炎、小儿消化不良、腹泻、吐血、咯血、便血、功能性子宫出血、风湿性关节炎、咽喉炎、百日咳、外伤出血、痈疖肿毒等。水煎服。外用适量鲜品捣碎敷患处。

用　量　15～25 g。外用适量。

▲腺毛委陵菜花（背）

◎参考文献◎

［1］朱有昌．东北药用植物［M］．哈尔滨：黑龙江科学技术出版社，1989：538-539.

［2］中国药材公司．中国中药资源志要［M］．北京：科学出版社，1994：518.

［3］江纪武．药用植物辞典［M］．天津：天津科学技术出版社，2005：643.

▲腺毛委陵菜花（侧）

▲ 绢毛匍匐委陵菜花

绢毛匍匐委陵菜 *Potentilla reptans* L. var. *sericophylla* Franch.

别　　名　绢毛细蔓委陵菜　五爪龙
药用部位　蔷薇科绢毛匍匐委陵菜的根和全草。
原 植 物　多年生匍匐草本。匍匐枝长 20 ~ 100 cm，节上生不定根。基生叶为鸟足状五出复叶，连叶柄长 7 ~ 12 cm，叶柄被疏柔毛或脱落几无毛，小叶几无柄；小叶片倒卵形至倒卵圆形，顶端圆钝，基部楔形，边缘有急尖或圆钝锯齿，两面绿色，表面几无毛，背面被疏柔毛；纤匍枝上叶与基生叶相似。单花自叶腋生或与叶对生，花梗长 6 ~ 9 cm，被疏柔毛；花直径 1.5 ~ 2.2 cm；萼片卵状披针形，顶端急尖，副萼片长椭圆形或椭圆状披针形，顶端急尖或圆钝，与萼片近等长，果时显著增大；花瓣黄色，宽倒卵形，顶端显著下凹，比萼片稍长；花柱近顶生，基部细，柱头扩大。花期 6—7 月，果期 8—9 月。
生　　境　生于荒地、草地、草甸及田边等处。

分　　布　内蒙古西乌珠穆沁旗、阿巴嘎旗等地。俄罗斯（西伯利亚）。亚洲（中部）、欧洲、非洲（北部）。
采　　制　秋季采挖根，除去泥土，洗净，鲜用或晒干。夏、秋季采收全草，鲜用或洗净晒干。
性味功效　根：味甘，性平。有生津止渴、补阴、除虚热的功效。全草：有发表、止咳的功效。
主治用法　用于虚劳、带下、虚咳、糖尿病、肾病、胃病、扁桃体炎、咽喉痛、牙痛、牙床出血、面痣、疮疖等。水煎服。外用鲜草适量捣烂敷或取汁搽患处。
用　　量　30 ~ 60 g。外用适量。

◎ 参考文献 ◎

[1] 中国药材公司. 中国中药资源志要 [M]. 北京：科学出版社，1994：518-519.
[2] 江纪武. 药用植物辞典 [M]. 天津：天津科学技术出版社，2005：644.

▲绢毛匍匐委陵菜居群

▲绢毛匍匐委陵菜植株

▲ 鸡麻花

▼ 鸡麻植株

鸡麻属 *Rhodotypos* Sieb. et Zucc.

鸡麻 *Rhodotypos scandens*（Thunb.）Makino

药用部位 蔷薇科鸡麻的根和果实。

原植物 落叶灌木，高 0.5～2.0 m，稀达 3 m。小枝紫褐色，嫩枝绿色，光滑。叶对生，卵形，长 4～11 cm，宽 3～6 cm，顶端渐尖，基部圆形至微心形，边缘有尖锐重锯齿，表面幼时被疏柔毛，以后脱落无毛，背面被绢柔毛，老时脱落仅沿脉被稀疏柔毛；叶柄长 2～5 mm，被疏柔毛；托叶膜质狭带形，被疏柔毛，不久脱落。单花顶生于新梢上；花直径 3～5 cm；萼片大，卵状椭圆形，顶端急尖，边缘有锐锯齿，外面被稀疏绢柔毛，副萼片细小，狭带形，长度是萼片的 1/5～1/4；花瓣白色，倒卵形，比萼片长 1/4～1/3。核果 1～4，黑色或褐色，斜椭圆形，长约 8 mm，光滑。花期 5—6 月，果期 9—10 月。

生　境 生于山坡疏林中及山谷林下阴处。

▲ 鸡麻枝条（秋季）

▼ 鸡麻花（背）

分　布　辽宁长海。
陕西、甘肃、山东、河
南、江苏、安徽、浙江、
湖北。

采　制　夏、秋季采
挖根，洗净，切片，晒
干。8—9月采摘果实，
晒干。

性味功效　味甘,性平。
有补血益肾的功效。

主治用法　用于血虚肾
亏等。水煎服。

用　量　15 ~ 30 g。

附　方　血虚肾亏:
鸡麻果实蒸5 min，取
出，用35 ~ 40 g，水煎，
冲黄酒、红糖，早晚空
腹服。又方: 用鸡麻根
50 g，切片，水煎取汁，
冲糖、酒，早晚空腹服。

▲ 鸡麻枝条（夏季）

◎参考文献◎

［1］江苏新医学院. 中药大辞典（上册）[M]. 上海：上海科学技术出版社，1977：1200.

［2］中国药材公司. 中国中药资源志要 [M]. 北京：科学出版社，1994：523.

［3］江纪武. 药用植物辞典 [M]. 天津：天津科学技术出版社，2005：688.

▲ 鸡麻果核

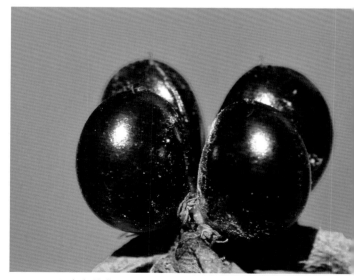

▲ 鸡麻果实

▲ 野蔷薇花（浅粉色）

蔷薇属 *Rosa* L.

野蔷薇 *Rosa multiflora* Thunb.

别　名　营实墙蘼　多花蔷薇

俗　名　刺玫果

药用部位　蔷薇科野蔷薇的根、花及果实（入药称"营实"）。

原植物　落叶攀援灌木。小枝圆柱形，有短、粗稍弯曲皮束。小叶5~9，近花序的小叶有时3，连叶柄长5~10 cm；小叶片倒卵形，长1.5~5.0 cm，宽8~28 mm，边缘有尖锐单锯齿，稀混有重锯齿，小叶柄和叶轴有散生腺毛；托叶篦齿状，大部贴生于叶柄。花多朵，排成圆锥状花序，花梗长1.5~2.5 cm，无毛或有腺毛，有时基部有篦齿状小苞片；花直径1.5~2.0 cm，萼片披针形，有时中部具2线形裂片，外面无毛，内面有柔毛；花瓣白色，宽倒卵形，先端微凹，基部楔形；花柱结合成束，无毛，比雄蕊稍长。果近球形，直

▲ 野蔷薇植株

▲ 野蔷薇果实

▲ 野蔷薇花

径 6 ~ 8 mm，红褐色或紫褐色，有光泽，萼片脱落。花期 5—6 月，果期 9—10 月。

生　境　生于山坡灌丛间、山野路旁、河边、沟边及林缘等处。

分　布　辽宁大连。山东、河南、江苏。朝鲜、日本。

采　制　春、秋季采挖根，除去泥土，切段，洗净，晒干。秋季采摘成熟果实，除去杂质，鲜用或晒干。夏季采摘花，除去杂质，鲜用或阴干。

性味功效　根：味苦、涩，性平。有祛风活血、清热利湿、解毒的功效。花：味甘，性凉。有清暑、和胃、止血、解渴的功效。果实：味酸，性温。有祛风湿、利关节的功效。

主治用法　根：用于风湿关节痛、跌打损伤、月经不调、白带异常、遗尿、痢疾、便血、衄血、烧烫伤、外伤出血、跌打损伤、疮疖疥癣等。水煎服。外用捣敷或煎汤含漱。花：用于暑热胸闷、口渴、疟疾、泻痢、吐血等。水煎服。外用研末撒。果实：用于风湿关节痛、肾炎水肿、脚气、疮毒痈肿、小便不利、经期腹痛等。水煎服，浸酒或入丸、散。外用捣烂敷患处或煎水洗。

用　量　根：7.5 ~ 20.0 g。花：5 ~ 10 g。果实：5 ~ 15 g。外用适量。

▲野蔷薇枝条

附　注　根皮和叶（可治疗痈疖疮疡）外用适量，鲜品捣烂或干粉研粉敷患处。枝条入药，可治疗妇人秃发。花的蒸馏液可治疗口疮。

◎参考文献◎

[1] 江苏新医学院.中药大辞典(下册) [M].上海：上海科学技术出版社，1977：2015，2538-2539.

[2] 《全国中草药汇编》编写组.全国中草药汇编（上册）[M].北京：人民卫生出版社，1975：371-372.

[3] 中国药材公司.中国中药资源志要 [M].北京：科学出版社，1994：526.

▲野蔷薇花（背）

▼伞花蔷薇种子　　　　　　　　　　　▲伞花蔷薇植株

▼伞花蔷薇花（背）

伞花蔷薇 *Rosa maximowicziana* Regel.

别　　名　蔓野蔷薇

俗　　名　刺枚果

药用部位　蔷薇科伞花蔷薇的果实。

原 植 物　落叶小灌木，具长匍匐枝，有时被刺毛。小叶 7 ~ 9，稀 5，连叶柄长 4 ~ 11 cm，小叶片卵形或长圆形，长 1.5 ~ 6.0 cm，宽 1 ~ 2 cm，边缘有锐锯齿，表面深绿色，背面色淡；托叶大部贴生于叶柄。花数朵成伞房状排列；苞片长卵形，边缘有腺毛；萼片三角卵形，先端长渐尖，全缘，有时有 1 ~ 2 裂片，内外两面均有柔毛，内面较密，萼筒和萼片外面有腺毛；花直径 3.0 ~ 3.5 cm；花梗长 1.0 ~ 2.5 cm，有腺毛；花瓣白色或带粉红色，倒卵形，

▲ 伞花蔷薇枝条

▼ 伞花蔷薇果实

基部楔形，花柱结合成束，伸出，无毛，约与雄蕊等长。果实卵球形，直径 8 ~ 10 mm，黑褐色，有光泽，萼片在果熟时脱落。花期 6—7 月，果期 9—10 月。

生　境　生于路旁、沟边、山坡向阳处及灌丛中。

分　布　吉林珲春、临江、集安等地。辽宁宽甸、凤城、丹东市区、岫岩、庄河、长海、大连市区、瓦房店、绥中等地。山东。朝鲜、俄罗斯（西伯利亚）。

采　制　秋季采收成熟果实，除去杂质，洗净，鲜用或晒干。

性味功效　有益肾、涩精、止泻的功效。

用　量　适量。

▼ 伞花蔷薇花

◎ 参考文献 ◎

[1] 江纪武. 药用植物辞典 [M]. 天津：天津科学技术出版社，2005：694.

▲腺叶长白蔷薇花

▲长白蔷薇果实

▲长白蔷薇花（淡粉色）

长白蔷薇 *Rosa koreana* Kom.

俗　　名　　刺枚果

药用部位　　蔷薇科长白蔷薇的根、叶、花及果实。

原 植 物　　落叶小灌木。丛生，高约1 m；枝条密集，在当年生小枝上针刺较稀疏。小叶7～15，连叶柄长4～7 cm；小叶片椭圆形，长

▲长白蔷薇花（白色）

6 ～ 15 mm，宽 4 ～ 8 mm，边缘有带腺尖锐锯齿，沿叶轴有稀疏皮刺和腺；托叶倒卵状披针形，边缘有腺齿。花单生于叶腋，无苞片；花梗长 1.2 ～ 2.0 cm；花直径 2 ～ 3 cm；萼筒和萼片外面无毛，萼片披针形，先端长渐尖或稍带尾状渐尖，无腺，内面有稀疏白色柔毛，边缘较密；花瓣白色或带粉色，倒卵形，先端微凹，基部楔形；花柱离生，稍伸出坛状萼筒口外，比雄蕊短很多。果实长圆球形，长 1.5 ～ 2.0 cm，橘红色，有光泽，萼片宿存，直立。

花期 5—6 月，果期 7—9 月。

生 境 生于林缘和灌丛中或山坡多石地及高山苔原带上。

分 布 黑龙江小兴安岭、张广才岭。吉林长白、抚松、安图、临江、敦化、和龙等地。朝鲜、俄罗斯（西伯利亚中东部）。

采 制 夏、秋季采摘叶，晒干。春、秋季采挖根，洗净，晒干。夏季采摘花，阴干或晒干。秋季采摘成熟果实，阴干或晒干。

性味功效 根及叶：味苦，性平。有祛风利湿、止痢、利尿的功效。

▲长白蔷薇枝条（花期）

▲长白蔷薇植株

花及果：味酸，性平。有健脾胃、助消化的功效。

主治用法　根：用于风湿疼痛、肝病。水煎服。叶：用于痢疾、疮疡肿毒、小便不利。水煎服。花：用于胃溃疡、肺结核咳嗽。果实：用于维生素 C 缺乏症。水煎服。

▼长白蔷薇枝条（果期）

用　量　根 6 ~ 9 g。叶 3 ~ 6 g。花 6 ~ 9 g。果实 6 ~ 9 g。

附　注　在东北尚有 1 变种：

腺叶长白蔷薇 var. *glandttlosa* Yu et Ku，小叶片边缘为重锯齿，叶片下面、锯齿尖端以及叶轴和叶柄上均密被腺体。其他与原种同。

◎参考文献◎

［1］钱信忠．中国本草彩色图鉴（第一卷）[M]．北京：人民卫生出版社，2003：563-564．

［2］江纪武．药用植物辞典[M]．天津：天津科学技术出版社，2005：693．

［3］严仲铠，李万林．中国长白山药用植物彩色图志[M]．北京：人民卫生出版社，1997：231．

▲ 玫瑰花

▼ 玫瑰果实

玫瑰 *Rosa rugosa* Thunb.

别　　名	徘徊草　玫瑰花
俗　　名	刺玫花　刺玫菊　海蓬蓬
药用部位	蔷薇科玫瑰的干燥花蕾。
原 植 物	落叶直立灌木，高可达 2 m。茎丛

生；小枝密被茸毛、针刺和腺毛。小叶 5 ~ 9，
连叶柄长 5 ~ 13 cm；小叶片椭圆形，长

▼ 玫瑰幼株

玫瑰种子▲

▲ 玫瑰枝条

▼ 玫瑰花（红粉色）

1.5 ~ 4.5 cm，宽 1.0 ~ 2.5 cm，边缘有尖锐锯齿，表面叶脉下陷，有褶皱，背面灰绿色，中脉突起；托叶边缘有带腺锯齿。花单生于叶腋，或数朵簇生，苞片卵形，边缘有腺毛，外被茸毛；花梗长 5.0 ~ 22.5 mm，密被茸毛和腺毛；花直径 4.0 ~ 5.5 cm；萼片卵状披针形，先端尾状渐尖，常有羽状裂片而扩展成叶状，花瓣紫红色至白色，倒卵形，重瓣至半重瓣，芳香；花柱离生，稍伸出萼筒口外，比雄蕊短很多。果扁球形，直径 2.0 ~ 2.5 cm，砖红色，萼片宿存。花期 6—7 月，果期 8—9 月。

生 境 生于河岸或海岸边的沙地上。

分 布 吉林珲春。辽宁长海、大连市区、熊岳、庄河、东港等地。河北、山东。朝鲜、俄罗斯（西伯利亚中东部）、日本。

采 制 夏季在花欲开放时采摘花蕾，除去杂质，及时在低温环境中干燥。

性味功效 味甘、微苦，性温。有行气解郁、开胃、和血、活血调经、祛瘀、止痛的功效。

主治用法 用于肝胃气痛、食少呕恶、肠炎、痢疾、风湿痹痛、吐血、咯血、月经不调、赤白带下、乳痈肿痛、肿毒、跌打伤痛等。水煎服，浸酒或熬膏。

用 量 5～10 g。外用适量。

附 方

（1）治胃痛：玫瑰花、川楝子、白芍各15 g，香附20 g，水煎服。

（2）治月经不调：玫瑰花、月季花各15 g，益母草、丹参各25 g，水煎服。

（3）治肝胃气痛：玫瑰花阴干，冲汤代茶服或玫瑰花25 g，水煎服，日服2次。

（4）治肺病咳嗽吐血：鲜玫瑰花捣汁炖冰糖，或玫瑰花100朵去心蒂，用水2碗，煎成半碗，去渣加白糖250 g，分6次空腹服，日服2次。

（5）治新久风痹：玫瑰花（去净蕊蒂，阴干）15 g，红花、全当归各5 g，水煎去滓，好酒和服7剂。

（6）治胃神经官能症、慢性胃炎、胃部或闷或痛或胀：玫瑰花10 g，香附15 g，水煎服。

▲玫瑰花（粉色）

▲玫瑰花（背）

（7）治月经过多：玫瑰花15 g，金樱子根25 g，党参25 g，水煎服。

附 注

（1）本品为《中华人民共和国药典》（2020年版）收录的药材。

（2）花的蒸馏液（入药称"玫瑰露"）入药，有和血平肝、养胃、宽胸、散瘀的功效。

▲玫瑰群落

◎ 参考文献 ◎

[1] 江苏新医学院．中药大辞典（上册）[M]．上海：上海科学技术出版社，1977：1223-1224，1277．

[2] 朱有昌．东北药用植物 [M]．哈尔滨：黑龙江科学技术出版社，1989：543-544．

[3] 《全国中草药汇编》编写组．全国中草药汇编（上册）[M]．北京：人民卫生出版社，1975：475-
　　 476．

▲玫瑰植株

▲玫瑰花（淡粉色）

▲ 山刺玫花（红色）

▼ 山刺玫花（重瓣）

山刺玫 *Rosa davurica* Pall.

别　　名	刺玫蔷薇　山玫瑰　刺玫
俗　　名	刺玫果　野玫瑰　刺木果棒　狗脚肿　吉豆米
药用部位	蔷薇科山刺玫的花、果实（入药称"刺玫果"）及根。
原 植 物	落叶灌木，高约 1.5 m。分枝较多，小枝灰褐色，有

▼ 山刺玫花

▲ 山刺玫幼株

▲ 山刺玫枝条（花期）

▼ 山刺玫果实

带黄色皮刺。小叶 7 ~ 9，连叶柄长 4 ~ 10 cm；小叶片长圆形或阔披针形，长 1.5 ~ 3.5 cm，宽 5 ~ 15 mm，边缘有单锯齿和重锯齿；叶柄和叶轴有柔毛、腺毛和稀疏皮刺；托叶边缘有带腺锯齿。花单生于叶腋，或 2 ~ 3 簇生；苞片卵形，边缘有腺齿；花梗长 5 ~ 8 mm；花直径 3 ~ 4 cm；萼筒近圆形，萼片披针形，先端扩展成叶状，边缘有不整齐锯齿和腺毛，背面有稀疏柔毛和腺毛，表面被柔毛，边缘较密；花瓣粉红色，倒卵形，先端不平整，基部宽楔形；花柱离生，被毛，比雄蕊短很多。果近球形，红色，萼片宿存。花期 6—

▼ 山刺玫居群

▲山刺玫枝条（果期）

▼市场上的山刺玫花（鲜）

7月，果期8—9月。

生　境　生于山坡灌丛间、山野路旁、河边、沟边、林下、林缘等处，常聚集成片生长。

分　布　黑龙江漠河、塔河、呼玛、黑河市区、嫩江、逊克、孙吴、嘉荫、萝北、集贤、哈尔滨市区、密山、鸡东、虎林、绥化市区、绥棱、海伦、林甸、依安、甘南、五大连池、饶河、抚远、同江、

▲市场上的山刺玫花蕾　　　　　　▲市场上的山刺玫果实

▲ 山刺玫植株

▼ 山刺玫花（浅粉色）

汤原、五常、尚志等地。吉林长白山各地。辽宁本溪、桓仁、宽甸、凤城、岫岩、盖州、庄河、海城、鞍山市区、辽阳、营口市区、建平、凌源、义县、西丰、昌图、开源、新宾、清原、抚顺等地。内蒙古额尔古纳、牙克石、鄂伦春旗、鄂温克旗、阿尔山、科尔沁右翼前旗、扎赉特旗、扎鲁特旗、东乌珠穆沁旗、西乌珠穆沁旗、正蓝旗、镶黄旗、正镶白旗等地。河北、山西。朝鲜、俄罗斯（西伯利亚）、蒙古。

采 制 秋季采摘成熟果实，除去杂质，鲜用或晒干。夏季采摘花，除去杂质，鲜用或阴干。春、秋季采挖根，除去泥土，切段，洗净，晒干。

性味功效 花：味甘、微苦，性温。有止血活血、健脾理气、调经、止咳祛痰、止痢止血的功效。果实：味酸，性温。有健脾消积、调经通淋、止痛的功效。根：味苦、涩，性平。有止咳祛痰、止痢止血的功效。

主治用法 花：用于月经过多、吐血、血崩、肋间作痛、肝胃痛、痛经等。水煎服。果实：用于小儿食积、消化不良、食欲不振、胃痛、腹泻、淋病、月经不调等。水煎服。根：用于慢性气管炎、肠炎、细菌性痢疾、胃功能失调、膀胱炎、子宫出血、跌打损伤。水煎服。

用 量 花：5～10g。果实：10～15g。根：15～25g。

▲ 山刺玫种子

▲ 山刺玫花（背）

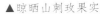

▲ 晾晒山刺玫果实

附　方

（1）治功能性子宫出血：山刺玫根 20 ~ 30 g，水煎加鸡蛋同服。

（2）治细菌性痢疾、肠炎：山刺玫根 1 kg，加水 4 L，煎至 1 L，加糖适量，每服 50 ~ 100 ml，每日 3 次。

（3）治冻伤、烫伤、头疮：刺玫果膏外敷（内蒙古伊敏河民间方）。

（4）治月经过多：刺玫花 3 ~ 6 朵，煎水服。

（5）治吐血：刺玫花 100 朵，去心蒂，用水 2 碗，煎成半碗，去渣加白糖 250 g，分 6 次空腹服，日服 2 次。

（6）治肝胃气痛：刺玫花 25 g，水煎，日服 2 次，亦可加香附 25 g。

▼ 长果山刺玫果实

附　注　在东北尚有 1 变种：

长果山刺玫 var. *ellipsoidea* Nakai，果纺锤形、倒卵形长椭圆形至卵状长椭圆形。其他同原种。

◎参考文献◎

[1]江苏新医学院.中药大辞典（上册）[M].上海：上海科学技术出版社，1977：1269-1270.

[2]朱有昌.东北药用植物[M].哈尔滨：黑龙江科学技术出版社，1989：540-542.

[3]《全国中草药汇编》编写组.全国中草药汇编（上册）[M].北京：人民卫生出版社，1975：486.

▲ 刺蔷薇幼枝

▲ 刺蔷薇种子

▲ 刺蔷薇果实

刺蔷薇 *Rosa acicularis* Lindl.

别　　名　大叶蔷薇

俗　　名　刺枚果

药用部位　蔷薇科刺蔷薇的根、花及果实。

原植物　落叶灌木，高 1 ~ 3 m。小枝红褐色或紫褐色；有细直皮刺。小叶 3 ~ 7，连叶柄长 7 ~ 14 cm；小叶片宽椭圆形或长圆形，长 1.5 ~ 5.0 cm，宽 8 ~ 25 mm，边缘有单锯齿或不明显重锯齿。花单生或 2 ~ 3 集生，苞片卵形至卵状披针形，花梗长 2.0 ~ 3.5 cm，无毛，密被腺毛；花直径 3.5 ~ 5.0 cm；萼筒长椭圆形，光滑无毛或有腺毛；萼片披针形，先端常扩展成叶状，外面有腺毛或稀疏刺毛；花瓣粉红色，倒卵形，先端微凹，基部宽楔形，芳香；花柱离开，被毛，比雄蕊短。果梨形、长

▲刺蔷薇群落

▲市场上的刺蔷薇花

▲刺蔷薇花（背）

椭圆形或倒卵球形，直径 1.0 ~ 1.5 cm，有明显颈部，红色，有光泽，有腺或无腺。花期 6—7 月，果期 8—9 月。

生　境　生于山坡阳处、灌丛中或桦木林下，砍伐后针叶林迹地以及路旁等处。

分　布　黑龙江大兴安岭、小兴安岭、张广才岭、完达山、老爷岭。吉林长白、抚松、安图、临江、靖宇、和龙、敦化、汪清、集安、通化等地。辽宁本溪、桓仁、宽甸等地。内蒙古额尔古纳、根河、阿尔山、东乌珠穆沁旗等地。河北、山西、陕西、甘肃、新疆等。朝鲜、俄罗斯、日本、蒙古。欧洲北部、亚洲北部、北美洲。

采　制　春、秋季采挖根，除去泥土，洗净，鲜用或晒干。夏季采摘花蕾，除去杂质，洗净，阴干。秋季采收成熟果实，除去杂质，洗净，鲜用或晒干。

▲刺蔷薇花（粉红色）

▲ 刺蔷薇枝条

性味功效 　根：味苦、涩，性平。有祛痰止痢、舒筋活血的功效。花：味甘、微苦，性温。有止痢、利尿的功效。果实：味酸，性温。有健脾胃、助消化的功效。

主治用法 　根：用于痢疾、慢性气管炎、风湿痛。水煎服。花：用于肺结核、腹泻。果实：用于消化不良、食欲不振、小儿食积、维生素 C 缺乏症、肺结核、腹泻。

用　　量 　根：10 ～ 15 g。花：5 ～ 10 g。果实：10 ～ 15 g。

▲ 刺蔷薇花（粉边）

▲ 白花刺蔷薇花

▲ 刺蔷薇植株

附　注

（1）叶有止泻、利尿的功效。

（2）在东北尚有1变型：

白花刺蔷薇 var. *albifloris* X. Lin et Y. L. 花白色。其他与原种同。

▲ 刺蔷薇花（淡粉色）

◎ 参考文献 ◎

［1］严仲铠，李万林．中国长白山药用植物彩色图志 [M]．北京：人民卫生出版社，1997：230.

［2］中国药材公司．中国中药资源志要 [M]．北京：科学出版社，1994：523.

［3］江纪武．药用植物辞典 [M]．天津：天津科学技术出版社，2005：692.

▲ 刺蔷薇幼株

▲ 刺蔷薇花（粉色）

黄刺玫 *Rosa xanthina* Lindl.

俗　　名	刺玖花　黄刺莓　刺玫花
药用部位	蔷薇科黄刺玫的花及果实。
原 植 物	直立灌木，高 2 ~ 3 m；枝粗壮，密集，披散；小枝无毛，有散生皮刺，无针刺。小叶 7 ~ 13，

▲ 黄刺玫植株

▲ 黄刺玫花（背）

▲ 黄刺玫花（侧）

连叶柄长 3 ~ 5 cm；小叶片宽卵形或近圆形，稀椭圆形，先端圆钝，基部宽楔形或近圆形，边缘有圆钝锯齿；叶轴、叶柄有稀疏柔毛和小皮刺；托叶带状披针形。花单生于叶腋，重瓣或半重瓣，黄色，无苞片；花梗长 1.0 ~ 1.5 cm，无毛，无腺；花直径 3 ~ 5 cm；萼筒、萼片外面无毛，萼片披针形，全缘，先端渐尖，内面有稀疏柔毛，边缘较密；花瓣黄色，宽倒卵形，先端微凹，基部宽楔形；花柱离生，被长柔毛，稍伸出萼筒口外部，比雄蕊短很多。果近球形或倒卵圆形，紫褐色或黑褐色，直径 8 ~ 10 mm，无毛，

▲ 黄刺玫枝条

花后萼片反折。花期4—6月，果期7—8月。

生　境　生于石质山坡、林缘及山地灌丛中等处。

分　布　内蒙古喀喇沁旗。河北、山东、山西、陕西、宁夏、青海等。

采　制　春末夏初采收花，除去杂质，晒干。秋季采收果实，洗净，晒干。

性味功效　花：有理气活血、调经、消肿、健脾的功效。果实：有活血舒筋、祛湿利尿的功效。

主治用法　花：用于消化不良、气滞腹痛、胃痛、食管痉挛不畅、乳痈、肿毒、月经不调、月经过多、跌打损伤、扭伤。水煎服。也可外用。果实：用于脉管炎、高血压、头晕等。水煎服。

用　量　花：适量。果实：适量。

◎ 参考文献 ◎

［1］江纪武. 药用植物辞典 [M] 天津：天津科学技术出版社，2005：695.

▲ 黄刺玫花（亮黄色）

▲ 黄刺玫果实

▲黄刺玫花（淡黄色）

▲黄刺玫花（重瓣）

▼ 北悬钩子花（8 瓣）

▲ 北悬钩子果实

悬钩子属 *Rubus* L.

北悬钩子 *Rubus arcticus* L.

别 名	小托盘
俗 名	高丽果
药用部位	蔷薇科北悬钩子的果实。

原 植 物　草本状小灌木，高 10 ~ 30 cm。茎细弱，单生或有分枝。复叶，具小叶 3，小叶片菱形至菱状倒卵形，顶生小叶长 3 ~ 5 cm，较侧生小叶稍长；叶柄长，顶生小叶柄长达 0.5 cm，侧生小叶几无柄；托叶离生，草质，卵形或长圆形，顶端急尖或钝，全缘。花常单生，顶生，有时 1 ~ 2 腋生，两性或不完全单性，直径 1 ~ 2 cm；花梗长 2 ~ 4 cm；花萼陀螺状；萼片 5 ~ 10，卵状披针形至狭披针形；花瓣宽倒卵形，紫红色，长 8 ~ 12 mm，宽达 6 ~ 8 mm，比萼片长得多，有时顶端微凹；雄蕊直立，花丝线形，基部膨大；雌蕊约 20，无毛或背部有疏柔毛。花期 6—7 月，果期 7—8 月。

▲ 北悬钩子花（7 瓣）

▲北悬钩子植株（侧）

▼北悬钩子花（背）

生　　境　生于苔藓沼泽地或塔头甸子中。

分　　布　黑龙江漠河、塔河、呼玛、黑河、伊春市区、铁力等地。吉林长白、抚松、安图、临江、靖宇、和龙、敦化、汪清等地。内蒙古额尔古纳、根河、牙克石、鄂伦春旗、阿尔山等地。朝鲜、俄罗斯、蒙古。欧洲北部、北美洲。

采　　制　夏、秋季采收成熟果实，除去杂质，洗净，鲜用或晒干。

性味功效　有补肝肾、明目的功效。

主治用法　用于肾虚阳痿、遗精等。水煎服或食用。

用　　量　适量。

▲北悬钩子花

▲北悬钩子植株

◎参考文献◎
[1]中国药材公司.中国中药资源志要[M].北京:科学出版社,1994:529.
[2]江纪武.药用植物辞典[M].天津:天津科学技术出版社,2005:698.

▲ 石生悬钩子果实

▲ 石生悬钩子植株（花期）

▲ 石生悬钩子花

石生悬钩子 *Rubus saxatilis* L.

别　　名	天山悬钩子　小悬钩子
俗　　名	婆婆头　饽饽头　托盘　地豆豆
药用部位	蔷薇科石生悬钩子的全草和果实。
原 植 物	草本状小灌木，高 20 ~ 60 cm。茎细，不育茎有鞭状匍匐枝，具小针刺和稀疏柔毛。复叶常

▲石生悬钩子植株（果期）

具小叶 3，或稀单叶分裂，小叶片卵状菱形至长圆状菱形，顶生小叶长 5 ~ 7 cm，稍长于侧生小叶；叶柄长；托叶离生，全缘。花常 2 ~ 10 成束，或成伞房状花序；总花梗长短不齐；花小，直径在 1 cm 以下，花萼陀螺形，或在果期为盆形；萼片卵状披针形，几与花瓣等长；花瓣白色，小，匙形或长圆形，直立；雄蕊多数，花丝基部膨大，直立，顶端钻状而内弯；雌蕊通常 5 ~ 6。果实球形，红色，直径 1.0 ~ 1.5 cm，小核果较大；核长圆形，具蜂巢状孔穴。花期 6—7 月，果期 7—8 月。

生　境　生于石砾地、灌丛及针阔叶混交林下。

分　布　黑龙江呼玛、黑河等地。吉林集安、临江等地。内蒙古额尔古纳、根河、牙克石、鄂伦春旗、鄂温克旗、阿尔山、东乌珠穆沁旗、西乌珠穆沁旗等地。河北、山西、新疆。朝鲜、俄罗斯、蒙古。欧洲、北美洲。

采　制　夏、秋季采收全草，晒干，切段备用。秋季采收成熟果实，放入沸水中微浸，捞出，晒干备用。

性味功效　全草：味甘、酸，性平。有补肝健胃、祛风止痛的功效。果实：味甘、酸，性温。有补肾固精的功效。

主治用法　全草：用于急性、亚急性肝炎、食欲不振、风湿性关节炎。水煎服。果实：用于遗精。水煎服。

用　量　全草：5 ~ 15 g。果实：5 ~ 15 g。

附　方　治急性、亚急性肝炎：石生悬钩子全草 20 g，茵陈、败酱各 15 g，五味子 5 g，水煎服。

▲石生悬钩子花（侧）

◎参考文献◎

[1] 朱有昌. 东北药用植物 [M]. 哈尔滨：黑龙江科学技术出版社，1989：549-550.

[2] 中国药材公司. 中国中药资源志要 [M]. 北京：科学出版社，1994：535-536.

[3] 江纪武. 药用植物辞典 [M]. 天津：天津科学技术出版社，2005：701.

▲ 兴安悬钩子植株（果期）

兴安悬钩子 *Rubus ehamaemorus* L.

药用部位　蔷薇科兴安悬钩子的全草。

原植物　多年生草本状落叶灌木。雌雄异株；茎一年生，直立，高 5 ~ 30 cm；基生叶肾形或心状圆形，直径 4 ~ 9 cm，叶柄长 2 ~ 6 cm；托叶离生。花单生，顶生，单性，直径 2 ~ 3 cm，通常雄花较大，直径达 3 cm；花梗长 3.5 ~ 6.0 cm；花萼外具柔毛和短腺毛；萼筒短；萼片 4 ~ 5，长圆形，顶端圆钝

▲ 兴安悬钩子花（侧）

▲ 兴安悬钩子花

▲兴安悬钩子植株（花期）

或急尖，在花果期常直立开展；花瓣 4 ～ 5，倒卵形，长 1.4 ～ 1.8 cm，宽 0.7 ～ 1.0 cm，顶端常有凹缺，白色，比萼片长大很多；雌花中的雌蕊约 20，花柱长，线形，但雄蕊不发达，无花药；雄花中雄蕊发达，花丝长线形，基部稍宽大，但雌蕊不发育。果实近球形，橙红色或带黄色。花期 6—7 月，果期 8—9 月。

生　境　多生于落叶松林下或苔藓沼泽地上。

分　布　黑龙江塔河、漠河等地。内蒙古额尔古纳、根河等地。俄罗斯、朝鲜、日本。欧洲北部、北美洲的北极或近北极地区。

采　制　夏、秋季采收全草，晒干，切段备用。

附　注　本种在内蒙古被用作药用植物。

▲兴安悬钩子果实

▲ 库页悬钩子居群

库页悬钩子 *Rubus sachalinensis* Leveille.

别　　名	毛叶悬钩子
俗　　名	婆婆头　馎馎头　托盘　沙窝窝　树莓
药用部位	蔷薇科库页悬钩子的根、全株、茎及枝叶。
原植物	落叶灌木或矮小灌木，高 0.6 ~ 2.0 m；枝紫褐色，小枝色较浅，被直立针刺，并混生腺毛。

小叶常 3，长圆状卵形，长 3 ~ 7 cm，宽 1.5 ~ 5.0 cm，边缘有不规则粗锯齿或缺刻状锯齿；叶柄长

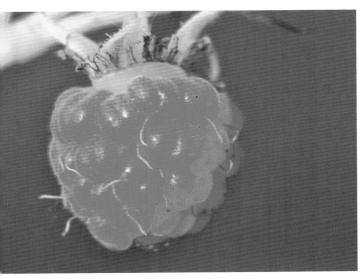

▲ 库叶悬钩子果实

▲ 库叶悬钩子果核

▲ 库页悬钩子枝条

▼ 库页悬钩子花

▼ 库页悬钩子幼株

2～5cm，顶生小叶柄长1～2cm，侧生小叶几无柄；托叶线形。花5～9，伞房状花序，顶生或腋生，稀单花腋生；花梗长1～2cm；苞片小，线形；花直径约1cm；萼片具针刺和腺毛；萼片三角披针形，长约1cm，顶端长尾尖，在花果时常直立开展；花瓣白色，舌状或匙形，短于萼片，基部具爪；花丝几与花柱等长；花柱基部和子房具茸毛。果实卵球形，红色，具茸毛。花期6—7月，果期8—9月。

生　　境　生于山坡潮湿地密林下、稀疏杂木林内、林缘、林间草地或干沟石缝、谷底石堆中，常聚集成片生长。

分　　布　黑龙江漠河、塔河、呼玛、黑河市区、嫩江、孙吴、逊克、嘉荫、伊春市区、铁力、阿城、五常、尚志、海林、东宁、宁安、穆棱、林口、鸡东、密山、虎林、饶河、同江、抚远、方正、勃利、桦南、延寿、通河、木兰、汤原、依兰、庆安、绥棱等地。吉林长白山各地。辽宁宽甸。内蒙古额尔古纳、牙克石、根河、鄂伦春旗、鄂温克旗、阿尔山、东乌珠穆沁旗、西乌珠穆沁旗、科尔沁右翼前旗等地。河北、甘肃、青海、新疆。朝鲜、日本、俄罗斯。欧洲。

采　　制　春、秋季采挖根，夏、秋季采收全株、茎及枝叶，鲜用或晒干药用。

性味功效　根、全株：味苦、涩，性平。有解毒、止血、止带、

▲ 库页悬钩子植株

祛痰、消炎的功效。茎、枝叶：味苦、涩，
性平。有解毒、祛痰、消炎的功效。

主治用法 根、全株：用于吐血、衄血、
痢疾、滑泻不收等。水煎服。茎、枝叶：
用于吐血、鼻衄、痢疾等。水煎服。

用 量 根、全株：25 ～ 50 g。茎、
枝叶：25 ～ 50 g。

附 方 治痢疾：库页悬钩子茎叶
50 g，水煎服。

◎参考文献◎

[1] 江苏新医学院. 中药大辞典（上册）
[M]. 上海：上海科学技术出版社，
1977: 1159.

[2] 朱有昌. 东北药用植物 [M]. 哈
尔滨：黑龙江科学技术出版社，
1989: 546-547.

[3] 中国药材公司. 中国中药资源志要
[M]. 北京：科学出版社，1994: 533.

▲ 库页悬钩子花（侧）

▲ 茅莓植株

▲ 茅莓果实（红色）

茅莓 *Rubus parvifolius* L.

别　　名　茅莓悬钩子　小叶悬钩子
俗　　名　婆婆头　婆婆头蔓　家婆婆头　饽饽头
托盘　树莓　普本　山普本　火盘　山火盘　蛤蟆草
药用部位　蔷薇科茅莓的根（入药称"薅田藨
根"）及全株（入药称"薅田藨"）。
原植物　落叶灌木，高 1 ~ 2 m。枝被柔毛
和稀疏钩状皮刺；小叶 3，菱状圆形或倒卵
形，长 2.5 ~ 6.0 cm，宽 2 ~ 6 cm，边缘
有不整齐粗锯齿或缺刻状粗重锯齿；叶柄长
2.5 ~ 5.0 cm；托叶线形，长 5 ~ 7 mm，具
柔毛。伞房花序顶生或腋生，稀顶生花序成
短总状，具花数朵至多朵，被柔毛和细刺；花
梗长 0.5 ~ 1.5 cm，具柔毛和稀疏小皮刺；
苞片线形；花直径约 1 cm；萼片外面密被柔
毛和疏密不等的针刺；萼片卵状披针形或披针
形，顶端渐尖，有时条裂，在花果时均直立开

▲ 茅莓果实（橙色）

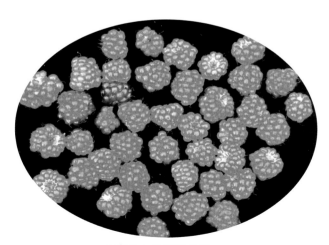

▲ 市场上的茅莓果实

▲茅莓枝条

▼茅莓花（侧）

展；花瓣粉红至紫红色，卵圆形或长圆形，基部具爪；雄蕊花丝白色，稍短于花瓣。果实卵球形，红色。花期5—6月，果期7—8月。

生　境　生于山坡、灌丛、山沟石质地、林缘及杂木林中。

分　布　吉林集安、通化、前郭等地。辽宁丹东市区、宽甸、凤城、岫岩、东港、本溪、桓仁、西丰、庄河、大连市区、瓦房店、长海、盖州、营口市区、义县、绥中、凌源等地。河北、河南、山西、陕西、湖北、湖南、江西、安徽、山东、江苏、浙江、福建、台湾、广东、广西、四川、贵州、甘肃。朝鲜、日本、越南。

采　制　春、秋季采挖根，除去泥土，洗净，切片或切段，晒干。夏、秋季采收全株，除去杂质，切段，洗净，鲜用或晒干。

性味功效　根：味甘、苦，性平。有清热解毒、祛风利湿、活血消肿的功效。全株：味苦、涩，微寒。有活血消肿、清热解毒、祛风除湿的功效。

主治用法　根：用于感冒高热、咽喉痛、风湿痹痛、肝炎、痢疾、泄泻、水肿、崩漏、小便淋痛、尿路感染、肾结石、疮疡肿毒、皮肤瘙痒、跌打损伤。水煎服或浸酒。外用捣敷或研末调敷。全株：用于咯血、吐

▲ 茅莓幼株

血、跌打损伤、刀伤、风湿痹痛、产后瘀滞腹痛、痢疾、痔疮、瘰疬、疥癣、疮痈肿毒等。水煎服或浸酒。外用捣敷、研末撒或煎水洗。

用　　量　根：10 ~ 25 g。外用适量。全株：15 ~ 30 g。外用适量。

附　　方

（1）治泌尿系统结石：薅田藨鲜根 200 g，洗净切片，加米酒 200 ml，水适量，煮 1 h，去渣取汁，2 次分服，每日 1 剂。服至排出结石或症状消失为止。

（2）治过敏性皮炎：薅田藨根、明矾各适量。薅田藨根煎汤加入明矾，外洗患处，每日 1 次。

（3）治妇女月经不调：薅田藨根 25 ~ 50 g，水煎服（营口民间方）。

（4）治月经失调、流血不止（败血病）：薅田藨根或果实 25 ~ 50 g，水煎服（庄河民间方）。

▲ 茅莓花

◎ 参考文献 ◎

[1] 江苏新医学院. 中药大辞典（下册）[M]. 上海：上海科学技术出版社，1977：2652-2653.

[2] 朱有昌. 东北药用植物 [M]. 哈尔滨：黑龙江科学技术出版社，1989：548-549.

[3]《全国中草药汇编》编写组. 全国中草药汇编（上册）[M]. 北京：人民卫生出版社，1975：512.

▲绿叶悬钩子植株

绿叶悬钩子 *Rubus komarovi* Nakai

俗　　名　婆婆头　饽饽头　托盘　树莓

药用部位　蔷薇科绿叶悬钩子的根、叶、花、果实及全株。

原 植 物　落叶灌木，高达1m。一年生枝常有绿色针刺。小叶3，卵形，长3～6 cm，宽1.5～4.5 cm，边缘有不整齐的粗锐锯齿；叶柄长2～4 cm；托叶线形，有柔毛。花数朵，伞房花序，或生于枝下部成花束；总花梗和花梗有柔毛和针刺；花梗长1～2 cm；苞片线状披针形；花中等大，直径约1 cm；花萼外面被柔毛、针刺和疏腺毛；萼片长三角形至三角状披针形，

▲ 绿叶悬钩子枝条

▼ 绿叶悬钩子果实

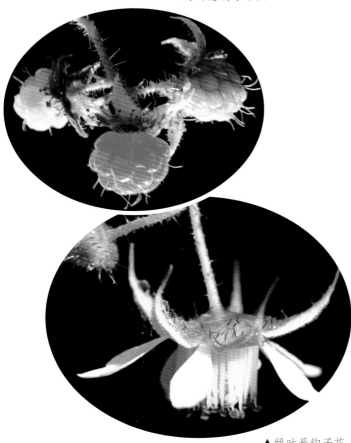

顶端长渐尖至尾尖，花后常直立；花瓣白色，长圆形或匙形，基部具爪，与萼片近等长，或稍短于萼片；花丝线形；花柱基部和子房被灰白色茸毛。果实红色，卵形，外被短茸毛，有香味；核具细皱纹。花期6—7月，果期7—8月。

生　境　生于山坡林缘、石坡及林间采伐迹地等处。

分　布　黑龙江大兴安岭、小兴安岭、张广才岭、完达山、老爷岭。吉林长白、抚松、安图、临江等地。朝鲜、俄罗斯（西伯利亚）。

采　制　春、秋季采挖根，夏季采摘叶和花，鲜用或晒干药用。秋季采摘果实，鲜用或晒干药用。夏、秋季采收全株，洗净，切段，晒干。

性味功效　根、叶、花及果实：有解毒、止血、祛痰、消炎的功效。全株：有收敛、止血的功效。

主治用法　根、叶、花及果实：用于风湿寒痛、吐血、衄血、痢疾、白带等。水煎服。全株：用于感冒发烧、肝炎、肺炎、吐血、衄血、月经不调等。水煎服。

用　量　适量。

▲ 绿叶悬钩子花（侧）

▲牛叠肚枝条（果期）

▼牛叠肚植株

▼市场上的牛叠肚幼株

牛叠肚 *Rubus crataegifolius* Bge.

别　　名	山楂叶悬钩子　蓬蘽　蓬蘽悬钩子　托盘　树莓
俗　　名	婆婆头　饽饽头　树莓　马林果　火盘　野普本　野婆婆头　山普本秧　猴镣子　老虎镣子　撂荒镣子
药用部位	蔷薇科牛叠肚的根及果实。
原植物	落叶直立灌木，高 1～3 m。枝幼时被细柔毛，老时有微弯皮刺。单叶，卵形至长卵形，长 5～12 cm，宽达 8 cm，开花枝上的叶稍小，边缘 3～5 掌状分裂，基部具掌状 5 脉；叶柄长 2～5 cm，疏生柔毛和小皮刺；托叶线形，几无毛。花数朵簇生或成短总状花序，常顶生；花梗长 5～10 mm，有柔毛；苞片与托叶相似；花直径 1.0～1.5 cm；花萼外面有柔毛，至果期近于无毛；萼片卵状三角形或

卵形，顶端渐尖；花瓣白
色，椭圆形或长圆形，几
与萼片等长；雄蕊直立，
花丝宽扁；雌蕊多数，子
房无毛。果实近球形，直
径约 1 cm，暗红色，无毛，
有光泽；核具皱纹。花期
6—7 月，果期 7—8 月。

生　境　生于向阳山坡
灌木丛中或林缘等处，常
在山沟、路边成群生长。

分　布　黑龙江伊春市
区、铁力、阿城、五常、
尚志、海林、东宁、宁安、
穆棱、林口、鸡东、密山、

市场上的牛叠肚果实（黄色）

▲ 牛叠肚居群

虎林、饶河、同江、抚远、方正、勃利、桦南、
延寿、通河、木兰、汤原、依兰、庆安、绥棱等地。
吉林长白山区各地。辽宁宽甸、凤城、东港、桓
仁、本溪、新宾、清原、西丰、开原、北镇、凌源、
喀左、朝阳、建昌、盖州、鞍山、庄河等地。内
蒙古扎兰屯、正蓝旗、正镶白旗、多伦等地。河北、
甘肃、青海、新疆。朝鲜、日本、俄罗斯。欧洲。

采　制　春、秋季采挖根，除去泥土，切段，
洗净，晒干。夏、秋季采收成熟果实，除去杂质，
洗净，鲜用或晒干。

性味功效　根：味苦、涩，性平。有祛风除湿的
功效。果实：味酸、甘，性温。有补肝肾、缩小
便的功效。

主治用法　根：用于肝炎、风湿性关节炎、痛风。

▼ 牛叠肚花（多瓣）

▼ 牛叠肚花

▼ 牛叠肚枝条（花期）

浸酒服。果实：用于遗精、尿频、遗尿、阳痿。
水煎服。

用　量　根：25 ~ 50 g。果实：10 ~ 15 g。

附　方

（1）治慢性肝炎：牛叠肚根 25 ~ 50 g，
红糖适量，水煎服。或用托盘根糖浆，每次
50 ml，每日 2 ~ 3 次；托盘根冲剂，每次
7.5 ~ 10.0 g，每日 2 次。

（2）治风湿性关节炎：牛叠肚根、穿山
龙各 50 g，白酒 500 ml，浸 7 d，每服
10 ~ 15 ml，每日 2 次。

（3）治尿频、遗尿：牛叠肚果实、桑螵蛸、
菟丝子各 15 g，韭菜子、益智仁各 10 g，水
煎服。

◎ 参考文献 ◎

[1] 严仲铠，李万林 . 中国长白山药用植物
　　彩色图志 [M]. 北京：人民卫生出版社，
　　1997：233.

[2] 中国药材公司 . 中国中药资源志要 [M].
　　北京：科学出版社，1994：530.

[3] 江纪武 . 药用植物辞典 [M]. 天津：天津
　　科学技术出版社，2005：698-699.

▲ 牛叠肚花（背）

▲ 牛叠肚果实

▲ 市场上的牛叠肚果实

▲ 牛叠肚果核

▲ 牛叠肚幼株

▲ 大白花地榆群落

▼ 大白花地榆果实

地榆属 *Sanguisorba* L.

大白花地榆 *Sanguisorba stipulata* Raf.

药用部位 蔷薇科大白花地榆的干燥嫩茎及叶。

原植物 多年生草本，高 35 ～ 80 cm。茎光滑。叶为羽状复叶，小叶 4 ～ 6 对，叶柄有棱，无毛，小叶有柄，椭圆形或卵状椭圆形，基部心形至深心形，顶端圆形，边缘有粗大缺刻状急尖锯齿，表面暗绿色，背面绿色，无毛，茎生叶 2 ～ 4，与基生叶相似，唯向上小叶对数逐渐减少；基生叶托叶膜质，黄褐色，无毛，茎生叶托叶草质，绿色，卵形，边缘有缺刻状锯齿。穗状花序直立，从基部向上逐渐开放，花序梗无毛；苞片狭带形，无毛或外被疏柔毛，与萼片近等长；萼片 4，椭圆卵形，无毛；雄蕊 4，花丝从中部开始扩大，比萼片长 2 ～ 3 倍。果被疏柔毛，萼片宿存。花期 7—8 月，果期 8—9 月。

▲大白花地榆植株

▲ 大白花地榆花序

生　境　生于山地、山谷、湿地、疏林下、林缘及高山苔原上。

分　布　黑龙江尚志。吉林长白、抚松、安图、临江。朝鲜、日本、俄罗斯（西伯利亚中东部）。

采　制　春、夏季采摘嫩茎和叶，晒干。

性味功效　味苦、酸，性微寒。有凉血、止血、解毒敛疮的功效。

主治用法　用于咯血、吐血、便血、尿血、痔疮出血、功能性子宫出血、白带异常、痢疾、慢性胃肠炎等。水煎服。外用煎水湿敷或研末调敷。

用　量　10～15 g。外用适量。

◎参考文献◎

[1] 钱信忠. 中国本草彩色图鉴（第二卷）[M]. 北京：人民卫生出版社，2003：205-206.

[2] 中国药材公司. 中国中药资源志要 [M]. 北京：科学出版社，1994：537.

[3] 江纪武. 药用植物辞典 [M]. 天津：天津科学技术出版社，2005：717.

▲ 大白花地榆根

▲ 大白花地榆幼株

地榆 *Sanguisorba officinalis* L.

俗　　名 黄瓜香　马猴枣　鞭枣胡子　马红枣　山枣　山枣子　满山红　棒槌幌子　棒槌棍子　小棒槌　山地瓜　地榆瓜　老鸹膀子　蒙古枣

药用部位 蔷薇科地榆的干燥根。

原植物 多年生草本，高30～120 cm。根粗壮，多呈纺锤形。基生叶为羽状复叶，小叶4～6对；小叶片有短柄，卵形或长圆状卵形，长1～7 cm，宽0.5～3.0 cm，茎生叶较少，小叶片几无柄，长圆形至长圆状披针形，狭长。穗状花序椭圆形，圆柱形或卵球形，直立，通常长1～4 cm，横径0.5～1.0 cm，从花序顶端向下开放，花序梗光滑，或偶有稀疏腺毛；苞片膜质，披针形，顶端渐尖至尾尖，比萼片短或近等长，背面及边缘有柔毛；萼片4，紫红色，椭圆形至宽卵形；雄蕊4，花丝丝状，不扩大，与萼片近等长或

▲腺地榆植株

▼地榆根

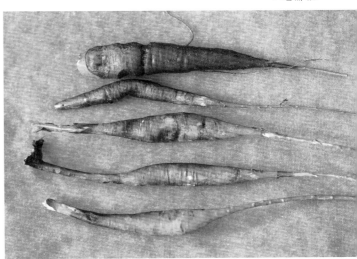

▲地榆花序

稍短；柱头顶端扩大，盘形，边缘具流苏状乳头。花期7—8月，果期9—10月。

生　　境 生于山坡、柞树林缘、草甸、灌丛及林间草地等处，常聚集成片生长。

分　　布 东北地区各地。华北、华中、华南、

▼地榆植株　　　　　　　　　　　　　　　　　　　　　　　　　▲地榆幼株

西南。朝鲜、日本、俄罗斯（西伯利亚）。

采　制　春、秋季采挖根，剪去须根，除去泥土，洗净，干燥，生用或炒炭用。

性味功效　味苦、酸，微寒。有凉血、止血、解毒的功效。

主治用法　用于吐血、衄血、便血、血痢、崩漏、肠风下血、胃肠出血、慢性胃肠炎、痔瘘、赤白痢疾、带下、痈肿、湿疹、金疮、烧伤、无名肿毒、原发性血小板减少性紫癜等。水煎服。外用适量鲜品捣汁或研末敷患处。

▲地榆种子

附　　方

（1）治白带异常：生地榆、鸭跖草各 100 g，大蓟 50 g，车前草 25 g，水煎服。

（2）治烧烫伤：地榆炭、寒水石、大黄、黄檗各 150 g，冰片 15 g。共研细粉，芝麻油调成糊状，敷患处。每日或隔日换药 1 次。或用地榆焙成炭，研末，加芝麻油调成质量分数为 50% 的软膏，涂于创面，每日数次；另加等量大黄末亦可。

（3）治功能性子宫出血：地榆 15 g，仙鹤草、楼斗菜各 25 g，水煎服。或用地榆、艾炭、阿胶各 15 g，水煎，日服 2 次。

（4）治细菌性痢疾：地榆、委陵菜各 5 kg，小檗 2.5 kg，荠菜 1.25 kg（研细粉）。将地榆、委陵菜、小檗共研细粉，水煎 3 次，浓缩成流浸膏，加入荠菜粉，压片，每片 0.5 g，每次服 2 ～ 3 片，每日 3 次。又方：地榆根研粉，成人每服 1 ～ 2 g，每天 3 次，儿童减半。

（5）治小儿肠伤寒：地榆 50 g，白花蛇舌草 25 g，加水 3 碗煎至 50 ml，为一天量，分 2 ～ 3 次服，4 岁以下用量减半。

（6）治宫颈糜烂：地榆炭 50 g，枯矾、维生素 B_1 粉各 25 g，使用前加白及胶浆调成糊剂。宫颈糜烂部分先用硝酸银腐蚀，然后涂以地榆糊剂，

▲地榆果实（白色）

▼腺地榆花序

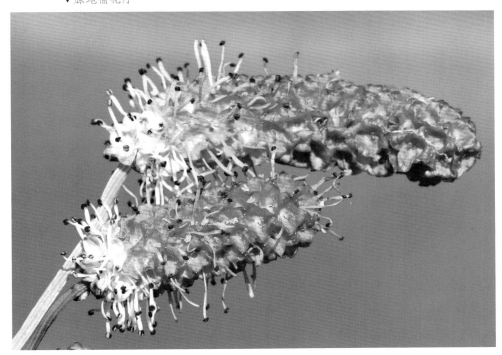

隔日 1 次，5 次为一个疗程。

（7）治狂犬病：生地榆 50 g，紫竹根、人参、独活、前胡、茯苓、甘草、生姜、柴胡各 15 g，枳壳、桔梗、川芎各 10 g，水煎服。

（8）治阑尾炎：地榆 50 g，金银花 50 g，薏米 25 g，甘草 15 g，水煎，日服 2 次。

（9）治原发性血小板减少性紫癜：生地榆、太子参各 30 g，或加怀牛膝 50 g，水煎服，连服 2 个月。

▲ 地榆群落

▲地榆果实（长圆柱形）

▲地榆果实

（10）治湿疹：地榆 50 g，加水 2 碗，煎成半碗，用纱布沾药液湿敷。

附　　注

（1）本品为《中华人民共和国药典》（2020 年版）收录的药材。

（2）在东北尚有 1 变种：

腺地榆 var. *glandulosa*〔Kom.〕Worosch.，茎、叶柄及花序梗或多或少有柔毛和腺毛，叶下面散生短柔毛。其他与原种同。

◎参考文献◎

［1］江苏新医学院 . 中药大辞典（上册）［M］. 上海：上海科学技术出版社，1977：806-809.

［2］朱有昌 . 东北药用植物［M］. 哈尔滨：黑龙江科学技术出版社，1989：550-555.

［3］《全国中草药汇编》编写组 . 全国中草药汇编（上册）［M］. 北京：人民卫生出版社，1975：344-345.

细叶地榆 *Sanguisorba tenuifolia* Fisch. ex Link

别　　名　垂穗粉花地榆　长叶地榆

药用部位　蔷薇科细叶地榆的干燥根。

原 植 物　多年生草本，高可达 150 cm。根状茎粗壮，分出较多细长根。基生叶为羽状复叶，小叶 7 ~ 9 对，叶柄无毛，小叶有柄，带形或带状披针形，长 5 ~ 7 cm，宽 1.5 ~ 1.7 cm，茎生叶与基生叶相似，唯向上小叶对数逐渐减少，且较狭窄。穗状花序长圆柱形，通常下垂，长 2 ~ 7 cm，直径 0.5 ~ 0.8 cm，从顶端向下逐渐开放，花序梗几无毛；苞片披针形，外面及边缘密被柔毛，比萼片短；萼片长椭圆形，粉红色，外面无毛；雄蕊 4，花丝扁平扩大，顶端稍比花药窄或近等宽，比萼片长 0.5 ~ 1.0 倍；子房无毛或近基部有短柔毛，柱头扩大呈盘状。果有 4 棱，无毛。花期 7—8 月，果期 8—9 月。

▲ 细叶地榆花序

▼ 细叶地榆植株

生　　境　生于湿草地、水甸边及水沟边湿地等处。

分　　布　黑龙江克山、萝北、安达、伊春、漠河、塔河等地。吉林洮南、大安、长岭、扶余、安图等地。辽宁彰武。内蒙古额尔古纳、根河、牙克石、鄂伦春旗、鄂温克旗、扎鲁特旗等地。朝鲜、俄罗斯、日本。

采　　制　春、秋季采挖根，剪去须根，除去泥土，洗净，干燥，生用或炒炭用。

性味功效　有凉血、止血、解毒敛疮的功效。

用　　量　15 ~ 25 g。外用适量。

◎ 参考文献 ◎

[1] 朱有昌. 东北药用植物 [M]. 哈尔滨：黑龙江科学技术出版社，1989: 550-555.

[2] 中国药材公司. 中国中药资源志要 [M]. 北京：科学出版社，1994: 538.

[3] 江纪武. 药用植物辞典 [M]. 天津：天津科学技术出版社，2005: 717.

▲ 小白花地榆植株

小白花地榆 *Sanguisorba tenuifolia* var. *alba* Trautv. et Mey.

俗　名　黄瓜香

药用部位　蔷薇科小白花地榆的根及根状茎。

原植物　多年生草本，高 40 ~ 100 cm。根状茎肥厚，黑褐色，根较粗。茎直立，单一，无毛，上部少分枝，分枝细，斜升，基部红褐色。奇数羽状复叶；基生叶有长柄；托叶膜质，褐色，光滑；小叶长 9 ~ 25 cm，小叶片宽条形或线状披针形，长 5 ~ 7 cm，宽 1.0 ~ 1.7 cm。穗状花穗生于分枝顶端，长圆柱形，长 3 ~ 7 cm，直径约 5 mm，下垂，先从顶端开花；花两性，白色；苞片长圆形，长约 1 mm，内弯，上部紫色，下部密被毛；萼片 4，近圆形，花瓣状，白色，长约 2 mm，宽 1.0 ~ 1.5 mm；雄蕊 4；花柱比雄蕊短 1/4，花丝上部膨大，长约 6 mm；花柱长约 1.5 mm。瘦果近球形，具翅。花期 7—8 月，果期 8—9 月。

生　境　生于湿地、草甸、林缘、林下及高山苔原上。

分　布　黑龙江漠河、塔河、呼玛、黑河市区、嫩江、孙吴、逊克、嘉荫、伊春市区、铁力、鹤岗、阿城、五常、尚志、海林、东宁、宁安、穆棱、林口、鸡东、密山、虎林、饶河、同江、抚远、集贤、方正、勃利、桦南、延寿、通河、木兰、汤原、依兰、庆安、绥棱等地。吉林长白山各地及洮南、扶余等地。辽宁

▲ 小白花地榆花序（平展）

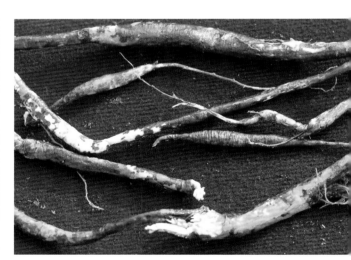

▲ 小白花地榆根

彰武。内蒙古额尔古纳、根河、牙克石、鄂伦春旗、鄂温克旗、阿尔山等地。朝鲜、俄罗斯（西伯利亚）、日本。

采　制　春、秋季采挖根及根状茎，洗净，切片，鲜用或炒炭用。

性味功效　味苦，性微寒。有凉血、止血、收敛止泻、清热解毒的功效。

主治用法　用于烧伤、湿疹、吐血、血痢、胃肠出血、带下、痔瘘、赤白痢疾、衄血、痈肿、慢性肠炎、溃疡、湿

▼ 小白花地榆花序（下垂）

▲ 小白花地榆果实

▼ 小白花地榆群落（湿地型）

▲ 小白花地榆群落（高山型）

疹、产后腹痛、慢性关节炎、金疮、刀伤等。水煎服。外用鲜品捣烂敷患处或干品研末调敷。

用　　量　6～15 g。外用适量。

附　　注　本品在黑龙江被当作地榆使用，在当地被称为"绵地榆"。

◎参考文献◎

［1］《全国中草药汇编》编写
　　组.全国中草药汇编（上册）
　　[M].北京:人民卫生出版社,
　　1975: 344-345.

［2］朱有昌.东北药用植物 [M].
　　哈尔滨:黑龙江科学技术出
　　版社, 1989: 553-554.

［3］钱信忠.中国本草彩色图鉴
　　（第一卷）[M].北京:人
　　民卫生出版社, 2003: 325-
　　326.

▲ 小白花地榆幼株

山莓草属 *Sibbaldia* L.

山莓草 *Sibbaldia procumbens* L.

别　　名　木茎山金梅

药用部位　蔷薇科山莓草的全草。

原 植 物　多年生草本。根状茎匍匐，粗壮，圆柱形。花茎直立或上升，高 4 ~ 20 cm，被伏生疏柔毛。基生叶为三出复叶，连叶柄长 3 ~ 12 cm，叶柄被疏柔毛，小叶有短柄或几无柄，倒卵状长圆形，长 1 ~ 3 cm，宽 0.6 ~ 1.5 cm；茎生叶 1，与基生叶相似，唯叶柄较短；基生叶托叶膜质，褐色，外面被疏柔毛或脱落几无毛，茎生叶托叶披针形或卵形，全缘，外被疏柔毛。顶生伞房花序密集，具花 8 ~ 12；花直径 4 ~ 6 mm；萼片卵形至三

▲ 山莓草花（背）

▲ 山莓草植株

角卵形，顶端急尖，副萼片细小；披针形，比萼片短一半以上；花瓣黄色，倒卵状长圆形，顶端圆钝，比萼片短 1/2；雄蕊 5；花柱侧生。花期 7—8 月，果期 8—9 月。

生　　境	生于湖畔草原或干旱山坡及高山苔原带上。
分　　布	吉林长白、抚松、安图。四川、新疆。朝鲜。北温带至北极圈附近。
采　　制	夏、秋季采收全草，洗净，干燥药用。
性味功效	有止咳、调经、祛瘀消肿的功效。
主治用法	用于咳嗽、月经不调、骨折等。水煎服。外用适量鲜品捣烂敷患处。
用　　量	适量。

◎ 参考文献 ◎

[1] 中国药材公司. 中国中药资源志要 [M]. 北京：科学出版社，1994：538.

[2] 江纪武. 药用植物辞典 [M]. 天津：天津科学技术出版社，2005：748.

唐棣属 *Amelanchier* Medic.

东亚唐棣 *Amelanchier asiatica*（Sieb. et Zucc.）
Endl. ex Walp.

别　　名　毛扶栘

药用部位　蔷薇科东亚唐棣的树皮。

原 植 物　落叶乔木或灌木，高达 12 m，枝条
开展；叶片卵形至长椭圆形，长 4～6 cm，
宽 2.5～3.5 cm，边缘有细锐锯齿；叶柄长
1.0～1.5 cm。总状花序，下垂，长 4～7 cm，
宽 3～5 cm；花梗细，长 1.5～2.5 cm；苞片膜质，
线状披针形，早落；花直径 3.0～3.5 cm；萼筒钟状；
萼片披针形，先端渐尖，全缘，相当于萼筒的 2 倍，
内面微有茸毛；花瓣白色，细长，长圆状披针形
或卵状披针形，长 1.5～2.0 cm，宽 5～7 mm，
先端急尖；雄蕊 15～20，较花瓣短 1/7～1/5；
花柱 4～5，大部分合生，基部被茸毛，比雄蕊稍长，
柱头头状。果实近球形或扁球形，蓝黑色；萼片
反折，宿存。花期 4—5 月，果期 8—9 月。

生　　境　生于山坡、溪旁及混交林中。

分　　布　辽宁凤城。浙江、安徽、江西。朝鲜、
日本。

采　　制　四季剥取树皮，切段，洗净，晒干。

性味功效　有小毒。有益肾、散瘀、止痛的功效。

主治用法　用于肾虚、带下、跌打瘀痛等。水煎服。
外用适量鲜品捣烂敷患处。

用　　量　适量。

◎ 参考文献 ◎

［1］中国药材公司 . 中国中药资源志要 [M]. 北京：
　　科学出版社，1994：496.

［2］江纪武 . 药用植物辞典 [M]. 天津：天津科
　　学技术出版社，2005：142.

▼东亚唐棣花

▲ 全缘栒子果实

▼ 全缘栒子花（背）

栒子属 *Cotoneaster* B. Ehrhart

全缘栒子 *Cotoneaster integerrimus* Medic.

别　　名　全缘栒子木

药用部位　蔷薇科全缘栒子的枝叶、果实。

原 植 物　落叶灌木，高达 2 m。多分枝；小枝棕褐色或灰褐色。叶片宽椭圆形、宽卵形或近圆形，长 2 ~ 5 cm，宽 1.3 ~ 2.5 cm，叶柄长 2 ~ 5 mm；托叶披针形，至果期多数宿存。聚伞花序，具花 2 ~ 7，下垂，总花梗和花梗无毛或微具柔毛；苞片披针形，具稀疏柔毛；花梗长 3 ~ 6 mm；花直径约 8 mm；萼筒钟状，外面无毛或下部微具疏柔毛，内面无毛；萼片三角卵形，先端圆钝，内外两面无毛；花瓣粉红色，直立，近圆形，长与宽各约 3 mm，先端圆钝，基部具爪；雄蕊 15 ~ 20，与花瓣近等长；花柱 2，稀 3，离生，短于雄蕊；子房顶部具柔毛。果实近球形，红色常具 2 小核。花期 5—6 月，果期 8—9 月。

生　境　生于石砾坡地上或林缘等处。

分　布　黑龙江大兴安岭。吉林龙井。辽宁凌源、朝阳等地。内蒙古额尔古纳、牙克石、阿尔山、科尔沁右翼前旗、东乌珠穆沁旗、西乌珠穆沁旗、正蓝旗、正镶白旗、镶黄旗等地。河北、新疆。朝鲜。亚洲北部至欧洲。

采　制　夏季采摘枝叶，鲜用或阴干。秋季采摘成熟果实，除去杂质，鲜用或晒干。

性味功效　有祛风湿、止血、消炎的功效。

用　量　适量。

◎ 参考文献 ◎

[1] 中国药材公司. 中国中药资源志要 [M]. 北京：科学出版社，1994：503.

[2] 江纪武. 药用植物辞典 [M]. 天津：天津科学技术出版社，2005：218.

▲全缘枸子树干

▲全缘枸子枝条（果期）

▼全缘枸子花

▲全缘枸子植株

▲全缘枸子枝条（花期）

▲ 黑果枸子枝条（花期）

▲ 黑果枸子花

黑果枸子 *Cotoneaster melanocarpus* Lodd.

別　　名　黑果枸子木　黑果灰枸子

药用部位　蔷薇科黑果枸子的枝叶和果实。

原植物　落叶灌木，高 1 ~ 2 m。枝条开展，小枝褐色或紫褐色。叶片卵状椭圆形至宽卵形，长 2.0 ~ 4.5 cm，宽 1 ~ 3 cm，先端钝或微尖，有时微缺，基部圆形或宽楔形，全缘；叶柄长 2 ~ 5 mm，有茸毛；托叶披针形。聚伞花序，具花 3 ~ 15，总花梗和花梗具柔毛，下垂；花梗长 3 ~ 9 mm；苞片线形，有柔毛；花直径约 7 mm；萼筒钟状，内外两面无毛；萼片三角形，先端钝，外面无毛，内面仅沿边缘微具柔毛；花瓣粉红色，直立，近圆形，长与宽各 3 ~ 4 mm；雄蕊 20，短于花瓣；花柱 2 ~ 3，离生，比花瓣短；子房先端具柔毛。果实近球形，蓝黑色，具蜡粉。花期 5—6 月，果期 8—9 月。

生　　境　生于山坡、疏林间或灌木丛中。

分　　布　黑龙江大兴安岭。内蒙古额尔古纳、根河、牙克石、阿尔山、东乌珠穆沁旗、西乌珠穆沁旗、

▲ 黑果枸子果实

正蓝旗、正镶白旗、镶黄旗等地。河北、甘肃、新疆。俄罗斯（西伯利亚）、蒙古。亚洲西部至欧洲东部。

采　制　夏季采摘枝叶，鲜用或阴干。秋季采摘果实，鲜用或阴干。

性味功效　有祛风湿、止血、消炎的功效。

主治用法　用于风湿痹痛、刀伤出血等。

用　量　适量。

◎ 参考文献 ◎

[1] 中国药材公司.中国中药资源志要[M].
    北京：科学出版社，1994：503.
[2] 江纪武.药用植物辞典[M].天津：
    天津科学技术出版社，2005：218.

▲ 黑果枸子植株

▲ 黑果枸子花（侧）

▲ 黑果枸子枝条（果期）

水栒子 *Cotoneaster multiflorus* Bge.

别　　名	栒子木　多花栒子　多花灰栒子

别　　名　栒子木　多花栒子　多花灰栒子

药用部位　蔷薇科水栒子的枝叶、根及果实。

原 植 物　落叶灌木，高达 4 m。枝条细瘦，常呈弓形弯曲。叶片卵形或宽卵形，长 2 ~ 4 cm，宽 1.5 ~ 3.0 cm；叶柄长 3 ~ 8 mm；托叶线形。花多数，具 5 ~ 21 花，成疏松的聚伞花序，总花梗和花梗无毛，稀微具柔毛；花梗长 4 ~ 6 mm；苞片线形，无毛或微具柔毛；花直径 1.0 ~ 1.2 cm；萼筒钟状；萼片三角形，先端急尖，通常除先端边缘外；花瓣白色，平展，近圆形，直径 4 ~ 5 mm，先端圆钝或微缺，基部有短爪，内面基部有白色细柔毛；雄蕊约 20，稍短于花瓣；花柱通常 2，离生，比雄蕊短；子房先端有柔毛。果实近球形或倒卵形，红色，有一个由 2 心皮合生而成的小核。花期 5—6 月，果期 8—9 月。

生　　境　生于沟谷、山坡杂木林中。

分　　布　黑龙江东宁、宁安等地。辽宁朝阳、建平、大连等地。内蒙古正蓝旗、正镶白旗、镶黄旗、太仆寺旗、多伦等地。华北、西北、西南。俄罗斯（高加索地区和西伯利亚）、蒙古。亚洲（中部至西部）。

采　　制　夏季采摘枝叶，鲜用或阴干。春、秋季采挖根，洗净，晒干。秋季采摘果实，除去杂质，晒干。

性味功效　枝叶：有止血、生肌的功效。根：有活血、调经的功效。果实：有祛风除湿、健胃消食、降血压、化瘀滞、退热的功效。

▲ 水枸子枝条（花期）

▲ 水枸子花

▲水枸子枝条（果期）

主治用法 枝叶：用于烫伤、烧伤、刀伤。研末调敷。根：用于妇女病。水煎服。果实：用于风湿关节炎、关节积黄水、肝病、腹泻、肉食积滞、高血压、月经不调等。水煎服。流浸膏凉血、止血、收敛。用于鼻衄、月经不调及各种出血。

用　　量 适量。

附　　注 本品制作的流浸膏有凉血、止血、收敛的功效。用于治疗鼻衄、月经不调、各种出血等。

◎参考文献◎

[1] 中国药材公司. 中国中药资源志要 [M]. 北京：科学出版社，1994：504.
[2] 江纪武. 药用植物辞典 [M]. 天津：天津科学技术出版社，2005：218.

▲水枸子果实

▲山楂枝条（花期）

山楂属 *Crataegus* L.

山楂 *Crataegus pinnatifida* Bge.

别　　名	山里红　裂叶山楂
俗　　名	野山楂
药用部位	蔷薇科山楂的果实。
原 植 物	落叶乔木，高达6m。刺长1～2cm，有时无刺；

当年生枝紫褐色，老枝灰褐色。叶片宽卵形或三角状卵形，长5～10cm，宽4.0～7.5cm，通常两侧各有3～5羽状深裂片，叶柄长2～6cm；托叶镰形，边缘有锯齿。伞房花序具多花，直

▲市场上的山楂果实（干）

▲山楂果核　　　　　　　　　　　▲市场上的山楂果实（鲜）

▲ 山楂果实

径 4 ~ 6 cm，花梗长 4 ~ 7 mm；苞片膜质，线状披针形，长 6 ~ 8 mm；花直径约 1.5 cm；萼筒钟状；萼片三角卵形至披针形，先端渐尖，全缘；花瓣白色，倒卵形或近圆形，长 7 ~ 8 mm，宽 5 ~ 6 mm；雄蕊 20，短于花瓣，花药粉红色；花柱 3 ~ 5，柱头头状。果实近球形或梨形，直径 1.0 ~ 1.5 cm，深红色，有浅色斑点；小核 3 ~ 5。花期 5—6 月，果期 9—10 月。

生　境　生于山坡杂木林缘、灌木丛和干山坡沙质地等处。

分　布　黑龙江小兴安岭、张广才岭、完达山、老爷岭等地。吉林山区及半山区各地。辽宁丹东市区、宽甸、凤城、东港、庄河、盖州、鞍山、大连市区、桓仁、本溪、清原、新宾、抚顺、西丰、沈阳、北镇、阜新、彰武、凌源、绥中等地。内蒙古正蓝旗、镶黄旗、太仆寺旗、多伦等地。河北、河南、山东、山西、陕西、江苏。朝鲜、俄罗斯（西伯利亚）。

采　制　秋季采摘成熟果实，晒干，或横切 4 ~ 5 片，晒干。生用、炒黄或炒焦用。

性味功效　味酸、甘，性微温。有健胃消食、散瘀强心、活血驱虫的功效。

主治用法　用于肉食积滞、消化不良、痰饮、痞满、肠风、吞酸、心腹胀痛、泄泻、腰痛、疝气、痛经、

▼ 山楂花

▲ 山楂花序（背）

▲ 山楂枝条（果期）

▲ 山楂花序

产后瘀血作痛、产后子宫收缩无力、产后恶露不尽、高血压、小儿乳食停滞、冠状动脉硬化性心脏病、脾肿大、绦虫病、冻伤等。水煎服。外用火烧熟，捣成泥状敷患处。胃无积滞、脾胃虚弱及牙病者不宜服用。

用　量　果实：10～20 g（大剂量30 g）。外用适量。

附　方

（1）治伤食腹胀、消化不良：炒山楂、炒麦芽、炒莱菔子、陈皮各15 g。水煎服。

（2）治细菌性痢疾：山楂、红糖各50 g，红茶15 g，水煎服。或用质量分数为20%的山楂煎剂加糖矫味，每服200 ml（小儿酌减），每日3次，7～10 d为一个疗程，有卓效。

（3）治高脂血症：山楂根、茶树根、荠菜花、玉米须各50 g。水煎服。每日1剂。

（4）治绦虫病：鲜山楂1 kg（干果250 g），小儿酌减，洗净去核，下午3时开始当水果吃，晚10时吃完，不吃晚饭。次晨用槟榔100 g煎至1小茶杯，1次服完，卧床休息。要大便时，尽量坚持一段时间再排便，

▲ 山楂植株

即可排出完整绦虫。冬天应排大便于温水内，避免虫体遇冷收缩而不能完全排出。

（5）治赤白痢疾：山楂肉不拘多少，炒研为末，每服 5 ～ 10 g，赤痢用蜜拌，白痢用红白糖拌，赤白痢相兼，则用蜜和砂糖各半拌匀，加白开水调和，空腹服下。或用山楂 150 g、糖 100 g，水煎，分 4 次，一日服完。

（6）治产后儿枕痛、恶露不尽、腹痛：山楂 50 g，红糖 25 g（冲），水煎服。或用山楂百十个，打碎煎汤，加砂糖少许，空腹温服。

（7）治高血压：将山楂的花和叶做茶剂或制成浸剂服用。

（8）治冻疮：山楂肉，用火烧熟，捣成泥状敷患处。

附　注

（1）本品为《中华人民共和国药典》（2020 年版）收录的药材。

（2）根入药，可治疗风湿性关节炎、痢疾、水肿等。叶入药，煎水当茶饮，可降血压。木材入药，可治疗水痢、头风及身痒等。种子入药，可治疗食积、疝气等。

◎ 参考文献 ◎

[1] 江苏新医学院. 中药大辞典（上册）[M]. 上海：上海科学技术出版社，1977：170-172，199.

[2] 朱有昌. 东北药用植物 [M]. 哈尔滨：黑龙江科学技术出版社，1989：514-518.

[3]《全国中草药汇编》编写组. 全国中草药汇编（上册）[M]. 北京：人民卫生出版社，1975：115-117.

▲毛山楂果实

▼毛山楂果实（橙黄色）

毛山楂 *Crataegus maximowiczii* Schneid.

别　　名	毛山里红
俗　　名	面豆
药用部位	蔷薇科毛山楂的果实。
原植物	落叶灌木或小乔木，高达7m；

叶片宽卵形或菱状卵形，长4～6cm，宽3～5cm；叶柄长1.0～2.5cm；托

▲毛山楂果核

▲毛山楂枝条（果期）

叶膜质，半月形或卵状披针形。复伞房花序，多花，直径 4 ～ 5 cm，总花梗和花梗均被灰白色柔毛，花梗长 3 ～ 8 mm；苞片膜质，线状披针形，长约 5 mm，边缘有腺齿，早落；花直径约 1.2 cm；萼筒钟状，长约 4 mm；萼片三角卵形或三角状披针形，先端渐尖或急尖，全缘，比萼筒稍短；花瓣白色，近圆形，直径约 5 mm；雄蕊 20，比花瓣短；花柱 2 ～ 5，柱头头状。果实球形，直径约 8 mm，红色，幼时被柔毛，以后脱落无毛；萼片反折，宿存；小核 3 ～ 5。花期 5—6 月，果期 8—9 月。

生　　境　生于杂木林中或林边、河岸沟边及亚高山草地等处。

分　　布　黑龙江呼玛、黑河、伊春市区、铁力、尚志、海林、五常、东宁、宁安、虎林、饶河等地。吉林长白、抚松、安图、和龙、敦化、临江、汪清等地。内蒙古额尔古纳、阿巴嘎旗等地。朝鲜、俄罗斯（西伯利亚）、日本。

采　　制　秋季采摘成熟果实，晒干，或横切 4 ～ 5 片，晒干。

性味功效　味甘、酸，性微温。有健胃消积、散瘀、降压的功效。

▲毛山楂花（背）

▲毛山楂枝条（花期）

▲毛山楂植株

主治用法 用于肉食积滞、脾胃虚弱、心腹胀满、腹痛作泻、痢疾、小儿消化不良、产后瘀血作痛、产后子宫收缩无力、产后恶露不尽、高血压、高脂血症、脾肿大、冠状动脉硬化、心脏病、绦虫病等。水煎服。

用　　量 10～20g。

◎参考文献◎

[1] 钱信忠. 中国本草彩色图鉴
　　（第一卷）[M]. 北京：人民
　　卫生出版社，2003：501-502.

[2] 中国药材公司. 中国中药资
　　源志要 [M]. 北京：科学出版
　　社，1994：505.

[3] 江纪武. 药用植物辞典 [M].
　　天津：天津科学技术出版社，
　　2005：219.

▼毛山楂花序

辽宁山楂 *Crataegus sanguinea* Pall.

别　　名　血红山楂　红果山楂

俗　　名　面果果

药用部位　蔷薇科辽宁山楂的果实。

原 植 物　落叶灌木，稀小乔木，高达 2 ～ 4 m。当年枝条紫红色或紫褐色，多年生枝灰褐色。叶片宽卵形或菱状卵形，长 5 ～ 6 cm，宽 3.5 ～ 4.5 cm；叶柄粗短，长 1.5 ～ 2.0 cm；托叶草质，镰刀形或不规则心形。伞房花序，直径 2 ～ 3 cm，多花，密集，花梗长 5 ～ 6 mm；苞片膜质，线形，长 5 ～ 6 mm，边缘有腺齿；花直径约 8 mm；萼筒钟状；萼片三角卵形，长约 4 mm，先端急尖，全缘；花瓣白色，长圆形；雄蕊 20，花药淡红色或紫色，约与花瓣等长；花柱 3 ～ 5，柱头半球形，子房顶端被柔毛。果实近球形，直径约 1 cm，血红色，萼片反折，宿存；小核 3，稀 5，两侧有凹痕。花期 5—6 月，果期 7—8 月。

生　　境　生于山坡、河沟旁、杂木林中及草甸等处。

分　　布　黑龙江呼玛、黑河、宁安、东宁等地。内蒙古额尔古纳、根河、牙克石、鄂伦春旗、阿尔山、科尔沁右翼前旗、东乌珠穆沁旗、西乌珠穆沁旗、正蓝旗、镶黄旗、正镶白旗等地。朝鲜、俄罗斯（西伯利亚）、日本。

采　　制　秋季采摘成熟果实，晒干，或横切 4 ～ 5 片，晒干。生用、炒黄或炒焦用。

性味功效　味甘、酸，性微温。有健胃、消食、止痢止泻、降压、行气散瘀的功效。

主治用法　用于肉食积滞、胃肠胀满、小儿疳积、痢疾、肠炎、瘀血经闭、产后瘀阻、心腹刺痛、疝气疼痛、高血压。水煎服。胃无积滞、脾胃虚弱及牙病者不宜服用。

用　　量　10 ～ 15 g；大剂量 30 g。

▲辽宁山楂枝条

▲市场上的辽宁山楂果实

◎参考文献◎

[1] 钱信忠. 中国本草彩色图鉴 (第二卷) [M]. 北京: 人民卫生出版社, 2003: 136-137.

[2] 《全国中草药汇编》编写组. 全国中草药汇编 (上册) [M]. 北京: 人民卫生出版社, 1975: 115-117.

[3] 中国药材公司. 中国中药资源志要 [M]. 北京: 科学出版社, 1994: 506.

▲辽宁山楂花序

▲辽宁山楂果实

▲ 光叶山楂枝条

光叶山楂 *Crataegus dahurica* Koehne ex Schneid.

| 俗　　　名 | 山里红 |

药用部位 蔷薇科光叶山楂的果实。

原植物 落叶灌木或小乔木，高达 2 ~ 6 m。枝条开展；刺细长。叶片菱状卵形，长 3 ~ 5 cm，宽 2.5 ~ 4.0 cm，边缘有细锐重锯齿，在上半部或 2/3 部分有 3 ~ 5 对浅裂；叶柄长 7 ~ 10 mm，有窄叶翼；托叶披针形或卵状披针形。复伞房花序，直径 3 ~ 5 cm，多花，花梗长 8 ~ 10 mm；苞片膜质，线状披针形，长约 6 mm；花直径约 1 cm；萼筒钟状；萼片线状披针形，长约 3 mm，先端渐尖，全缘或有 1 ~ 2 对锯齿；花瓣白色，近圆形或倒卵形，长 4 ~ 5 mm，宽 3 ~ 4 mm；雄蕊 20，花药红色，约与花瓣等长；花柱 2 ~ 4，柱头头状。果实近球形或长圆形，橘红色或橘黄色；萼片反折，宿存。花期 5—6 月，果期 8—9 月。

▼ 市场上的光叶山楂果实

▲ 光叶山楂花序

▲ 光叶山楂果实

生　　境	生于河岸林间草地或沙丘坡上等处。
分　　布	黑龙江塔河、呼玛、黑河等地。吉林长白、抚松、安图、临江等地。内蒙古额尔古纳、根河、牙克石、鄂温克旗、扎兰屯、阿尔山等地。朝鲜、俄罗斯（西伯利亚）、蒙古。
采　　制	秋季采摘成熟果实，晒干，或横切4~5片，晒干。生用、炒黄或炒焦用。
性味功效	味酸、甘，性微温。有健胃消食、散瘀强心、活血的功效。
主治用法	用于肉食积滞、消化不良、痰饮、痞满、肠风、吞酸、心腹胀痛、泄泻、腰痛、疝气、痛经、产后瘀血作痛、高血压、小儿乳食停滞等。水煎服。胃无积滞、脾胃虚弱及牙病者不宜服用。
用　　量	10~15 g。大剂量30 g。

▲ 光叶山楂果核

◎参考文献◎

[1] 江苏新医学院. 中药大辞典（上册）[M].
上海：上海科学技术出版社，1977:170-172.

[2] 朱有昌. 东北药用植物 [M]. 哈尔滨：黑龙江科学技术出版社，1989:514-518.

[3]《全国中草药汇编》编写组. 全国中草药汇编（上册）[M]. 北京：人民卫生出版社，1975:115-117.

▲ 山荆子群落

▲ 山荆子枝条（花期）

▼ 山荆子枝条（果期）

▲ 山荆子花

苹果属 *Malus* Mill.

山荆子 *Malus baccata*（L.）Borkh.

别　　名	林荆子
俗　　名	山丁子　糖李子　山定子　糖定子
药用部位	蔷薇科山荆子的果实。
原 植 物	落叶乔木，高达 10 ~ 14 m。叶片椭圆形或卵形，

长 3 ~ 8 cm，宽 2.0 ~ 3.5 cm，边缘有细锐锯齿；叶柄长
2 ~ 5 cm；托叶膜质，披针形。伞形花序，具花 4 ~ 6，无

▲山荆子植株（花期）

▲市场上的山荆子果实（后期）

▲山荆子果实（长圆形）

▼山荆子果实（球形）

总梗，直径5～7cm；花梗细长，1.5～4.0cm，无毛；苞片膜质，线状披针形；花直径3.0～3.5cm；萼筒外面无毛；萼片披针形，先端渐尖，全缘，长5～7mm，外面无毛，内面被茸毛，长于萼筒；花瓣白色，倒卵形，长2.0～2.5cm，先端圆钝，基部有短爪；雄蕊15～20，长短不齐，约等于花瓣之半；花柱5或4，基部有长柔毛，较雄蕊长。果实近球形，红色或黄色，萼片脱落；果梗长3～4cm。花期5—6月，果期9—10月。

生　境　生于山坡杂木中、山谷灌丛间及亚高山草地上。

分　布　黑龙江塔河、呼玛、黑河、伊春市区、铁力、尚志、海林、五常、东宁、宁安、虎林、饶河等地。吉林长白山各地。辽宁丹东市区、宽甸、凤城、桓仁、本溪、新宾、清原、抚顺、开原、西丰、铁岭、沈阳、岫岩、东港、庄河、大连市区、盖州、营口市区、鞍山市区、彰武、北镇、义县、建昌、凌源等地。内蒙古额尔古纳、根河、牙克石、鄂伦春旗、鄂温克旗、阿尔山、东乌珠穆沁

▲ 山荆子花

▲ 山荆子花（背）

旗、西乌珠穆沁旗、正蓝旗、镶黄旗、正镶白旗等地。朝鲜、俄罗斯（西伯利亚中东部）、蒙古。

采　　制　秋季采摘成熟果实，鲜用或晒干药用。

性味功效　味甘、酸，性平。有消炎、止吐、收敛的功效。

主治用法　用于细菌性感染、肠炎、结核病等。水煎服。

用　　量　9 ~ 15 g。

◎参考文献◎

［1］钱信忠. 中国本草彩色图鉴（第一卷）[M]. 北京：人民卫生出版社，2003:209-210.

［2］中国药材公司. 中国中药资源志要 [M]. 北京：科学出版社，1994:511.

［3］江纪武. 药用植物辞典 [M]. 天津：天津科学技术出版社，2005:498.

▼ 市场上的山荆子果实（前期）

▼ 山荆子植株（果期）

山楂海棠 *Malus komarovii*（Sarg.）Rehd.

别　　名	薄叶山楂
俗　　名	山苹果
药用部位	蔷薇科山楂海棠的果实。

原 植 物　落叶灌木或小乔木，高达3m。小枝暗红色，老枝红褐色或紫褐色；叶片宽卵形，稀长椭卵形，长4～8cm，宽3～7cm，边缘具尖锐重锯齿；叶柄长1～3cm，被柔毛；托叶膜质，线状披针形。伞房花序，具花6～8，花梗长约2mm，被长柔毛；花直径约3.5cm；萼筒钟状，外面密被茸毛；萼片三角披针形，先端渐尖，全缘，长2～3mm，内面密被茸毛，外面近于无毛，比萼筒长；花瓣白色，倒卵形；雄蕊20～30；花柱4～5，基部无毛。果实椭圆形，长1.0～1.5cm，直径0.8～1.0cm，红色；果心先端分离，萼片脱落，果肉有少数石细胞，果梗长约1.5cm。花期5—6月，果期8—9月。

生　　境	生于针阔叶混交林或针叶林的林缘、疏林中及林间空地等处。
分　　布	吉林长白、抚松、安图、和龙等地。朝鲜。
采　　制	秋季采摘成熟果实，除去杂质，鲜用或晒干。
性味功效	有健胃消食的功效。
主治用法	用于消化不良。
用　　量	适量。

▲山楂海棠果实

▲山楂海棠花

三叶海棠 *Malus sieboldii*（Regel）Rehd.

俗　名　山沙果

▲三叶海棠果实（橙红色）

药用部位　蔷薇科三叶海棠的果实。

原 植 物　落叶小乔木或灌木，高2～6m。枝条开展。叶片卵形、椭圆形或长椭圆形，长3.0～7.5cm，宽2～4cm，边缘有尖锐锯齿，在新枝上的叶片锯齿粗锐；叶柄长1.0～2.5cm；托叶窄披针形。具花4～8，集生于小枝顶端，花梗长2.0～2.5cm；苞片膜质，线状披针形，全缘；花直径2～3cm；萼片三角卵形，先端尾状渐尖，全缘，长5～6mm，外面无毛，内面密被茸毛，约与萼筒等长或稍长；花瓣长椭圆状倒卵形，长1.5～1.8cm，基部有短爪，淡粉红色；雄蕊20，花丝长短不齐，花柱3～5，基部有长柔毛，较雄蕊

▲三叶海棠植株

稍长。果实近球形，红色或褐黄色，萼片脱落，果梗长 2 ～ 3 cm。花期 5 月，果期 8—9 月。

生　　境　生于山坡杂木林或灌木丛中。

分　　布　吉林珲春。辽宁丹东市区、宽甸、桓仁等地。山东、陕西、甘肃、江西、浙江、湖北、湖南、四川、贵州、福建、广东、广西等。朝鲜、日本。

▲三叶海棠果实（黄色）

▲三叶海棠果实（红色）

▲三叶海棠花序

▲三叶海棠花序（侧）

采　　制　秋季采摘成熟果实，除去杂质，鲜用或晒干。
性味功效　味甘、酸，性平。有消炎、止吐、收敛的功效。
主治用法　用于细菌性感染、肠炎、结核病等。水煎服。
用　　量　9～15 g。

◎参考文献◎

[1] 江纪武. 药用植物辞典 [M]. 天津：天津科学技术出版社，2005：499.

▲ 秋子梨植株（果期）

梨属 *Pyrus* L.

秋子梨 *Pyrus ussuriensis* Maxim.

别　　名	花盖梨　青梨　楸子梨
俗　　名	山梨　野梨
药用部位	蔷薇科秋子梨的果实。
原 植 物	落叶乔木，高达 15 m，树冠宽广。叶片卵形至宽卵形，长 5 ~ 10 cm，宽 4 ~ 6 cm；托叶线状披针形，长 8 ~ 13 mm，早落。花序密集，具花 5 ~ 7，花梗长 2 ~ 5 cm；苞片膜质，线状披针形，先端渐尖，全缘，长 12 ~ 18 mm；花直径 3.0 ~ 3.5 cm；萼筒外面无毛或微具茸毛；萼片三角披针形，先端渐尖，边缘有腺齿，长 5 ~ 8 mm，外面无毛，内面密被茸毛；花瓣白色，倒卵形或广卵形，先端圆钝，基部具短爪，长约 18 mm，宽约 12 mm，无毛；雄蕊 20，短于花瓣，花药紫色；花柱 5，离生，近基部有稀疏柔毛。果实近球形，黄色，萼片宿存，基部微下陷，具短果梗。花期 4—5 月，果期 8—10 月。
生　　境	生于河流两旁或土质肥沃的山坡上。
分　　布	黑龙江小兴安岭、张广才岭、完达山、老爷岭等地。吉林长白山各地。辽宁丹东市区、宽甸、凤城、桓仁、本溪、新宾、

▲ 秋子梨枝条（果期）

▼ 秋子梨枝条（花期）

▲ 秋子梨植株（花期）

▲ 秋子梨果实

▼ 秋子梨种子

▲ 市场上的秋子梨果实

清原、抚顺、开原、西丰、铁岭、沈阳、盖州、营口市区、绥中、鞍山、彰武、北镇、阜新等地。内蒙古鄂伦春旗。河北、山东、山西、陕西、甘肃。朝鲜、俄罗斯（西伯利亚中东部）。

采　制　秋季采摘成熟果实，鲜用或切片晒干。

性味功效　味甘、微酸，性凉。有生津润燥、清热化痰的功效。

主治用法　用于热病津伤口渴、肺热咳嗽、干咳久咳、咽燥口干等。

用　量　随意适量生食，或捣汁熬膏服用。

附　注　叶：有利尿的功效。用于肾炎、水肿、食菌中毒、小儿疝气。果皮：用于暑热烦渴、咳嗽、吐血、发背、疔疮等。枝：用于霍乱吐利。树皮：用于伤寒时气。木灰（木材烧成的灰）：用于气积郁冒、结气咳逆等。根：用于疝气、咳嗽等。

▲秋子梨花序

◎ 参考文献 ◎

[1] 江苏新医学院. 中药大辞典 (下册) [M]. 上海: 上海科学技术出版社, 1977: 2175-2177.

[2] 中国药材公司. 中国中药资源志要 [M]. 北京: 科学出版社, 1994: 522.

[3] 江纪武. 药用植物辞典 [M]. 天津: 天津科学技术出版社, 2005: 665.

▲秋子梨花 (侧)

▲秋子梨花

▲ 杜梨植株

▲ 市场上的杜梨果实

杜梨 *Pyrus betulaefolia* Bge.

别　名	棠梨
俗　名	土梨
药用部位	蔷薇科杜梨的枝叶、树皮和果实。
原植物	落叶乔木，高达 10 m。树冠开展，枝常具刺；

二年生枝条具稀疏茸毛或近于无毛，紫褐色；叶片菱状卵

形至长圆状卵形，长 4 ~ 8 cm，宽 2.5 ~ 3.5 cm；叶柄长 2 ~ 3 cm；托叶膜质，线状披针形。伞形总
状花序，具花 10 ~ 15，总花梗和花梗均被灰白色茸毛，花梗长 2.0 ~ 2.5 cm；苞片膜质，线形，长 5 ~ 8 mm；
花直径 1.5 ~ 2.0 cm；萼筒外密被灰白色茸毛；萼片三角卵形，花瓣白色，宽卵形，长 5 ~ 8 mm，宽
3 ~ 4 mm，先端圆钝，基部具短爪；雄蕊 20，花药紫色，长约花瓣的 1/2；花柱 2 ~ 3，基部微具毛。
果实近球形，褐色，有淡色斑点，萼片脱落，基部具带茸毛果梗。花期 4 月，果期 8—9 月。

生　境	生于土质肥沃的向阳山坡上。
分　布	辽宁大连。河北、河南、山东、山西、陕西、甘肃、湖北、江苏、安徽、江西。
采　制	夏季摘取枝叶，除去杂质，洗净，晒干。四季剥取树皮，切段，洗净，晒干。秋季采摘成熟果实，鲜用或切片晒干。
性味功效	枝叶：有和胃止泻的功效。树皮：有消炎、止痛的功效。果实：有敛肺、涩肠、止泻、除呕、健胃消食的功效。
主治用法	枝叶：用于霍乱、吐泻、转筋腹痛、反胃吐食。水煎服。树皮：用于皮肤溃疡。适量捣烂敷患处。果实：用于泄泻、痢疾等。适量生食。

▲杜梨枝条（花期）

▼杜梨枝条（果期）

▲ 杜梨花序

用　量　适量。

◎ 参考文献 ◎

[1] 中国药材公司 . 中国中药资源志要 [M]. 北京：科学出版社，1994：521.

[2] 江纪武 . 药用植物辞典 [M]. 天津：天津科学技术出版社，2005：664.

▲ 杜梨花序（背）

▲ 杜梨果实

▲ 水榆花楸植株

花楸属 *Sorbus* L.

水榆花楸 *Sorbus alnifolia*（Sieb. et Zucc.）K. Koch.

别　　名	水榆　花楸
俗　　名	女儿木　女儿红　赤榆　粗榆　山丁子　糖啶子　椒叶豆
药用部位	蔷薇科水榆花楸的果实。

原 植 物　落叶乔木，高达 20 m。小枝具灰白色皮孔，二年生枝暗红褐色。叶片卵形至椭圆卵形，长 5 ~ 10 cm，宽 3 ~ 6 cm；叶柄长 1.5 ~ 3.0 cm。复伞房花序较疏松，具花 6 ~ 25；花梗长 6 ~ 12 mm；花直径 10 ~ 18 mm；萼筒钟状，外面无毛，内面近无毛；萼片三角形，先端急尖；花瓣白色，卵形或近圆形，长 5 ~ 7 mm，宽 3.5 ~ 6.0 mm，先端圆钝；雄蕊 20，短于花瓣；花柱 2，基部或中部以下合生，光滑无毛，短于雄蕊。果实椭圆形或卵形，直径 7 ~ 10 mm，长 10 ~ 13 mm，红色或黄色，不具斑点或具极少数细小斑点，2 室，萼片脱落后果实先端残留圆斑。花期 5 月，果期 8—9 月。

生　　境　生于山坡、山沟或山顶混交林或灌木丛中。

▲ 水榆花楸果实（黄色）

▼ 水榆花楸果实（红色）

▲ 水榆花楸枝条（花期）

▲ 水榆花楸枝条（果期）

▼ 裂叶水榆花楸枝条

▲ 水榆花楸种子

分　　布　黑龙江伊春市区、铁力、五常、尚志、海林、东宁、宁安、穆棱等地。吉林长白山各地。辽宁桓仁、宽甸、本溪、清原、新宾、西丰、东港、岫岩、庄河、大连市区、瓦房店、盖州、营口市区、鞍山市区、义县、北镇、绥中等地。河南、山东、山西、陕西、甘肃、安徽、湖北。朝鲜、俄罗斯（西伯利亚中东部）、日本。

采　　制　秋季采摘成熟果实，除去杂质，洗净，鲜用或晒干。

性味功效　味甘、酸，性平。有强壮补虚的功效。

主治用法　用于血虚劳倦、支气管炎等。加黄酒，水煎，早晚分服。

用　　量　200～250 g。

附　　注　在东北尚有1变种：

裂叶水榆花楸 var. *lobuiata* Rehd，叶片边缘有浅裂片和重锯齿。其他与原种同。

▲ 水榆花楸花序

◎ 参考文献 ◎

[1] 江苏新医学院 . 中药大辞典（上册）[M]. 上海：上海科学技术出版社，1977：542.

[2] 朱有昌 . 东北药用植物 [M]. 哈尔滨：黑龙江科学技术出版社，1989：557-558.

[3] 中国药材公司 . 中国中药资源志要 [M]. 北京：科学出版社，1994：538-539.

▲ 水榆花楸花（背）

▲ 水榆花楸花

▲ 花楸树果实（橙黄色）

▼ 花楸树树干

花楸树 *Sorbus pohuashanensis*（Hance）Hedl.

别　　名	花楸　东北花楸　百花山花楸
俗　　名	马家木　山胡椒　山芙蓉　蛇皮椴　山冬瓜

臭漆　马加木　山槐子　山楂树

药用部位　蔷薇科花楸树的果实、茎及茎皮。

原 植 物　落叶乔木，高达 8 m。小枝灰褐色，具灰白色细小皮孔。奇数羽状复叶，连叶柄在内长12 ~ 20 cm，叶柄长 2.5 ~ 5.0 cm；小叶 5 ~ 7对，间隔 1.0 ~ 2.5 cm，基部和顶部的小叶片常稍

▼ 花楸树种子

小，卵状披针形或椭圆状披针形，长 3 ~ 5 cm，宽1.4 ~ 1.8 cm；托叶宿存，宽卵形，有粗锐锯齿。复伞房花序具多数密集花朵；花梗长 3 ~ 4 mm；花直径 6 ~ 8 mm；萼筒钟状，萼片三角形；花瓣白色，宽卵形或近圆形，长 3.5 ~ 5.0 mm，宽 3 ~ 4 mm，先端圆钝，内面微具短柔毛；雄蕊20，几与花瓣等长；花柱 3，基部具短柔毛，较雄蕊短。果实近球形，直

径 6 ~ 8 mm，红色或橘红色，具宿存闭合萼片。花期 5—6 月，果期 9—10 月。

生 境 生于山坡、谷地、林缘或杂木林中，常伴生在寒温性的针叶林中。

分 布 黑龙江大兴安岭、漠河、塔河、呼玛、黑河市区、嫩江、孙吴、逊克、嘉荫、伊春市区、铁力、阿城、五常、尚志、海林、东宁、宁安、穆棱、林口、鸡东、密山、虎林、饶河、同江、抚远、方正、勃利、桦南、延寿、通河、木兰、汤原、依兰、庆安、绥棱等地。吉林长白山各地。辽宁桓仁、宽甸、凤城、本溪、新宾、岫岩、庄河、盖州、营口市区、鞍山市区等地。内蒙古额尔古纳、根河、牙克石、阿尔山、东乌珠穆沁旗、西乌珠穆沁旗、正蓝旗、镶黄旗、正镶白旗等地。河北、山东、山西、甘肃。朝鲜、俄罗斯（西伯利亚中东部）。

采 制 秋季采摘成熟果实，除去杂质，晒干。四季剥取树皮和割取茎条，鲜用或晒干。

性味功效 果实：味甘、苦，性平。有镇咳止痰、健脾利水的功效。茎及茎皮：味甘，性寒。有镇咳止痰、健脾利水的功效。

主治用法 果实：用于胃炎、胃痛、水肿、咳嗽、维生素 A 和维生素 C 缺乏症。水

▼ 花楸树枝条（果期）

▼ 花楸树枝条（花期）

▲ 花楸树植株（秋季）

▼ 花楸树果实（橙红色

煎服。茎及茎皮：用于慢性气管炎、肺结核、哮喘、咳嗽、腰腿疼痛、筋骨痛等。水煎服。

用　　量　果实：50 ~ 100 g。茎及茎皮：15 ~ 25 g。

附　　方

（1）治水肿：花楸成熟果实 25 g，水煎服，每日 2 次。

▼ 花楸树植株（冬季）

▼ 市场上的花楸树果实

▲花楸树花序

（2）治肺结核：花楸树皮15g，水煎服，每日
1次。

（3）治慢性气管炎：花楸树皮15g，水煎服，
每日2次。

（4）治腰腿疼痛、筋骨痛：花楸树皮或果实
15～25g，水煎服。

▲花楸树花

◎参考文献◎

[1] 江苏新医学院.中药大辞典（上册）[M].
上海：上海科学技术出版社，1977：1059-
1060.

[2] 朱有昌.东北药用植物[M].哈尔滨：黑龙
江科学技术出版社，1989：558-560.

[3] 钱信忠.中国本草彩色图鉴（第三卷）[M].
北京：人民卫生出版社，2003：26-27.

▲花楸树花（背）

▲ 东北扁核木果实

▼ 东北扁核木果核

扁核木属 *Prinsepias* Royle

东北扁核木 *Prinsepia sinensis*（Oliv.）Oliv. ex Bean

别	名	辽宁扁核木 东北蕤核
俗	名	王八骨头 扁担胡子 扁枣胡子 金刚木

▼ 东北扁核木枝条

药用部位 蔷薇科东北扁核木的种子。

原 植 物 落叶小灌木，高约 2 m。多分枝；枝条灰绿色或紫褐色，皮呈片状剥落；小枝红褐色，有棱条；枝刺直立或弯曲，刺长 6 ~ 10 mm。叶互生，稀丛生，叶片卵状披针形或披针形，长 3.0 ~ 6.5 cm，宽 6 ~ 20 mm，叶柄长 5 ~ 10 mm；托叶小，披针形。具花 1 ~ 4，簇生于叶腋；花梗长 1.0 ~ 1.8 cm，无毛；花直径约 1.5 cm；萼筒钟状，

▲ 东北扁核木植株

萼片短三角状卵形；花瓣黄色，倒卵形，先端圆钝，基部有短爪，着生在萼筒口部里面花盘边缘；雄蕊 10，花丝短，成 2 轮着生在花盘上近边缘处；心皮 1，花柱侧生，柱头头状。核果近球形，红紫色或紫褐色，萼片宿存；核坚硬，卵球形，微扁。花期 5 月，果期 8—9 月。

生 境	生于杂木林中或阴山坡的林间，或山坡开阔处以及河岸旁等处。
分 布	黑龙江小兴安岭、张广才岭、完达山等地。吉林长白山各地。辽宁桓仁、宽甸、本溪、清原、凤城等地。朝鲜、俄罗斯（西伯利亚中东部）。
采 制	秋季采摘成熟果实，除去果肉，获取种子，洗净，晒干。
性味功效	有清肝明目、消肿利尿的功效。
主治用法	用于结膜炎、角膜薄翳。
用 量	3 ~ 5 g。

◎参考文献◎

[1] 严仲铠，李万林. 中国长白山药用植物彩色图志 [M]. 北京：人民卫生出版社，1997: 227-228.

[2] 中国药材公司. 中国中药资源志要 [M]. 北京：科学出版社，1994: 519-520.

[3] 江纪武. 药用植物辞典 [M]. 天津：天津科学技术出版社，2005: 649.

▼ 东北扁核木树干

▼ 东北扁核木花

▲ 榆叶梅群落

▼ 榆叶梅花（重瓣）

▲ 榆叶梅果核

桃属 *Amygdalus* L.

榆叶梅 *Amygdalus triloba*（Lindl.）Ricker

别　名　截叶榆叶梅

药用部位　蔷薇科榆叶梅的种子（称"大李仁"）。

原植物　落叶灌木稀小乔木，高2～3m。枝条开展，一年生枝灰褐色。短枝上的叶常簇生，一年生枝上的叶互生；叶片宽椭圆形至倒卵形，长2～6cm，宽1.5～4.0cm，先端短渐尖，常3裂，叶柄长5～10mm。具花1～2，先于叶开放，花直径2～3cm；花梗长4～8mm；萼筒宽钟形，萼片卵形或卵状披针形；花瓣粉红色，近圆形或宽倒卵形，长6～10mm，先端圆钝，有时微凹；雄蕊

▼ 榆叶梅花（侧）

▲ 榆叶梅植株（花期）

25 ～ 30，短于花瓣；花柱稍长于雄蕊。果实近球形，直径 1.0 ～ 1.8 cm，顶端具短小尖头，红色；果梗长 5 ～ 10 mm；果肉薄，成熟时开裂；核近球形，具厚硬壳，两侧几不压扁，顶端圆钝。花期 4—5 月，果期 6—7 月。

生　境　生于坡地或沟旁乔、灌木林下或林缘等处。

▲ 榆叶梅枝条（花期）

分　布　辽宁凌源、建平、阜新等地。河北、山西、陕西、甘肃、山东、江西、江苏、浙江等。

采　制　夏、秋季采摘果实，剥取果皮，打破果壳，获取种子，洗净，晒干。

性味功效　味辛、苦，性平。有缓泻利尿的功效。

主治用法　用于大便秘结、水肿、尿少等。水煎服。

用　量　3 ～ 9 g。

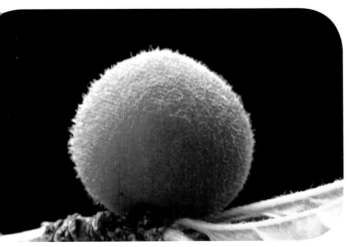

▲ 榆叶梅果实

▲ 榆叶梅植株（果期）

◎参考文献◎

[1] 朱有昌. 东北药用植物 [M]. 哈尔滨：黑龙江科学技术出版社，1989：510-511.

[2] 钱信忠. 中国本草彩色图鉴（第五卷）[M]. 北京：人民卫生出版社，2003：377-378.

[3] 江纪武. 药用植物辞典 [M]. 天津：天津科学技术出版社，2005：46.

▲ 榆叶梅枝条（果期）

▲ 榆叶梅花

▲ 山杏群落（果期）

▲ 市场上的山杏果核

▼ 山杏枝条（果期）

杏属 *Armeniaca* Mill.

山杏 *Armeniaca sibirica*（L.）Lam.

别　　名	西伯利亚杏
俗　　名	野杏　麦黄杏　羊蛋杏子
药用部位	蔷薇科山杏的种子（称"杏仁"）。
原 植 物	落叶灌木或小乔木,高2～5m。

树皮暗灰色；小枝灰褐色或淡红褐色。
叶片卵形或近圆形，长3～10cm，宽
2.5～7.0cm；叶柄长2.0～3.5cm。花
单生，直径1.5～2.0cm，先于叶开放；
花梗长1～2mm；花萼紫红色；萼筒钟
形，基部微被短柔毛或无毛；萼片长圆状
椭圆形，先端尖，花后反折；花瓣近圆形
或倒卵形，白色或粉红色；雄蕊几与花瓣
近等长；子房被短柔毛。果实扁球形，直
径1.5～2.5cm，黄色或橘红色，有时具
红晕，被短柔毛；果肉较薄而干燥，成熟
时开裂，味酸涩不可食，成熟时沿腹缝线

▲山杏植株（夏季）

▼山杏枝条（花期）

开裂; 核扁球形，易与果肉分离，种仁味苦。花期4—5月，果期6—7月。

生　境　生于干燥向阳山坡上、丘陵草原或固定沙丘上，常与落叶乔灌木混生。

分　布　黑龙江西部松嫩平原各地。吉林通榆、洮南、镇赉、大安、前郭、长岭等地。辽宁北镇、阜新、建平、凌源、建昌、绥中、沈阳、大连等地。内蒙古额尔古纳、根河、牙克石、鄂温克旗、扎兰屯、阿尔山、科尔沁右翼前旗、科尔沁右翼中旗、扎赉特旗、扎鲁特旗、科尔沁左翼后旗、科尔沁左翼中旗、奈曼旗、敖汉旗、巴林左旗、巴林右旗、阿鲁科尔沁旗、克什克腾旗、翁牛特旗、喀喇沁旗、正蓝旗、镶黄旗、正镶白旗、太仆寺旗等地。河北、山西、甘肃。朝鲜、俄罗斯（西伯利亚）、蒙古。

采　制　夏、秋季采摘成熟果实，剥去果皮，打破果壳，获取种子，洗净，晒干。

性味功效　味苦，性温。有毒。有祛痰止咳、平喘、润肠的功效。

主治用法　用于外感咳嗽、喘满、喉痹、肠燥便秘、身体水肿、脚气等。水煎服或

▲山杏植株（秋季）

▼山杏花（淡红色）

入丸、散。

<u>用　　量</u>　种子 7.5 ~ 15.0 g。

<u>附　　方</u>

（1）治咳嗽气喘：杏仁、紫苏子各 9 g，麻黄、贝母、甘草各 10 g，水煎服。

（2）治慢性气管炎：带皮苦杏仁于等量冰糖研碎混合，

▼山杏花

▲ 山杏花序（花朵密集）

▲ 山杏花（纯白色）

制成杏仁糖。早晚各服15 g，10 d 为一个疗程。对咳、痰、喘都有治疗作用，一般服药后3～4 d见效。

（3）治感冒、咳嗽：杏仁25 g，麻黄12.5 g，紫苏子25 g，款冬花25 g，桔梗15 g，水煎服。

（4）治诸疮肿痛：杏仁去皮，研滤取膏，入轻粉、芝麻油调搽，不拘大人小儿。

（5）治黄水疮：将杏核烧焦黑，砸开取仁，磨成油末状涂患处。

（6）治肺喘已久、咳嗽不止、睡卧不宁：杏仁（去

▲ 山杏群落（花期，低山型）

皮尖，微炒）25 g，胡桃肉（去皮）15 g。上药加少许生蜜，一同研成极细末，每 50 g 做 10 丸。每服 1 丸，以生姜汤嚼下，饭后临睡前服下。

附　注

（1）叶入药，可治疗目疾、水肿等。花入药，可治疗女子伤中、寒热痹、厥逆等。枝入药，可治疗堕伤。树皮入药，可治疗杏仁中毒。树根入药，可治疗杏仁中毒。

（2）本品为《中华人民共和国药典》（2020 年版）收录的药材。

（3）本品含苦杏仁苷和苦杏仁酶，内服后，苦杏仁苷可被酶水解产生氢氰酸和苯甲醛。氢氰酸具有很强的毒性，人的致死量约为 0.05 mg。

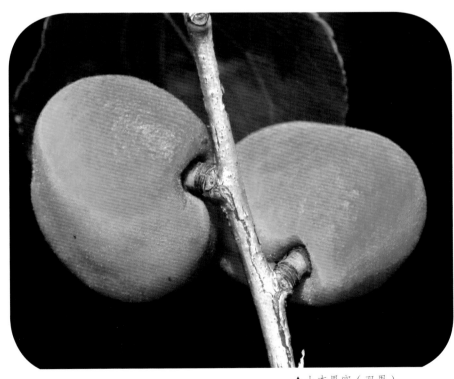

▲ 山杏果实（双果）

▲山杏群落（花期，高山型）

▲ 山杏植株（春季）

▲ 市场上的山杏种仁

▲ 山杏果实（单果）

▲ 市场上的山杏幼果

◎ 参考文献 ◎

[1] 江苏新医学院.中药大辞典（上册）
[M].上海：上海科学技术出版社，
1977：1100-1103.

[2] 朱有昌.东北药用植物 [M].哈尔滨
黑龙江科学技术出版社，1989：497-
503.

[3]《全国中草药汇编》编写组.全国
中草药汇编（上册）[M].北京：人
民卫生出版社，1975：410-411.

▲东北杏植株（春季）

东北杏 *Armeniaca mandshurica*（Maxim.）Skv.

别 名	辽杏
俗 名	山杏 野杏 狗杏
药用部位	蔷薇科东北杏的种子（称"苦杏仁"）。

原 植 物　落叶乔木，高5～15 m。树皮木栓质发达，深裂，暗灰色；嫩枝淡红褐色或微绿色。叶片宽卵形至宽椭圆形，长5～15 cm，宽3～8 cm；叶柄长1.5～3.0 cm，常有腺体2。花单生，直径2～3 cm，先于叶开放；花梗长7～10 mm；花萼带红褐色；萼筒钟形；萼片长圆形或椭圆状长圆形；花瓣粉红色或白色，宽

▲东北杏花

▲东北杏花（背）

▲ 东北杏群落

▲ 市场上的东北杏果实

倒卵形或近圆形；雄蕊多数，与花瓣近等长或稍长。果实近球形，直径 1.5 ~ 2.6 cm，黄色，有时向阳处具红晕或红点，被短柔毛；果实大的类型可食，有香味；核近球形或宽椭圆形，长 13 ~ 18 mm，宽 11 ~ 18 mm，两侧扁，侧棱具浅纵沟；种仁味苦，稀甜。花期4—5月，果期6—7月。

生　境　生于开阔的向阳山坡灌木林或杂木林下。

分　布　黑龙江

▲ 东北杏植株（秋季）

东宁、宁安、穆棱、林口、五常、阿城、宾县等地。吉林长白山各地。辽宁丹东市区、宽甸、凤城、本溪、桓仁、新宾、清原、鞍山、盖州、营口市区等地。朝鲜、俄罗斯（西伯利亚中东部）。

采　制　夏、秋季采摘成熟果实，剥取果皮，打破果壳，获取种子，洗净，晒干。

▲ 东北杏果实

▲ 东北杏枝条（果期）

▲ 东北杏果核

▲ 东北杏枝条（花期）

性味功效　味苦，性微温。有小毒。有降气、止咳平喘、润肠、缓泻、通便的功效。

主治用法　用于咳嗽多痰、咳逆气喘、胸满痰多、血虚津枯、肠燥便秘等。水煎服或入丸、散。

用　　量　种子 3 ~ 10 g。

附　　注　本品为《中华人民共和国药典》（2020 年版）收录的药材。

附　　方　治咳嗽气喘：东北杏仁、紫苏子各 15 g，麻黄、贝母、甘草各 10 g。水煎服。

◎参考文献◎

[1] 江苏新医学院. 中药大辞典（上册）[M]. 上海：上海科学技术出版社，1977: 1100-1103.

[2] 朱有昌. 东北药用植物 [M]. 哈尔滨：黑龙江科学技术出版社，1989: 499-500.

[3] 《全国中草药汇编》编写组. 全国中草药汇编 [M]. 北京：人民卫生出版社，1975: 410-411.

▲ 黑樱桃植株（果期）

樱属 *Cerasus* Mill.

黑樱桃 *Cerasus maximowiczii*（Rupr.）Kom.

别　　名　深山樱
俗　　名　暴马榆
药用部位　蔷薇科黑樱桃的果实。
原 植 物　落叶小乔木，高达 7 m。树皮暗灰色，小枝灰褐色。
叶片倒卵形或倒卵状椭圆形，长 3 ～ 9 cm，宽 1.5 ～ 4.0 cm；叶
柄长 0.5 ～ 1.5 cm；托叶线形。伞房花序，具花 5 ～ 10，基部具
绿色叶状苞片，花叶同开；总苞片匙状长圆形，长 1.0 ～ 1.5 cm，
上部最宽处 5 ～ 6 mm；苞片绿色，卵圆形，长 5 ～ 7 mm，宽
4 ～ 7 mm，边有尖锐锯齿；花梗长 0.5 ～ 1.5 cm；花直径约 1.5 cm；
萼筒倒圆锥状，萼片椭圆三角形，边有疏齿，齿端有不明显的细
小腺体或无；花瓣白色，椭圆形，长 6 ～ 7 mm，宽 5 ～ 6 mm；
雄蕊约 36；花柱与雄蕊近等长。核果卵球形，成熟后变黑色，核
表面有数条显著棱纹。花期 5—6 月，果期 8—9 月。
生　　境　生于阳坡杂木林中或有腐殖质土石坡上，也见于山地
灌丛及草丛中。

▲ 黑樱桃花（背）

▲ 黑樱桃花

▲ 黑樱桃植株（花期）

分　　布　黑龙江小兴安岭、张广才岭、完达山、老爷岭等地。吉林长白山各地。辽宁本溪、桓仁、宽甸、鞍山等地。朝鲜、俄罗斯（西伯利亚中东部）。

采　　制　秋季采摘果实，除去杂质，洗净，晒干。

性味功效　味苦。有透疹、发表、解毒的功效。

主治用法　用于疹出不畅、痈肿疮毒等。水煎服。

用　　量　5～20 g。

◎参考文献◎

[1] 钱信忠. 中国本草彩色图鉴（第四卷）[M]. 北京：人民卫生出版社，2003：308-309.

[2] 中国药材公司. 中国中药资源志要 [M]. 北京：科学出版社，1994：500.

[3] 江纪武. 药用植物辞典 [M]. 天津：天津科学技术出版社，2005：162.

▲ 黑樱桃果实

▲ 黑樱桃花（侧）

▲ 黑樱桃花序（背）

▲ 黑樱桃枝条

▲ 黑樱桃花序

▲ 山樱花植株（春季）

▼ 山樱花果实（黑色）

▲ 山樱花果核

山樱花 *Cerasus serrulata*（Lindl.）G. Don ex London

别　　名　樱花　辽东山樱　山樱　山樱桃
俗　　名　水桃
药用部位　蔷薇科山樱花的果实。
原 植 物　落叶乔木,高5～20 m。胸径达50 cm。树皮灰褐色,
小枝灰褐色或暗褐色,有灰色皮孔。托叶线形,长约1 cm;
叶柄长1.5～2.5 cm;叶片卵状椭圆形,长4～13 cm,宽
3～7 cm。花茎长1～3 cm,花成短总状或伞房花序,与叶
同时开放或稍先于叶开放;总花梗短,或近无总梗;总苞片长

▲ 山樱花植株（秋季）

▲ 山樱花花（重瓣）

▲ 山樱花花

▼ 山樱花果实（红色）

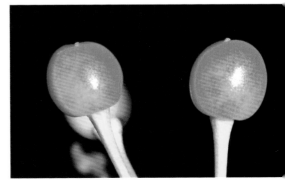

约 1 cm，倒卵状披针形，先端圆钝或 3 裂，带紫色，边缘微具腺齿，里面密被长柔毛；花梗长 1.0 ~ 2.5 cm，基部具小苞片 2；花直径 2 ~ 3 cm，花萼筒管状，萼裂片长圆状卵形；花瓣初时白色带粉，椭圆状倒卵形，先端微凹；雄蕊 30 ~ 40；花柱约与雄蕊等长；子房无毛。核果卵球形，红紫色。花期 4—5 月，果期 7—8 月。

生　境　生于林缘、溪旁、河岸、灌丛及阔叶林中。

分　布　黑龙江绥芬河、宁安、东宁等地。吉林长白山各地。辽宁东港、丹东市区、凤城、宽甸、桓仁、本溪、沈阳等地。河北、安徽、江苏、浙江、贵州。朝鲜、俄罗斯（西伯利亚中东部）。

▲ 山樱花枝条（果期）

▲ 山樱花花（侧）

▲ 山樱花枝条（花期）

▼ 山樱花花（白色）

采　制　秋季采摘成熟果实，除去杂质，洗净，鲜用或晒干。

性味功效　有解毒、利尿、透发麻疹的功效。

用　量　适量。

◎参考文献◎

[1] 中国药材公司. 中国中药资源志要 [M]. 北京：科学出版社，1994：500.

[2] 江纪武. 药用植物辞典 [M]. 天津：天津科学技术出版社，2005：162.

欧李 *Cerasus humilis*（Bge.）Bar. & Lion

俗　　名	水李子　酸丁　羊蛋欧李
药用部位	蔷薇科欧李的种子（称"郁李仁"）。

原 植 物　落叶灌木，高 0.4 ～ 1.5 m。小枝灰褐色或棕褐色。叶片倒卵状长椭圆形或倒卵状披针形，长 2.5 ～ 5.0 cm，宽 1 ～ 2 cm，中部以上最宽，先端急尖或短渐尖，基部楔形，边有单锯齿或重锯齿，表面深绿色，背面浅绿色，无毛或被稀疏短柔毛，侧脉 6 ～ 8 对；叶柄长 2 ～ 4 mm；托叶线形，长 5 ～ 6 mm，边有腺体。花单生或 2 ～ 3 簇生，花叶同开；花梗长 5 ～ 10 mm，被稀疏短柔毛；萼筒长宽近相等，约 3 mm，外面被稀疏柔毛，萼片三角卵圆形，先端急尖或圆钝；花瓣白色或粉红色，长圆形或倒卵形；雄蕊 30 ～ 35；花柱与雄蕊近等长。核果成熟后近球形，红色或紫红色。花期 4—5 月，果期 7—8 月。

生　　境　生于阳坡沙地、山地灌丛及半固定沙丘上。

分　　布　黑龙江杜尔伯特、龙江、泰来、肇源、双城等地。吉林通榆、大安、前郭、镇赉、扶余、九台、蛟河、舒兰、图们、汪清、珲春等地。辽宁凌源、建平、建昌、朝阳、兴城、绥中、北镇、义县、彰武、法库、铁岭、沈阳市区、鞍山、盖州、瓦房店等地。内蒙古科尔沁右翼中旗、科尔沁左翼中旗、科尔沁左翼后旗、奈曼旗、正蓝旗、镶黄旗、多伦等地。河北、山东、河南。朝鲜、俄罗斯（西伯利亚中东部）。

采　　制　夏、秋季采摘成熟果实，剥取果皮，打破果壳，获取种子，洗净，晒干。

性味功效　味辛、苦、甘，性平。有润肠通便、利水消肿的功效。

▲欧李枝条

▲欧李花

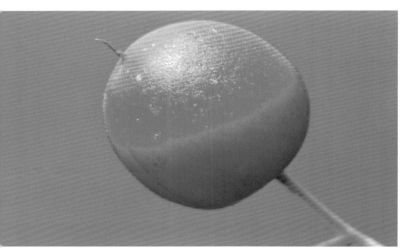
▲欧李果实

▲欧李花（背）

主治用法　用于津枯肠燥、食积气滞、腹胀便秘、水肿、脚气、小便淋痛、心腹疼痛、眼翳、年老体弱、病后体虚、产后血虚等。水煎服或入丸、散。

用　　量　5～15 g。

附　　方

（1）治慢性肾炎、腿脚水肿、大便燥结、小便少：郁李仁、生薏米各15 g，水煎服。

（2）治便秘：郁李仁、火麻仁、柏子仁各12 g，桃仁15 g，水煎服。或用郁李仁、火麻仁各15 g，水煎服。

（3）治肿满、小便不利：陈皮、郁李仁、槟榔、茯苓、白术各50 g，甘遂25 g。上药研末，每服10 g，姜枣汤下。

附　　注　本品为《中华人民共和国药典》（2020年版）收录的药材。

◎参考文献◎

[1] 江苏新医学院．中药大辞典（上册）[M]．上海：上海科学技术出版社，1977：1318-1320．

[2] 朱有昌．东北药用植物[M]．哈尔滨：黑龙江科学技术出版社，1989：506-508．

[3] 《全国中草药汇编》编写组．全国中草药汇编（上册）[M]．北京：人民卫生出版社，1975：488-490．

▲长梗郁李果实

郁李 *Cerasus japonica*（Thunb.）Lois.

俗　　名　水李子

药用部位　蔷薇科郁李的种子（称"郁李仁"）。

原 植 物　落叶灌木，高1.0～1.5 m。小枝灰褐色，嫩枝绿色或绿褐色。叶片卵形或卵状披针形，长3～7 cm，宽1.5～2.5 cm，先端渐尖，基部圆形，边有缺刻状尖锐重锯齿，侧脉5～8对；叶柄长2～3 mm，无毛或被稀疏柔毛；托叶线形，长4～6 mm，边有腺齿。具花1～3，簇生，花叶同开或先叶开放；花梗长5～10 mm，无毛或被疏柔毛；萼筒陀螺形，长宽近相等，2.5～3.0 mm，无毛，萼片椭圆形，比萼筒略长，先端圆钝，边有细齿；花瓣白色或粉红色，倒卵状椭圆形；雄蕊约32；花柱与雄蕊近等长，无毛。核果近球形，深红色，直径约1 cm；核表面光滑。花期5月，果期7—8月。

▲长梗郁李果核

生　　境　生于向阳山坡、路旁、林缘及灌丛间等处。

分　　布　黑龙江小兴安岭、张广才岭、完达山等地。吉林图们、汪清、珲春等地。辽宁凌源、建平、建昌、朝阳、兴城、绥中、北镇、义县、彰武、法库、铁岭、沈阳市区、鞍山、盖州、瓦房店等地。内蒙古正蓝旗、多伦等地。河北、山东、河南。朝鲜、俄罗斯（西伯利亚中东部）。

▲郁李枝条

▼郁李花

采　制　夏末秋初采摘成熟果实，放入缸内或堆放，烂去果肉，洗净，再用锅蒸后，碾碎果核，取出种仁。也可将果实放入锅内，煮至果肉烂时，捞出洗净，碾碎果核，取出种仁备用。

性味功效　味辛、苦、甘，性平。有润肠通便、利水消肿的功效。

主治用法　用于津枯肠燥、食积气滞、腹胀便秘、水肿、浮脚气、小便淋痛、心腹疼痛、眼翳、年老体弱、病后体虚、产后血虚等。水煎服或入丸、散。

用　量　5～15 g。

附　方　大便秘结：郁李仁、火麻仁、柏子仁各20 g，桃仁15 g。水煎服。

附　注

（1）根入药，可治疗龋齿痛、气滞积聚。

（2）本品为《中华人民共和国药典》（2020年版）收录的药材。

（3）本区同属植物尚有1变种：长梗郁李 var. *nakaii*（Levl.）Yu et Li 花梗较长，1～2 cm，叶片卵圆形，叶边锯齿较深，叶柄较长。其他同原种。

◎参考文献◎

［1］江苏新医学院. 中药大辞典(上册)[M]. 上海：上海科学技术出版社, 1977: 1318-1320.

［2］《全国中草药汇编》编写组. 全国中草药汇编（上册）[M]. 北京：人民卫生出版社, 1975: 488-490.

［3］朱有昌. 东北药用植物 [M]. 哈尔滨：黑龙江科学技术出版社, 1989: 508-509.

▲ 郁李植株

毛樱桃 *Cerasus tomentosa*（Thunb.）Wall.

别　　名　山樱桃

▲ 毛樱桃花（白色）

俗　　名　野樱桃　狗樱桃　山豆子

药用部位　蔷薇科毛樱桃的种子（称"郁李仁"）。

原 植 物　落叶灌木，高 0.3 ~ 1.0 m。小枝紫褐色或灰褐色。叶片卵状椭圆形或倒卵状椭圆形，长 2 ~ 7 cm，宽 1.0 ~ 3.5 cm，边有急尖或粗锐锯齿；叶柄长 2 ~ 8 mm，被茸毛或脱落稀疏；托叶线形，长 3 ~ 6 mm。花单生或 2 簇生，花叶同开，近先叶开放或先叶开放；花梗长达 2.5 mm 或近无梗；萼筒管状或杯状，长 4 ~ 5 mm，萼片三角卵形，先端圆钝或急尖，长 2 ~ 3 mm，内外两面内被短柔毛或无毛；花瓣白色或粉红色，倒卵形，先端圆钝；雄蕊 20 ~ 25，短于花瓣；花柱伸出与雄蕊近等长或稍长；子房全部被

▲ 毛樱桃植株（果期）

▼ 毛樱桃果核

毛或仅顶端或基部被毛。核果近球形，红色，直径0.5～1.2 cm。花期4—5月，果期6—7月。

| 生　境 | 生于山坡林中、林缘、灌丛中及草地上。 |

分　布　黑龙江五常、尚志、东宁等地。吉林集安、临江等地。辽宁丹东市区、宽甸、凤城、桓仁、本溪、庄河、大连市区、瓦房店、鞍山、沈阳、北镇、义县等地。内蒙古正镶白旗。河北、山东、山西、陕西、宁夏、甘肃、青海、四川、云南、西藏。朝鲜、蒙古、日本、俄罗斯（西伯利亚中东部）。

采　制　夏、秋季采摘果实，剥去果皮，打破果壳，获取种子，洗净，晒干。

性味功效　味辛、甘，性平。有除热止泻、益气固精的功效。

主治用法　用于大便秘结、水肿、尿少。水煎服。

用　量　3～9g。

附　注　叶可治疗毒蛇咬伤，把鲜叶捣烂敷患处。

▼ 市场上的毛樱桃果实

▲毛樱桃枝条（花期）

◎参考文献◎

[1] 朱有昌. 东北药用植物 [M]. 哈尔滨：黑龙江科学技术出版社，1989：509-510.

[2] 钱信忠. 中国本草彩色图鉴（第一卷）[M]. 北京：人民卫生出版社，2003：515-516.

[3] 中国药材公司. 中国中药资源志要 [M]. 北京：科学出版社，1994：501.

▲毛樱桃果实（白色）

▲毛樱桃果实

市场上的毛樱桃果实（白色）

▲ 毛樱桃枝条（果期）

▼ 毛樱桃花

▲ 斑叶稠李植株

稠李属 *Padus* Mill.

斑叶稠李 *Padus maackii*（Rupr.）Kom.

别　名	山桃稠李
俗　名	水桃

▲ 斑叶稠李花（背）

▲ 斑叶稠李花

▲ 斑叶稠李枝条（花期）

▲ 斑叶稠李花序

▲ 斑叶稠李果实

▼ 斑叶稠李树干

药用部位 蔷薇科斑叶稠李的果实、叶。

原 植 物 落叶小乔木，高 4 ~ 10 m。树皮光滑呈片状剥落；小枝带红色；叶片椭圆形，长 4 ~ 8 cm，宽 2.8 ~ 5.0 cm，叶柄长 1.0 ~ 1.5 cm；托叶膜质，线形，先端渐尖。总状花序多花密集，长 5 ~ 7 cm，基部无叶；花梗长 4 ~ 6 mm；花直径 8 ~ 10 mm；萼筒钟状，萼片三角披针形，先端长渐尖，边有不规则带腺细齿；花瓣白色，长圆状倒卵形，先端 1/3 部分啮蚀状，基部楔形，有短爪，着生在萼筒边缘，为萼片长的 2 倍；雄蕊 25 ~ 30，排成紧密不规则 2 ~ 3 轮，花丝长短不等，着生在萼筒上，长花丝比花瓣稍长；雌蕊 1，柱头盘状或半圆形，和雄蕊近等长。核果近球形，紫褐色。花期 5—6 月，果期 8—9 月。

▲ 斑叶稠李幼株

生　　境　　生于阳坡疏林中、林缘、溪边及路旁等处。

分　　布　　黑龙江伊春市区、铁力、尚志、海林、五常、东宁、宁安、虎林、饶河等地。吉林长白山各地。辽宁宽甸、桓仁、本溪等地。朝鲜、俄罗斯（西伯利亚中东部）。

采　　制　　秋季采摘成熟果实，除去杂质，洗净，鲜用或晒干。夏季采摘叶，除去杂质，洗净，晒干。

性味功效　　有止泻的功效。

主治用法　　用于腹泻、痢疾等。

用　　量　　适量。

◎参考文献◎

[1] 江纪武. 药用植物辞典 [M]. 天津：天津科学技术出版社，2005：563.

▼ 斑叶稠李果核

▼ 斑叶稠李枝条（果期）

▲ 稠李植株（果期）

▲ 稠李果核

稠李 *Padus avium* Mill.

别　　名	樱额　樱额梨
俗　　名	臭李子　臭梨　山李子　稠李子
药用部位	蔷薇科稠李的果实。

原植物 落叶乔木，高可达 15 m。树皮粗糙而多斑纹，小枝红褐色或带黄褐色。叶片椭圆形、长圆形或长圆状倒卵形，长 4 ~ 10 cm，宽 2.0 ~ 4.5 cm，叶柄长 1.0 ~ 1.5 cm，顶端两侧各具一腺体；托叶膜质，线形。总状花序，具多花，长 7 ~ 10 cm，基部通常有叶 2 ~ 3，叶片与枝生叶同形，通常较小；花梗长 1.0 ~ 2.4 cm；花直径 1.0 ~ 1.6 cm；萼筒钟状，比萼片稍长；萼片三角卵形；花瓣白色，长圆形，先端波状，基部楔形，有短爪，比雄蕊长近 1 倍；雄蕊多数，花丝长短不等，排成紧密不规则 2 轮；雌蕊 1，柱头盘状，花柱比长雄蕊短近 1/2。核果卵球形，红褐色至黑色，光滑。花期 5—6 月，果期 8—9 月。

▼ 市场上的稠李果实

▲ 稠李花（背）

▼ 稠李花序

▲ 稠李果实（后期）

生　境　生于山地杂木林中、河边、沟谷及路旁低湿处。

分　布　黑龙江塔河、呼玛、黑河、伊春市区、铁力、阿城、五常、尚志、海林、东宁、宁安、穆棱、虎林、饶河、同江、抚远、方正、勃利、桦南、延寿、通河、木兰、汤原、依兰、庆安、绥棱等地。吉林长白山各地。辽宁丹东市区、宽甸、凤城、桓仁、本溪、沈阳、鞍山、庄河、凌源等地。内蒙古额尔古纳、根河、牙克石、鄂伦春旗、鄂温克旗、阿尔山、东乌珠穆沁旗、西乌珠穆沁旗、正蓝旗、镶黄旗、正镶白旗等地。河北、山西、河南、山东。朝鲜、俄罗斯（西伯利亚中东部）、日本。

▲ 稠李植株（花期）

▼ 稠李枝条（果期）

采　制	秋季采摘成熟果实，除去杂质，洗净，鲜用或晒干。
性味功效	味甘、涩，性温。有涩肠止泻的功效。
主治用法	用于腹泻、痢疾等。水煎服或直接食用。
用　量	15～25 g。

▼ 稠李花

▲ 稠李群落

◎ 参考文献 ◎

[1] 江苏新医学院 . 中药大辞典（下册）[M]. 上海：上海科学技术出版社，1977：2590.

[2] 中国药材公司 . 中国中药资源志要 [M]. 北京：科学出版社，1994：513.

[3] 江纪武 . 药用植物辞典 [M]. 天津：天津科学技术出版社，2005：563-564.

▲ 稠李枝条（花期）

▲ 稠李果实（前期）

市场上的东北李果实

▲ 东北李果实

李属 *Prunus* L.

东北李 *Prunus ussuriensis* Kov. et Kost.

别　　名	乌苏里李
俗　　名	李子　山李子

▲ 东北李枝条（花期）

▼ 东北李果核

▲ 东北李群落

▼ 东北李花

▼ 东北李花（背）

药用部位　蔷薇科东北李的果实、根、核仁及根皮。

原植物　落叶乔木，高2.5～6.0 m。老枝灰黑色，粗壮；小枝红褐色；冬芽卵圆形。叶片长圆形，长4～9 cm，宽2～4 cm，边缘有单锯齿或重锯齿，中脉和侧脉明显突起；叶柄短，不超过1 cm；托叶披针形。具花2～3，簇生，花梗长7～13 mm；花直径1.0～1.2 cm；萼筒钟状，萼片长圆形，先端圆钝，边缘有细齿，齿尖常带腺，比萼筒稍短；花瓣白色，长圆形，先端波状，基部楔形，有短爪；雄蕊多数，花丝长短不等，排成紧密2轮，着生于萼筒上；雌蕊1，柱头盘状，花柱与雄蕊近等长。核果近球形或长圆形，直径1.5～2.5 cm，紫红色；果梗粗短；核长圆形，有明显侧沟。花期4—5月，果期7—8月。

生　境　生于向阳山坡、沟谷、山野路旁、河边灌丛中。

分　布　黑龙江张广才岭。吉林长白山各地。朝鲜、俄罗斯（西伯利亚中东部）。

采　制　春、秋季采挖根，除去泥土，剥取根皮，晒干。秋季采摘成熟果实，去掉果皮和种皮，获取核仁，晒干。

性味功效　果实：味甘、酸，性平。有清肝涤热、生津利水的功效。根：性凉。无毒。有清热解毒的功效。核仁：味甘、苦，性平。无毒。有散瘀、利水、润肠的功效。根皮：

▲ 东北李植株

味苦、咸，性寒。有清热、下气的功效。

主治用法 果实：用于虚劳骨蒸、消渴、腹腔积液。水煎服。生食或捣汁。根：用于消渴、淋病、痢疾、丹毒、牙痛。水煎服。外用烧存性研末调敷。核仁：用于跌打瘀血作痛、痰饮咳嗽、水气胀满、大便秘结、毒蛇咬伤。水煎服。外用研末调敷。根皮：用于消渴心烦、奔豚气逆、带下、牙痛。水煎服。外用煎水含漱或磨汁涂。

用　　量 果实：适量。根：外用适量。核仁：10 ~ 20 g。外用适量。根皮：10 ~ 15 g。外用适量。

附　　注 叶入药，可治疗小儿壮热、水肿、金疮。树胶入药，可治疗目翳、麻疹。

▲ 东北李枝条（果期）

◎ 参考文献 ◎

[1] 江苏新医学院. 中药大辞典（上册）[M]. 上海：上海科学技术出版社，1977：1104-1106.

[2] 中国药材公司. 中国中药资源志要 [M]. 北京：科学出版社，1994：520.

[3] 江纪武. 药用植物辞典 [M]. 天津：天津科学技术出版社，2005：562.

▲吉林长白山国家级自然保护区天池湿地夏季景观

▲ 合欢枝条（花期）

豆科 Leguminosae

本科共收录 31 属、90 种、3 变种、2 变型。

合欢属 *Albizia* Durazz.

▲ 合欢种子

合欢 *Albizia julibrissin* Durazz.

别　　名	马缨花

别　　名　马缨花
俗　　名　绒花树　夜合花
药用部位　豆科合欢花序（入药称"合欢花"）和树皮（入药称"合欢皮"）。
原植物　落叶乔木，高可达 16 m。树冠开展；小枝有棱角，嫩枝、花序和叶轴被茸毛或短柔毛。托叶线状披针形，较小叶小，早落。二回羽状复叶，总叶柄近基部及最顶一对羽片着生处各有一腺体；羽片 4 ~ 12 对；小叶 10 ~ 30 对，线形至长圆形，长 6 ~ 12 mm，宽 1 ~ 4 mm，向上偏斜，先端有小尖头，有缘毛，有时在背面或仅中脉上有短柔毛；中脉紧靠上边缘。头状花序于枝顶排成圆锥花序；花粉红色；花萼管状，长约 3 mm；花冠长约 8 mm，裂片三角形，长约 1.5 mm，花萼、花冠外均被短柔毛；花丝长约 2.5 cm。

▲合欢植株（花期）

▼合欢果实

荚果带状，长 9 ～ 15 cm，宽 1.5 ～ 2.5 cm，嫩荚有柔毛，
老荚无毛。花期 6—7 月，果期 8—10 月。

生　境　生于向阳山坡、灌丛等处。

分　布　辽宁长海。华北、华南、西南。非洲、亚洲
均有分布。

采　制　夏季晴天时采摘花序，迅速晒干或在阴凉处
晒干。春、夏、秋三季剥取树皮，切段，晒干。

性味功效　花序：味甘、苦，性平。有安神、活络、理气、
舒郁的功效。树皮：味甘，性平。有安神解郁、和血宁心、
消痈肿的功效。

主治用法　花序：用于神经衰弱、失眠健忘、胸闷不舒、
风火眼疾、视物不清、咽痛、痈肿、跌打损伤疼痛等。
水煎服。树皮：用于心神不安、失眠、肺脓肿、咳脓痰、
筋骨损伤、淋巴结结核、痈疖肿痛等。水煎服。

用　量　花序：5 ～ 15 g。树皮：7.5 ～ 15.0 g。

附　方

（1）治心神不安、失眠：合欢皮 20 g，柏子仁、白芍、
龙齿各 15 g，水煎服。

（2）治肺痈：取合欢皮一掌大，加水 3 L，煮成一半，
分 2 次服。

（3）治跌打损伤：用合欢皮，把粗皮去掉，炒成黑
色，取 200 g，与芥菜籽（炒）50 g，共研为末，每服
10 g，卧时服，温酒送下。另以药末敷伤处，能助接骨。

▲合欢枝条（果期）

▲合欢花序

（4）治小儿撮口风：将合欢花枝煮成浓汁，揩洗口腔。

（5）治肺痈久不敛口：合欢皮、白蔹，二味同煮服。

（6）治风火眼疾：合欢花配鸡肝、羊肝或猪肝蒸服。

附　注　本品为《中华人民共和国药典》（2020年版）收录的药材。

▲合欢植株（果期）

◎参考文献◎

[1] 江苏新医学院. 中药大辞典（上册）[M]. 上海：上海科学技术出版社，1977：937-938.

[2]《全国中草药汇编》编写组. 全国中草药汇编（上册）[M]. 北京：人民卫生出版社，1975：367-368.

[3] 中国药材公司. 中国中药资源志要 [M]. 北京：科学出版社，1994：547.

▲ 豆茶决明植株（侧）

▼ 豆茶决明果实（后期）

决明属 *Senna* Mill.

豆茶决明 *Senna nomame*（Makino）T. C. Chen

别　　名　山扁豆　水皂角

俗　　名　关门草　驴夹板　夹板草　帘子草　来年籽　豆茶　山梅豆　山茶叶　篦子草　篦子叶　刀里板子

药用部位　豆科豆茶决明的全草及种子。

原 植 物　一年生直立草本,茎直立或铺散,高 25 ～ 60 cm,分枝或不分枝。茎上密生或疏生弯曲的细毛。偶数羽状复叶,互生,长 4 ～ 8 cm,小叶 8 ～ 28 对,线状长圆形,长 7 ～ 12 mm,宽 1.5 ～ 3.0 mm,两端稍偏斜,先端具刺尖,全缘,两面无毛或微有毛;托叶锥形,长 3 ～ 7 mm,宿存;叶柄短。花黄色,腋生 1 ～ 2,花梗纤细,长约 5 mm;苞小,锥形或线状披针形,萼片 5,披针形,分离,5 深裂,外面疏被毛;花瓣 5,倒卵形;雄蕊 4,稀 5,子房密被短柔毛。荚果扁平,长圆状条形,两端稍偏斜,被短毛,长 3 ～ 5 cm,宽 5 ～ 6 mm。种子 2 ～ 12,近菱形,平滑。花期 7—8 月,果期 8—9 月。

▲ 豆茶决明果实（前期）

生　　境　生于林缘、沟边、路边及荒山坡等处，常聚集成片生长。

分　　布　吉林长白山与中部地区各地。辽宁丹东市区、凤城、宽甸、本溪、桓仁、新宾、清原、铁岭、西丰、昌图、开原、法库、岫岩、庄河、大连市区、新民、锦州市区、北镇、绥中等地。河北、山东、浙江、江苏、安徽、江西、湖南、湖北、四川、云南等。朝鲜、俄罗斯、日本。

采　　制　夏、秋季采收全草，切段，洗净，鲜用或晒干。秋季采摘果实，除去果皮和杂质，获取种子，晒干。

性味功效　全草：味甘、微苦，性平。有清肝明目、健脾利湿、止咳化痰、清热利尿、润肠通便的功效。种子：味苦，性凉。有消积、清热、解毒的功效。

▲ 豆茶决明花

▲ 豆茶决明花（侧）

▲豆茶决明植株

主治用法 全草：用于慢性肾炎、咳嗽痰多、目花、夜盲、偏头痛、水肿、脚气、黄疸、慢性便秘、绦虫病、蛔虫病、蛲虫病等。水煎服或研末。种子：用于小儿疳积、夜盲症、目翳。水煎服或炖猪肝服。

用　量 全草：15 ~ 25 g。种子：15 ~ 30 g。

附　方

（1）治夜盲：豆茶决明全草粉末 10 g，煮猪肝或用蜂蜜调服；或单用粉末 100 g 煎水服。

（2）治慢性肾炎：豆茶决明全草 25 g，做茶剂饮用。

（3）治脾胃虚弱：豆茶决明嫩茎叶适量，代茶饮用。

（4）治小儿疳积：豆茶决明种子 15 g，煎汤或和猪肝炖服。

▼豆茶决明种子

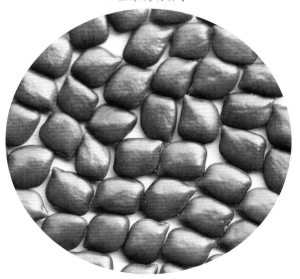

◎ 参考文献 ◎

[1] 江苏新医学院. 中药大辞典（上册）[M]. 上海：上海科学技术出版社，1977：532-533.

[2] 朱有昌. 东北药用植物 [M]. 哈尔滨：黑龙江科学技术出版社，1989：574-575.

[3] 中国药材公司. 中国中药资源志要 [M]. 北京：科学出版社，1994：561.

▲ 山皂荚植株

▼ 山皂荚果实

皂荚属 *Gleditsia* L.

山皂荚 *Gleditsia japonica* Miq.

别　　名　日本皂荚

俗　　名　山皂刺　皂角　皂力板子　皂角板子　小儿刺

药用部位　豆科山皂荚的果实（入药称"皂角"）、种子（入药称"皂角子"）及枝刺（入药称"皂角刺"）。

原 植 物　落叶乔木或小乔木，高达 10 m。小枝紫褐色或脱皮后呈灰绿色；刺略扁，常分枝，长 2.0 ~ 15.5 cm。叶为一回或二回羽状复叶，长 11 ~ 25 cm；小叶 3 ~ 10 对，卵状长圆形，长 2 ~ 9 cm，宽 1 ~ 4 cm；小叶柄极短。花黄绿色，穗状花序；花序腋生或顶生；雄花直径 5 ~ 6 mm；花托长约 1.5 mm，深棕色；萼片 3 ~ 4，三角披针形；花瓣 4，椭圆形；雄蕊 6 ~ 9；雌花直径 5 ~ 6 mm；花托长约 2 mm；萼片和花瓣均为 4 ~ 5，形状与雄花的相似；不育雄蕊 4 ~ 8；花柱短，下弯，柱头膨大，2 裂；胚珠多数。荚果带形，扁平，不规则旋扭或弯曲呈镰刀

▲ 山皂荚枝条（花期）

状；种子多数，椭圆形。花期 6—7 月，果期 8—9 月。

生　境　生于向阳山坡或谷地、溪边路旁等处。

分　布　黑龙江虎林。吉林柳河、蛟河、集安等地。辽宁宽甸、丹东市区、桓仁、本溪、凤城、抚顺、清原、新宾、沈阳市区、辽中、鞍山市区、岫岩、海城、盖州、大连、营口市区、北镇、绥中等地。河北、河南、江苏、安徽、浙江、江西、福建、湖北、湖南、四川、贵州、云南。朝鲜。

采　制　秋季采摘果实，去掉杂质，晒干。或打开果皮，除去杂质，获得种子。夏、秋季摘取枝刺，切段，洗净，晒干。

性味功效　果实：味辛，性温。有小毒。有祛痰开窍、杀虫、通便的功效。种子：味辛，性温。有毒。有润燥通便、祛风消肿的功效。枝刺：味辛，性温。有小毒。有活血祛瘀、消肿溃脓、下乳的功效。

主治用法　果实：用于中风、癫痫、头风头痛、猝然昏迷、痰多咳嗽、支气管哮喘、便秘、肠风便血等。水煎服。种子：用于大便秘结、肠风下血、下痢里急后重、疝气、瘰疬、肿毒、疮癣等。水煎服。枝刺：用于淋巴结结核、乳腺炎、恶疮、痈肿不溃、胎衣不下等。水煎服。

用　量　果实：2.5 ～ 7.5 g。种子：7.5 ～ 15.0 g。枝刺：7.5 ～ 15.0 g。

▼ 山皂荚树干

▼ 山皂荚枝刺

▲ 山皂荚花（侧）

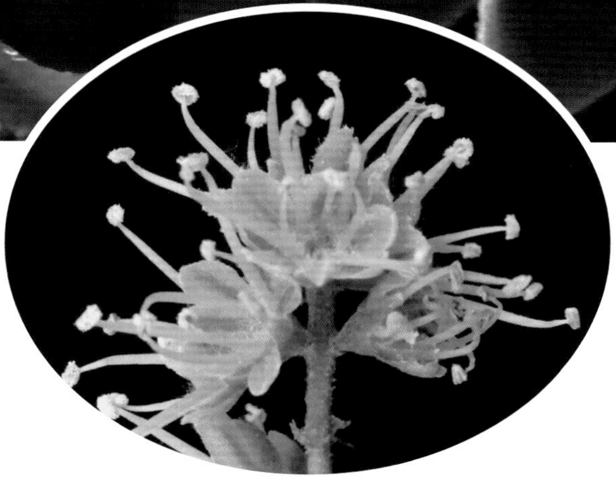

▼ 市场上的山皂荚枝刺

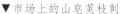

▲ 山皂荚花

附　　方

（1）治疗疮：皂角刺 100 g，�菜 50 ~ 100 g，酢浆草 100 g，水煎服。另以上药捣烂敷患处。

（2）治中风昏迷、口噤不开：皂角、制半夏各 7.5 g，细辛 2.5 g，研粉，吹鼻内，引起喷嚏，促使苏醒。

（3）治乳痈：皂角刺（烧存性）50 g，蚌粉 5 g，和研，每服 5 g，温酒下。

（4）治胎衣不下：皂角刺烧为末，每服 5 g，温酒调下。

（5）治急性扁桃体炎：皂角刺 15 g，水煎，早晚 2 次分服。疗效显著。

（6）治下痢不止：皂角子瓦焙为末，米糊丸，梧子大。每服 40 ~ 50 丸，陈茶下。

▲ 山皂荚枝条（果期）

▼ 市场上的山皂荚果实

▲ 山皂荚种子

（7）治瘰疬满颈不破、肿疼痛：不蛀皂角子 300 个，酒 900 ml，化硇砂 50 g，同浸皂角子 7 d，以文武火熬成，候酒尽为度，每睡前含化 3 粒。

（8）治恶疮疖肿：皂角刺 7 个，加水 1 碗，煮沸打入红皮鸡蛋 3 个，喝汤吃蛋，有解毒作用（凤城民间方）。

（9）治气毒结成瘰疬、肿硬如石、疼痛：皂角子（烧灰）、榭白皮末各 50 g，同研细，每次于食前以温酒调下 10 g。

◎ 参考文献 ◎

［1］朱有昌. 东北药用植物 [M]. 哈尔滨: 黑龙江科学技术出版社, 1989: 584-586.

［2］《全国中草药汇编》编写组. 全国中草药汇编（上册）[M]. 北京: 人民卫生出版社, 1975: 454-456.

［3］中国药材公司. 中国中药资源志要 [M]. 北京: 科学出版社, 1994: 575.

▲ 野皂荚花序

野皂荚 *Gleditsia microphylla* Gordon ex Y. T. Lee

别　　名　短荚皂角　野皂角
药用部位　豆科野皂荚的嫩茎枝、果实及枝刺。

▲ 野皂荚枝条

原 植 物　落叶灌木或小乔木，高 2 ~ 4 m。枝灰白色至浅棕色；刺长针形。叶为一回或二回羽状复叶，长 7 ~ 16 cm；小叶 5 ~ 12 对，斜卵形至长椭圆形，长 6 ~ 24 mm，宽 3 ~ 10 mm，植株上部的小叶远比下部的小。花杂性，绿白色，近无梗，簇生，组成穗状花序或顶生的圆锥花序；花序长 5 ~ 12 cm；苞片 3；雄花直径约 5 mm；花托长约 1.5 mm；萼片 3 ~ 4，花瓣 3 ~ 4，卵状长圆形，长约 3 mm；雄蕊 6 ~ 8；两性花直径约 4 mm；萼裂片 4，花瓣 4，卵状长圆形，长约 2 mm；雄蕊 4，与萼片对生；子房具长柄，具胚珠 1 ~ 3。荚果扁薄，斜椭圆形，红棕色至深褐色；种子褐棕色。花期 6—7 月，果期 9—10 月。
生　　境　生于山坡阳处或路边，常聚集成片生长。
分　　布　辽宁凌源。河北、山东、河南、山西、陕西、江苏、安徽。
采　　制　夏、秋季割取枝条，洗净，切段，晒干。秋季采

▲ 野皂荚植株

摘果实，去掉杂质，晒干。夏、秋季割取枝刺，切段，洗净，晒干。

性味功效 枝条：有搜风拔毒、消肿排脓的功效。果实：有开窍、通便、润肠、镇咳的功效。枝刺：有去毒通关的功效。

主治用法 枝条：用于肿痛、疮毒、疬风、癣疮、胎衣不下。水煎服。果实：用于驱蛔虫。水煎服。枝刺：用于痈疽。水煎服或捣烂敷患处。

用   量 适量。

▲ 野皂荚花（侧）

▲ 野皂荚花

▲ 合萌植株

田皂角属 *Aecschynomene* L.

合萌 *Aecschynomene indica* L.

别　　名　田皂角
俗　　名　水皂角

药用部位 豆科合萌的去皮茎（入药称"梗通草"）、全草及根。

原植物 一年生草本或亚灌木状，茎直立，高0.3～1.0 m。叶具20～30对小叶或更多；托叶膜质，基部下延成耳状，叶柄长约3 mm；小叶近无柄，线状长圆形，长5～15 mm，宽2.0～3.5 mm；小托叶极小。总状花序比叶短，腋生，长1.5～2.0 cm；总花梗长8～12 mm；花梗长约1 cm；小苞片卵状披针形，花萼膜质，花冠淡黄色，具紫色的纵脉纹，易脱落，旗瓣大，近圆形，翼瓣篦状，龙骨瓣比旗瓣稍短，雄蕊2；子房扁平，线形。荚果线状长圆形，直或弯曲，长3～4 cm，宽约3 mm；荚节4～10，平滑或中央有小疣凸，不开裂，成熟时逐节脱落；种子黑棕色，肾形。花期7—8月，果期8—10月。

生境 生于田野间湿地或湿草地、向阳草地及河岸沙地等处。

分布 吉林集安、临江等地。辽宁丹东、本溪、桓仁、抚顺、清原、沈阳、岫岩、盖州、海城、辽阳、大连、营口市区等地。河北、山东、江苏、浙江、福建、安徽、江西、湖北、湖南、广西、云南等。朝鲜、日本。非洲、大洋洲、亚洲热带地区。

采制 夏、秋季采收全草，除去杂质，洗净，鲜用或晒干。夏、秋季割下茎，剥掉茎皮，洗净，晒干。秋季采挖根，剪掉须根，除去泥土，洗净，晒干。

性味功效 茎：味苦，性凉。有清热、利湿、通淋、下乳的功效。全草：味甘、淡，性寒。有清热解毒、平肝明目、祛风利尿的功效。根：味甘，性寒。有清热利湿、消积、解毒的功效。

主治用法 茎：用于水肿、热淋、小便赤涩、乳汁不下等。水煎服。全草：用于结膜炎、夜盲症、痢疾、肠炎、黄疸型肝炎、肝硬化腹腔积液、小便不利、尿路感染、荨麻疹、皮炎及湿疹等。水煎服或入丸、散。外用治疗外伤出血，鲜草适量捣烂敷患处。根：用于血淋、疳积、目昏、牙痛、疮疖等。水煎服。外用鲜草适量捣烂敷患处。

用量 茎：15～25 g。全草：15～25 g。外用适量。根：鲜品50～100 g。外用适量。

附方

（1）治慢性荨麻疹：合萌50～100 g，水煎服。

▲ 合萌果实

▲ 合萌花

▲ 合萌幼株

另用全草适量捣烂敷患处。

（2）治黄疸：合萌（鲜）250 g，水煎服，每日 1 剂。

（3）治视物不明：合萌净根 200 g，炖猪蹄服用。

（4）治疥疮、痈肿：合萌干叶研末，调浓茶，敷患处。或用合萌全草 10 ~ 25 g，水煎服。

（5）治创伤出血：合萌鲜叶杵烂或揉碎敷患处。

（6）治血淋：合萌鲜根或茎 50 g，鲜车前草 50 g，水煎服。

（7）治胆囊炎：合萌鲜根或茎 40 ~ 50 g，水煎服。

（8）治小儿疳积：合萌鲜根 25 ~ 100 g，水煎服，每日 1 剂。

（9）治乳腺炎：合萌适量，新瓦上煅干，研成细末，临睡前用酒调服 20 g。已溃者，略出黄水，亦有效。

（10）治小便不利：合萌 10 ~ 25 g，水煎服。

附　注　叶入药，可治疗痈肿、创伤出血。

▲ 合萌幼苗

◎ 参考文献 ◎

[1] 江苏新医学院 . 中药大辞典（上册）[M] . 上海：上海科学技术出版社，1977：936，938-939.

[2] 朱有昌 . 东北药用植物 [M] . 哈尔滨： 黑龙江科学技术出版社，1989：562-563.

[3] 中国药材公司 . 中国中药资源志要 [M] . 北京：科学出版社，1994：546.

▲ 紫穗槐植株（花期）

▼ 紫穗槐果实

紫穗槐属 *Amorpha* L.

紫穗槐 *Amorpha fruticosa* L.

别　名　椒条　棉条　油条

药用部位　豆科紫穗槐的花。

原 植 物　落叶灌木，丛生，高 1 ~ 4 m。小枝灰褐色，被疏毛，后变无毛，嫩枝密被短柔毛。叶互生，奇数羽状复叶，长 10 ~ 15 cm，具小叶 11 ~ 25，基部有线形托叶；叶柄长 1 ~ 2 cm；小叶卵形或椭圆形，长 1 ~ 4 cm，宽 0.6 ~ 2.0 cm。穗状花序常一至数个顶生和枝端腋生，长 7 ~ 15 cm，密被短柔毛；花有短梗；苞片长 3 ~ 4 mm；花萼长 2 ~ 3 mm，被疏毛或几无毛，萼齿三角形，较萼筒短；旗瓣心形，紫色，无翼瓣和龙骨瓣；雄蕊 10，下部合生成鞘，上部分裂，包于旗瓣之中，伸出花冠外。荚果下垂，微弯曲，顶端具小尖，棕褐色，表面有凸起的疣状腺点。花期 6—7 月，果期 8—9 月。

生　境　生于山坡、荒地、林缘、路旁等处，常聚集成片生长。

分　布　山东、安徽、江苏、河南、湖北、广西、四川等。东北、华北、西北。

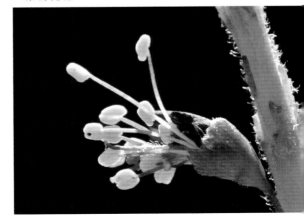

▼ 紫穗槐花

▲ 紫穗槐枝条（果期）

▼ 紫穗槐花序

▲ 紫穗槐种子

采　　制	夏季采摘花。除去杂质，阴干。
性味功效	有清热、凉血、止血的功效。
用　　量	适量。
附　　注	

（1）种子入药，有杀虫的功效。

（2）紫穗槐原产美国，20世纪引入中国，在东北已从人工种植逸为野生，成为本区新的归化植物。

◎ 参考文献 ◎

[1] 中国药材公司. 中国中药资源志要 [M]. 北京：科学出版社，1994：548.

[2] 江纪武. 药用植物辞典 [M]. 天津：天津科学技术出版社，2005：44.

▲紫穗槐枝条（花期）

▼紫穗槐植株（果期）

▲ 两型豆植株

▼ 两型豆果实

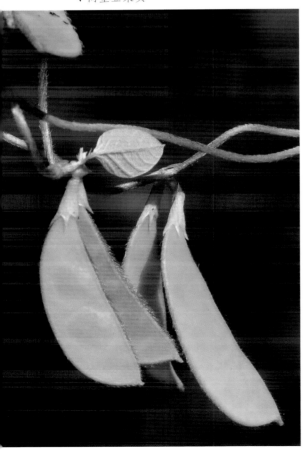

两型豆属 *Amphicarpaea* Elliot

两型豆 *Amphicarpaea edgeworthii* Benth.

| 别　　名 | 三籽两型豆　阴阳豆 |

别　　名　三籽两型豆　阴阳豆
俗　　名　落豆秧　野毛扁豆　山巴豆
药用部位　豆科两型豆的全草及根。
原 植 物　一年生缠绕草本。叶具羽状 3 小叶；托叶小，叶柄长
2.0 ~ 5.5 cm；顶生小叶菱状卵形或扁卵形，长 2.5 ~ 5.5 cm，宽
2 ~ 5 cm；侧生小叶稍小，常偏斜。花二型。生在茎上部的为正常花，
苞片卵形至椭圆形，腋内通常具花 1；花梗纤细；花萼管状，5 裂；花
冠淡紫色或白色，长 1.0 ~ 1.7 cm，各瓣近等长，旗瓣倒卵形，具瓣
柄，两侧具内弯的耳，翼瓣长圆形亦具瓣柄和耳，龙骨瓣与翼瓣近似，
先端钝，具长瓣柄；雄蕊 2 体。另为闭锁花，无花瓣，子房伸入地下
结实。荚果二型。茎上部荚果为长圆形，扁平，微弯；具闭锁花伸入
地下结的荚果，呈椭圆形，内含种子 1。花期 7—8 月，果期 8—9 月。

▼两型豆花（旗瓣前端深紫色）

生　境　生于林缘、路旁、灌丛及草地等湿润处，常聚集成片生长。
分　布　黑龙江哈尔滨、方正、桦南、桦川、通河、木兰、林口、穆棱、五常、海林、宁安、东宁等地。吉林长白山各地。辽宁丹东市区、宽甸、凤城、本溪、桓仁、抚顺、清原、新宾、西丰、北镇等地。河北、山西、山东、陕西、河南、江苏、安徽、江西、浙江、湖南、四川、海南。朝鲜、俄罗斯（西伯利亚中东部）、蒙古、日本、越南、印度。
采　制　夏、秋季采收全草，除去杂质，切段，洗净，鲜用或晒干。秋季采挖根，除去泥土，洗净，鲜

▲两型豆幼苗

▲ 两型豆花（旗瓣前端淡紫色）

▲ 两型豆种子

用或晒干。

性味功效　全草：有消食、解毒的功效。
根：有消食、解毒的功效。

主治用法　全草：用于体虚、自汗、盗汗、
疮疖，水煎服。根：用于消化不良，水煎服。

附　　注　种子入药，可治疗带下。

◎参考文献◎

[1] 中国药材公司. 中国中药资源志要
　　[M]. 北京：科学出版社，1994：548.

[2] 江纪武. 药用植物辞典 [M]. 天津：
　　天津科学技术出版社，2005：45-46.

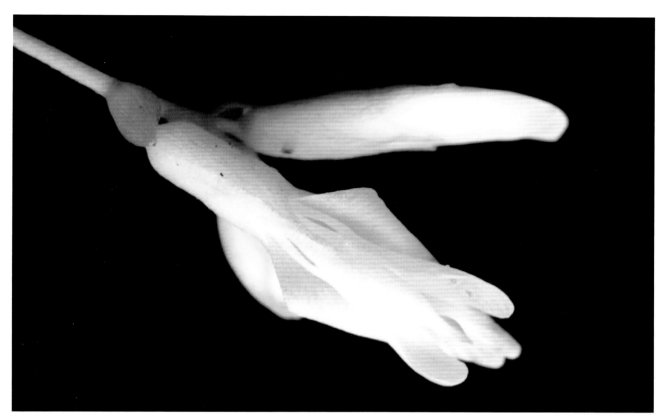

▲ 两型豆花（旗瓣前端白色）

▼ 两型豆地下果实

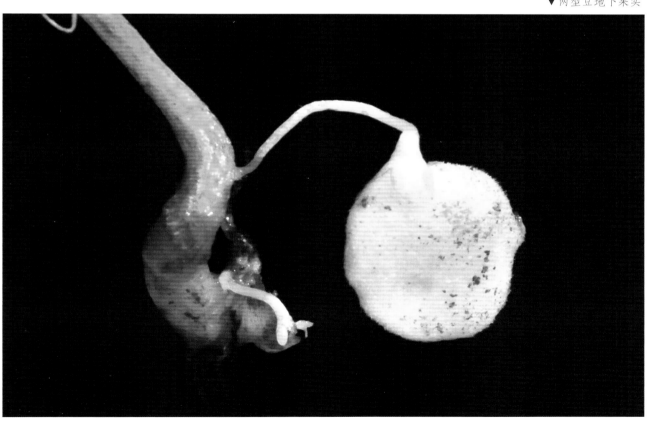

黄芪属 *Astragalus* L.

糙叶黄芪 *Astragalus scaberrimus* Bge.

别　　名	春黄芪　糙叶黄耆
俗　　名	掐不齐
药用部位	豆科糙叶黄芪的根。
原 植 物	多年生草本。根状茎短缩，木质化；地上茎不明显，有时伸长而匍匐。羽状复叶，小叶 7 ~ 15，长 5 ~ 17 cm；叶柄几与叶轴等长；小叶椭圆形，长 7 ~ 20 mm，宽 3 ~ 8 mm。总状花序生花 3 ~ 5，腋生；花梗极短；苞片披针形，较花梗长；花萼管状，长 7 ~ 9 mm，被细贴伏毛，萼齿线状披针形，与萼筒等长或稍短；花冠淡黄色或白色，旗瓣倒卵状椭圆形，先端微凹，中部稍缢缩，下部稍狭成不明显的瓣柄，翼瓣较旗瓣短，瓣片长圆形，先端微凹，较瓣柄长，龙骨瓣较翼瓣短，瓣片半长圆形，与瓣柄等长或稍短；子房有短毛。荚果披针状长圆形，微弯，具短喙。花期 4—8 月，果期 5—9 月。
生　　境	生于山坡石砾质草地、草原、沙丘及沿河流两岸沙地等处。
分　　布	黑龙江安达、大庆市区、肇东、肇源、杜尔伯特等地。吉林通榆、镇赉、洮南、前郭、长岭、乾安、大安、双辽等地。辽宁大连、建平等地。内蒙古新巴尔虎左旗、新巴尔虎右旗、阿尔山、科尔沁右翼前旗、扎赉特旗、扎鲁特旗、科尔沁左翼后旗、科尔沁左翼中旗、科尔沁右翼中旗、东乌珠穆沁旗、西乌珠穆沁旗、正蓝旗、正镶白旗、镶黄旗等地。河北、山西、陕西、宁夏、甘肃、青海、新疆。俄罗斯（西伯利亚）、蒙古。

▲糙叶黄芪花序

▲糙叶黄芪花

采　制　秋季采挖根，剪去须根和根头，除去泥土，洗净，晒干。

性味功效　味微苦，性平。有健脾利水的功效。

主治用法　用于水肿、胀满等。水煎服。

用　量　9～30 g。

附　注　本品有抗肿瘤作用。

◎参考文献◎

[1] 钱信忠. 中国本草彩色图鉴（第五卷）[M]. 北京：人民卫生出版社，2003：491-492.

[2] 中国药材公司. 中国中药资源志要 [M]. 北京：科学出版社，1994：551.

[3] 江纪武. 药用植物辞典 [M]. 天津：天津科学技术出版社，2005：89.

▲ 湿地黄芪群落

▲ 湿地黄芪种子

湿地黄芪 *Astragalus uliginosus* L.

别　　名　湿地黄耆

药用部位　豆科湿地黄芪的根。

原 植 物　多年生草本，高 30 ～ 100 cm。茎直立，羽状复叶，具小叶 15 ～ 23，长 10 ～ 18 cm，有短柄；小叶椭圆形至长圆形，长 20 ～ 30 mm，宽 5 ～ 15 mm，先端钝圆或稍尖，常具刺状小尖头。总状花序生多数、紧密排列、下垂的花；总花梗较叶稍短；苞片卵状披针形，花萼管状，长 7 ～ 11 mm，被较密黑色贴伏毛，萼齿线状披针形，长约为萼筒的 1/2；花冠苍白绿色或稍带黄色，旗瓣宽椭圆形，长 13 ～ 15 mm，顶端微凹，基部渐狭成短瓣柄，翼瓣较旗瓣短，瓣片与瓣柄近等长，线状长圆形，龙骨瓣较翼瓣短，瓣柄较瓣片稍短；子房无毛。荚果长圆形，膨胀，具细横纹。花期 6—7 月，果期 8—9 月。

生　　境　生于向阳山坡、河岸沙砾地及草地等处，常聚集成片生长。

▲ 湿地黄芪植株

分　　布　黑龙江呼玛、黑河、佳木斯市区、同江、抚远、饶河、虎林、密山、萝北、嘉荫、伊春市区、尚志、五常、东宁等地。吉林长白山各地。辽宁丹东市区、宽甸、桓仁等地。内蒙古额尔古纳、陈巴尔虎旗、牙克石、阿尔山、科尔沁右翼前旗、正蓝旗、镶黄旗、多伦等地。河北。蒙古、朝鲜、俄罗斯（西伯利亚中东部）。

采　　制　春、秋季采挖根，除去泥土，洗净，晒干。

性味功效　有清肝明目的功效。

主治用法　用于肝火上升、气虚无力、痈疮内陷、目赤肿痛、视物眼花、畏光流泪、久溃不愈等。水煎服。

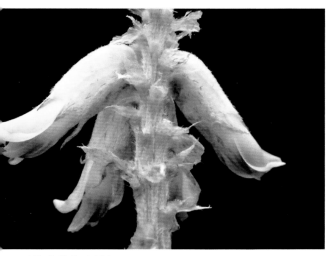

▲ 湿地黄芪花（侧）

▲ 湿地黄芪花

▲ 湿地黄芪花序

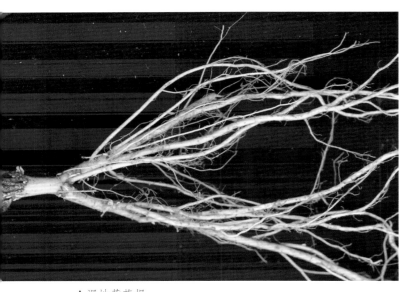

▲ 湿地黄芪根

用　　量　10～30 g。

◎参考文献◎

[1] 严仲铠，李万林. 中国长白山药用植物彩
　　色图志［M］. 北京：人民卫生出版社，
　　1997：243.

▲ 湿地黄芪果实

草珠黄芪 *Astragalus capillipes* Fisch. ex Bge.

别　名　毛柄珠黄芪　草珠黄耆

药用部位　豆科草珠黄芪的根。

原植物　多年生草本。茎上升或近直立，高30 ～ 80 cm。羽状复叶，具小叶5 ～ 9，长2 ～ 5 cm；托叶膜质，三角形，长约1 mm，基部多少合生；小叶椭圆形或长圆形，长3 ～ 22 mm，宽1.5 ～ 11.0 mm，先端钝圆或微凹，基部近圆形或宽楔形。总状花序，疏生多花，花序轴长2 ～ 5 cm，花后延伸花小；苞片小，三角形，长约1 mm；花梗较苞片稍长；花萼斜钟状，长2 ～ 3 mm，萼齿短，三角形或披针形，长为萼筒的1/4 ～ 1/3；花冠白色或带粉红色，旗瓣倒心形或宽倒卵形，长约7 mm，顶端微凹，基部具短瓣柄。翼瓣长约6 mm，瓣片长圆形，先端微凹，基部具短耳，瓣柄长约为瓣片的1/2，龙骨瓣长约5 mm，瓣片半圆形，较瓣柄长近1倍；子房具短柄。荚果卵状球形，长4 ～ 6 mm，假2室。花期7—9月，果期9—10月。

生　境　生于河谷沙地、向阳山坡及路旁草地等处。

分　布　内蒙古正蓝旗、镶黄旗等地。华北、西北等。

采　制　春、夏季采挖根，除去杂质，洗净，鲜用或晒干。

性味功效　有滋补、强壮的功效。

主治用法　用于内伤劳倦、脾虚泄泻、脱肛、气虚血脱、崩带等。水煎服。

用　量　适量。

◎参考文献◎

[1] 江纪武. 药用植物辞典 [M]. 天津：天津科学技术出版社，2005：87.

[2] 中国药材公司. 中国中药资源志要 [M]. 北京：科学出版社，1994：555.

▲草珠黄芪花序

▲草珠黄芪花

▲斜茎黄芪植株

▼斜茎黄芪花序

斜茎黄芪 *Astragalus laxmannii* Jacq.

别　名　直立黄芪　斜茎黄耆

俗　名　马拌肠

药用部位　豆科斜茎黄芪的种子。

原植物　多年生草本，高 20～100 cm。茎多数或数个丛生，直立或斜上。羽状复叶，具小叶 9～25，叶柄较叶轴短；托叶三角形，小叶长圆形，长 10～35 mm，宽 2～8 mm。总状花序长圆柱状、穗状，生多数花，排列密集，有时较稀疏；总花梗生于茎的上部；花梗极短；苞片狭披针形至三角形，先端尖；花萼管状钟形，长 5～6 mm，萼齿狭披针形，长为萼筒的 1/3；花冠近蓝色或红紫色，旗瓣长 11～15 mm，倒卵圆形，先端微凹，基部渐狭，翼瓣较旗瓣短，瓣片长圆形，约与瓣柄等长，龙骨瓣长 7～10 mm，瓣片较瓣柄稍短。荚果长圆形，背缝凹入成沟槽，顶端具下弯的短喙。花期 6—8 月，果期 8—10 月。

生　境　生于向阳山坡灌丛及林缘地带等处。

分　布　黑龙江漠河、塔河、呼玛、齐齐哈尔市区、大庆市区、肇东、肇源、安达、杜尔伯特、泰来等地。吉林长白山及西部草原各地。辽宁沈阳、彰武等地。内蒙古额尔古纳、牙克石、鄂温克旗、扎兰屯、

▲斜茎黄芪果实

科尔沁右翼前旗、扎鲁特旗、科尔沁右翼中旗、扎赉特旗、克什克腾旗、东乌珠穆沁旗、西乌珠穆沁旗等地。河北、山西、河南、江苏、陕西、甘肃、四川、云南、西藏。朝鲜、俄罗斯、蒙古、日本。北美洲。

采　制　秋季采收果实，晒干，获取种子，去掉杂质，保存。

性味功效　味甘，性温。有补肝肾、固精、明目的功效。

▼斜茎黄芪居群

主治用法 用于肝肾不足、腰膝酸痛、遗精早泄、小便频数、遗尿、尿血、白带异常等。水煎服。

用 量 5 ~ 15 g。

◎ 参考文献 ◎

[1] 严仲铠，李万林 . 中国长白山药用植物彩色图志 [M] . 北京：人民卫生出版社，1997：240.

[2] 江纪武 . 药用植物辞典 [M] . 天津：天津科学技术出版社，2005：87.

▲ 斜茎黄芪种子

▼ 斜茎黄芪花序（白色）

▲ 华黄芪群落

▼ 华黄芪花序

华黄芪 *Astragalus chinensis* L. f.

| 别　　名 | 地黄芪　华黄耆 |

药用部位　豆科华黄芪的种子。

原 植 物　多年生草本，高 30 ～ 90 cm。茎直立，奇数羽状复叶，具小叶 17 ～ 25，长 5 ～ 12 cm；叶柄长 1 ～ 2 cm；托叶离生；小叶椭圆形至长圆形，长 1.5 ～ 2.5 cm，宽 4 ～ 9 mm。总状花序生多数花，苞片披针形，花梗长 4 ～ 5 mm；花萼管状钟形，长 6 ～ 7 mm，萼齿三角状披针形，长约 2 mm；小苞片披针形；花冠黄色，旗瓣宽椭圆形或近圆形，长 12 ～ 16 mm，先端微凹，基部渐狭成瓣柄，翼瓣小，长 9 ～ 12 mm，瓣片长圆形，宽约 2 mm，基部具短耳，瓣柄长 4 ～ 5 mm，龙骨瓣约与旗瓣近等长，瓣片半卵形，瓣柄长约为瓣片的 1/2；子房无毛，具长柄。荚果椭圆形，种子肾形，褐色。花期 6—7 月，果期 7—8 月。

生　　境　生于向阳山坡、路旁沙地和草地上。

分　　布　黑龙江齐齐哈尔市区、大庆市区、肇东、肇源、安达、杜尔伯特、泰来、佳木斯、依兰、牡丹江、密山、虎林等地。吉林镇赉、大安、德惠、双辽等地。辽宁铁岭、营口、盘山等地。内蒙古科尔沁左翼后旗、东乌珠穆沁旗、西乌珠穆沁旗等地。河北、

▲ 华黄芪植株

▲华黄芪花

▲华黄芪果实

山西。

采　制　秋季采收果实，晒干，获取种子，去掉杂质，保存。

性味功效　味甘、性温。无毒。有补肝肾、固精、明目的功效。

主治用法　用于肝肾不足、腰膝酸痛、目昏、遗精早泻、小便频数、遗尿、尿血、白带异常等。水煎服。

用　量　5～15g。

◎参考文献◎

[1] 江苏新医学院．中药大辞典（上册）[M]．上海：上海科学技术出版社，1977: 1163-1164.

[2] 朱有昌．东北药用植物 [M]．哈尔滨：黑龙江科学技术出版社，1989: 565-566.

[3] 《全国中草药汇编》编写组．全国中草药汇编（上册）[M]．北京：人民卫生出版社，1975: 398-399.

▲草木樨状黄芪群落

▼草木樨状黄芪花序

草木樨状黄芪 *Astragalus melilotoides* Pall.

别　　名	草木樨芪　草木樨黄芪　草木樨状紫云英　草木樨状黄耆
俗　　名	扫帚苗　苦豆根　层头　小马层子
药用部位	豆科草木樨状黄芪的全草。

▼草木樨状黄芪花序

原 植 物　多年生草本。茎直立或斜生，高 30～50 cm。羽状复叶具小叶 5～7，长 1～3 cm；叶柄与叶轴近等长；小叶长圆状楔形，长 7～20 mm，宽 1.5～3.0 mm，具极短的柄。总状花序生多数花；总花梗远较叶长；花小；苞片披针形；花梗长 1～2 mm；花萼短钟状，萼齿三角形，较萼筒短；花冠白色或带粉红色，旗瓣近圆形或宽椭圆形，长约 5 mm，先端微凹，基部具短瓣柄，翼瓣较旗瓣稍短，先端有不等的 2 裂或微凹，基部具短耳，瓣柄长约 1 mm，龙骨瓣较翼瓣短，瓣片半月形，先端带紫色，瓣柄长为瓣片的 1/2；子房近无柄。荚果宽倒卵状球形或椭圆形，先端微凹，具短喙。花期 7—8 月，果期 8—9 月。

生　　境　生于向阳山坡、路旁草地及草甸草地等处。

分　　布　黑龙江齐齐哈尔市区、大庆市区、肇东、肇源、安达、杜尔伯特、泰来等地。吉林通榆、镇赉、洮南、前郭、大安、长岭等地。辽宁康平、法库、

▲草木樨状黄芪植株（花淡粉色）

▼草木樨状黄芪花序（花粉色）

彰武、建平、凌源、锦州、沈阳市区等地。内蒙古额尔古纳、牙克石、陈巴尔虎旗、鄂温克旗、科尔沁右翼前旗、扎赉特旗、克什克腾旗、东乌珠穆沁旗、西乌珠穆沁旗等地。河北、山东、山西、陕西、宁夏、甘肃、新疆。俄罗斯、蒙古。

采　　制　夏、秋季采收全草，除去杂质，切段，洗净，鲜用或晒干。

性味功效　味苦，性微寒。有祛风除湿、活血通络的功效。

主治用法　用于风湿关节痛、四肢麻木等。水煎服。

用　　量　15 ～ 25 g。

附　　注　种子入药，有补肾益肝、固精明目的功效。

◎ 参考文献 ◎

［1］朱有昌. 东北药用植物 [M]. 哈尔滨：黑龙江科学技术出版社, 1989: 565-566.

［2］钱信忠. 中国本草彩色图鉴（第三卷）[M]. 北京：人民卫生出版社, 2003: 451-452.

［3］中国药材公司. 中国中药资源志要 [M]. 北京：科学出版社, 1994: 550.

▲草木樨状黄芪植株（花白色）

▲草木樨状黄芪花

▲蒙古黄芪植株

▼市场上的黄芪根（切成片）

▼市场上的黄芪根

黄芪 *Astragalus membranacens*（Fisch.）Bge.

别　　名　膜荚黄芪　东北黄芪　北黄芪　膜荚黄耆　黄耆

俗　　名　二人抬　一人挺

药用部位　豆科黄芪的根。

原 植 物　多年生草本，高 50 ~ 100 cm。主根肥厚，木质，常分枝，灰白色。茎直立，上部多分枝。羽状复叶有小叶 13 ~ 27，长 5 ~ 10 cm；叶柄长 0.5 ~ 1.0 cm；小叶椭圆形，长 7 ~ 30 mm，宽 3 ~ 12 mm。总状花序稍密，具花 10 ~ 20；总花梗与叶近等长，至果期显著伸长；苞片线状披针形，花梗长 3 ~ 4 mm；花萼钟状，萼齿短；花冠黄色或淡黄色，旗瓣倒卵形，长 12 ~ 20 mm，顶端微凹，基部具短瓣柄，翼瓣较旗瓣稍短，瓣片长圆形，基部具短耳，瓣柄较瓣片长约 1.5 倍，龙骨瓣与翼瓣近等长，瓣片半卵形，瓣柄较瓣片稍长；子房有柄。荚果薄膜质，稍膨胀，半椭圆形。花期 7—8 月，果期 8—9 月。

生　　境　生于山坡、林缘、灌丛及林间草地等处。

分　　布　黑龙江漠河、塔河、呼玛、黑河市区、嫩江、孙吴、逊克、嘉荫、讷河、北安、龙江、伊春市区、铁力、富锦、甘南、阿城、五常、尚志、海林、东宁、宁安、穆棱、林口、鸡东、密山、虎林、

▲ 蒙古黄芪果实

饶河、同江、抚远、方正、勃利、桦南、
延寿、通河、木兰、汤原、依兰、庆安、
绥棱等地。吉林乾安、长春以东各地。辽
宁鞍山市区、本溪、岫岩、丹东、庄河等
地。内蒙古额尔古纳、牙克石、扎赉特旗、
扎鲁特旗、东乌珠穆沁旗、西乌珠穆沁旗
等地。河北、山西、陕西、宁夏、甘肃。
朝鲜、蒙古、俄罗斯（西伯利亚中东部）。

采 制 秋季采挖根，剪去须根和根头，
除去泥土，洗净，晒干。生用或蜜炙用。

性味功效 味甘，性微温。有益卫固表、
利尿托毒、排脓、敛疮生肌、补中益气的
功效。

主治用法 用于自汗、盗汗、血痹、水肿、
气虚无力、懒言少食、脾虚泄泻、食少便
溏、中气下陷、久泻脱肛、子宫脱垂、崩带、
痈疽难溃、久溃不敛、血虚痿黄、内热消渴、
慢性肾炎蛋白尿、糖尿病等。水煎服。入丸、
散或熬膏。发热、咯血、热毒、气滞、便秘、
阳亢等不宜服，实证、阴虚阳盛者忌用。

▲ 黄芪果实

▲ 黄芪幼苗

▼ 黄芪根

用　　量　　15～25 g（大剂量 50～100 g）。

附　　方

（1）治体虚自汗：（玉屏风散）黄芪 25 g，白术 15 g，防风 10 g，水煎服。

（2）治失血体虚：黄芪 50 g，当归 10 g，水煎服。

（3）治脾胃虚弱以及气虚下陷引起的胃下垂、肾下垂、子宫脱垂、脱肛：（补中益气汤）黄芪 20 g，党参、白术、当归各 15 g，炙甘草、陈皮、升麻、柴胡各 7.5 g，水煎服。

（4）治血小板减少性紫癜：黄芪 50 g，当归、龙眼肉、五味子各 25 g，红枣 10 枚，黑豆 50 g，水煎服。

（5）治脑血栓：黄芪 25～50 g，川芎 10 g，当归、赤芍、地龙、桃仁、牛膝、丹参各 15 g，水煎服。

（6）治白细胞减少症、贫血：生黄芪、鸡血藤各 100 g，当归 50 g，党参、熟地黄各 25 g。每日 1 剂，水煎 2 次，分 2 次服。孕妇当归应减量。

（7）治神经性皮炎：黄芪、党参、山药各 25 g，当归、莲子、薏米、荆芥、蛇床子、牛蒡子、地肤子、蝉蜕各 20 g，甘草 10 g。有感染者加生地黄 15 g，黄檗 20 g，水煎服。早晚各服 1 次，并用热药渣搽患处。老人、儿童酌减。

（8）治痈疽脓泄后、溃烂不能收口：黄芪、人参各 15 g，甘草 10 g，五味子 5 g，生姜、茯苓、牡蛎各 15 g，水煎大半杯，温服。

（9）治肠风泻血：黄芪、黄连各等量，研末，面糊丸，如绿豆大。每服 30 丸，米汤下。

附　注

（1）茎叶入药，可治疗筋挛、痈肿等。

（2）本品为《中华人民共和国药典》（2020年版）收录的药材。

（3）在东北尚有 1 变种：

蒙古黄芪 var. *mongholicus*（Bge.）P. K. Hsiao 荚果平滑无毛，花 18～20 mm，小叶 8～16 对，较小，长 5～10 mm。其他与原种同。

◎ 参考文献 ◎

［1］江苏新医学院. 中药大辞典（下册）[M]. 上海：上海科学技术出版社，1977：2036-2040，2074.

［2］朱有昌. 东北药用植物 [M]. 哈尔滨：黑龙江科学技术出版社，1989：569-571.

［3］《全国中草药汇编》编写组. 全国中草药汇编（上册）[M]. 北京：人民卫生出版社，1975：761-763.

▲ 黄芪植株

▲ 黄芪花

▲ 黄芪花序

▼达乌里黄芪花序（白色）

▲达乌里黄芪群落

达乌里黄芪 *Astragalus dahuricus*（Pall.）DC.

别　　名	兴安黄芪　达乌里黄耆
俗　　名	野豆角花　驴干粮
药用部位	豆科达乌里黄芪的种子。

原 植 物　一年生或二年生草本。茎直立，高达80 cm，分枝，有细棱。羽状复叶，具小叶11 ~ 23，长4 ~ 8 cm；叶柄长不及1 cm；托叶分离；小叶长圆形，长5 ~ 20 mm，宽2 ~ 6 mm，先端圆或略尖。总状花序较密，具花10 ~ 20，总花梗长2 ~ 5 cm。花萼斜钟状，萼筒长1.5 ~ 2.0 mm；花冠紫色，旗瓣近倒卵形，长12 ~ 14 mm，宽6 ~ 8 mm，翼瓣长约10 mm，瓣片弯长圆形，长约7 mm，宽1.0 ~ 1.4 mm，龙骨瓣长约13 mm，瓣片近倒卵形，长8 ~ 9 mm，宽2.0 ~ 2.5 mm，瓣柄长约4.5 mm；子房柄长约1.5 mm。荚果线形，具种子20 ~ 30。种子淡褐色或褐色，肾形，长约1 mm，有斑点，平滑。花期7—8月，果期8—9月。

生　　境　生于向阳山坡、河岸沙砾地及草甸等处。

分　布　辽宁康平、法库、彰武、凌源、朝阳、沈阳市区、海城、盖州等地。内蒙古莫力达瓦旗、额尔古纳、牙克石、陈巴尔虎旗、新巴尔虎左旗、新巴尔虎右旗、鄂温克旗、科尔沁右翼前旗、扎赉特旗、扎赉特旗、克什克腾旗、巴林左旗、巴林右旗、翁牛特旗、喀喇沁旗、阿鲁科尔沁旗、东乌珠穆沁旗、西乌珠穆沁旗等地。河北、山东、山西、河南、四川、陕西、宁夏、甘肃。朝鲜、俄罗斯、蒙古。

采　制　秋季采摘果实，晒干，打下种子，除去杂质，晒干。

性味功效　有补肾益肝、固精明目的功效。

主治用法　用于肝炎。

用　量　适量。

◎ 参考文献 ◎

[1] 中国药材公司. 中国中药资源志要 [M]. 北京: 科学出版社, 1994: 550.

[2] 江纪武. 药用植物辞典 [M]. 天津: 天津科学技术出版社, 2005: 87.

▲达乌里黄芪花序

▲达乌里黄芪幼株

▲达乌里黄芪果实

▲达乌里黄芪种子

▲达乌里黄芪植株

背扁黄芪 *Astragalus complanatus* Bge.

别　名　蔓黄芪　夏黄芪　扁茎黄芪　沙苑蒺藜　沙苑子　背扁黄耆

药用部位　豆科背扁黄芪的种子（入药称"沙苑子"）。

原植物　多年生草本。主根圆柱状，长达 1 m。茎平卧，单一至多数，长 20 ～ 100 cm，有棱，分枝。羽状复叶，具小叶 9 ～ 25；托叶离生，披针形，长 3 mm；小叶椭圆形或倒卵状长圆形，长 5 ～ 18 mm，宽 3 ～ 7 mm。总状花序，具花 3 ～ 7，较叶长；总花梗长 1.5 ～ 6.0 cm；苞片钻形，长 1 ～ 2 mm；花梗短；小苞片长 0.5 ～ 1.0 mm；花萼钟状，萼筒长 2.5 ～ 3.0 mm，萼齿披针形；花冠乳白色或带紫红色，旗瓣长 10 ～ 11 mm，宽瓣片近圆形，长 7.5 ～ 8.0 mm，先端微缺，基部突然收狭，瓣柄长 2.7 ～ 3.0 mm，翼瓣长 8 ～ 9 mm，瓣片长圆形，长 6 ～ 7 mm，先端圆形，瓣柄长约 2.8 mm，龙骨瓣长 9.5 ～ 10.0 mm，瓣片近倒卵形，长 7.0 ～ 7.5 mm；子房柄长 1.2 ～ 1.5 mm，柱头被簇毛。荚果略膨胀，狭长圆形，长达 35 mm；种子淡棕色，肾形。花期 7—9 月，果期 8—10 月。

生　境　生于向阳草地、山坡、路边及轻碱性草甸，一般多生于较干燥处。

分　布　黑龙江大庆市区、安达、肇东、肇源、杜尔伯特、泰来等地。吉林镇赉、通榆、洮南、长岭、前郭等地。辽宁凌源、绥中、朝阳、北票、阜新、海城、沈阳、抚顺等地。内蒙古科尔沁右翼前旗、科尔沁左翼中旗、科尔沁左翼后旗、奈曼旗、阿鲁科尔沁旗等地。河北、山西、河南、陕西、宁夏、甘肃、江苏、四川。蒙古。

采　制　霜降前荚果果皮由绿变黄时，靠近地表约 3 cm 处割下，晒干脱离，收集种子。

性味功效　味甘，性温。无毒。有益肾固精、补肝明目的功效。

主治用法　用于肝肾不足、头晕眼花、腰膝酸软、遗精、早泄、尿频、遗尿、白带异常、神经衰弱、视力减退等。水煎服或入丸、散。

▲ 背扁黄芪果实

用　量　10～15 g。

附　方

（1）治腰膝酸软、遗精：沙苑子、菟丝子各 25 g，枸杞子、补骨脂、炒杜仲各 15 g，水煎服。

（2）治精滑不禁：沙苑子（炒）、芡实（蒸）、莲须各 100 g，龙骨（酥炙）、牡蛎（盐水煮 24 h，煅粉）各 50 g，共研成末，莲子粉糊为丸，盐汤下。

（3）治目昏不明：沙苑子 15 g，茺蔚子 10 g，青葙子 15 g，共研细末，日服 2 次，每次 5 g。

（4）治肾虚腰痛：沙苑子 50 g，水煎服，每日 2 次。

（5）治脾胃虚、饮食不消、湿热呈膨胀：沙苑子 100 g（酒拌炒），苍术 400 g（米泔水浸 1 d，晒干，炒），共研为末，每日 15 g，米汤调服。

附　注　本品为《中华人民共和国药典》（2020 年版）收录的药材。

◎参考文献◎

[1] 江苏新医学院 . 中药大辞典（上册）[M] . 上海：上海科学技术出版社，1977：1163-1164.

[2]《全国中草药汇编》编写组 . 全国中草药汇编（上册）[M] . 北京：人民卫生出版社，1975：398-399.

[3] 中国药材公司 . 中国中药资源志要 [M] . 北京：科学出版社，1994：550.

▲ 背扁黄芪花

▲ 背扁黄芪花（侧）

▲乳白黄芪群落

乳白黄芪 *Astragalus galactites* Pall.

别　　名　乳白花黄芪　白花黄芪　科布尔黄芪　河套盐生黄芪　宁夏黄芪　乳白黄耆

药用部位　豆科乳白黄芪的全草。

原 植 物　多年生草本，高 5 ～ 15 cm。根粗壮，茎极短缩。羽状复叶，具小叶 9 ～ 37；叶柄较叶轴短；托叶膜质；小叶长圆形或狭长圆形，稀为披针形或近椭圆形，长 8 ～ 18 mm，宽 6 ～ 15 mm。花生于基部叶腋，通常 2 花簇生；苞片披针形或线状披针形；花萼管状钟形，长 8 ～ 10 mm，萼齿线状披针形或近丝状，与萼筒等长或稍短；花冠乳白色或稍带黄色，旗瓣狭长圆形，长 20 ～ 28 mm，先端微凹，中部稍缢缩，下部渐狭成瓣柄，翼瓣较旗瓣稍短，瓣片先端有时 2 浅裂，瓣柄长为瓣片的 2 倍，龙骨瓣长 17 ～ 20 mm，瓣片短，长约为瓣柄的 1/2。果实子房无柄，花柱细长。荚果小，卵形或倒卵形，先端有喙，1 室，长 4 ～ 5 mm，通常不外露。种子通常 2。花期 5—6 月，果期 6—8 月。

生　　境　生于砾石质及沙砾质土壤的草原中。

分　　布　黑龙江大庆市区、杜尔伯特等地。吉林镇赉、双辽等地。内蒙古满洲里、科尔沁右翼前旗、克什克腾旗、苏尼特右旗、苏尼特左旗等地。陕西、宁夏、甘肃、青海、新疆、西藏等。蒙古。

采　　制　秋季采收全草，洗净，切段，晒干，备用。

性味功效　有利水、清热、补血的功效。

▲乳白黄芪植株

▲乳白黄芪花序

主治用法　用于腹腔积液、久病衰弱、慢性肾炎水肿、痈肿疮疖、贫血等。水煎服或入丸、散。

用　量　10 ~ 15 g。

◎参考文献◎

[1] 江纪武 . 药用植物辞典 [M] . 天津：天津科学技术出版社，2005: 88.

[2] 中国药材公司 . 中国中药资源志要 [M] . 北京：科学出版社，1994: 550.

▲ 筅子梢花

▲ 筅子梢花序

筅子梢属 *Campylotropis* Bge.

▲ 筅子梢枝条

筅子梢 *Campylotropis macrocarpa*（Bge.）Rehd.

别　　名	杭子梢
药用部位	豆科筅子梢的根（入药称"壮筋草"）。

原 植 物　落叶灌木，高 1 ~ 3 m。嫩枝毛密，少有具茸毛。羽状复叶，具小叶 3；托叶狭三角形；叶柄长 1.0 ~ 3.5 cm，枝中上部的叶柄常较短；小叶椭圆形或宽椭圆形，长 2 ~ 7 cm，宽 1.5 ~ 4.0 cm，中脉明显隆起。总状花序单一，花序连总花梗长 4 ~ 10 cm；或有时更长，总花梗长 1 ~ 5 cm；苞片卵状披针形，长 1.5 ~ 3.0 mm；花梗长 4 ~ 12 mm；花萼钟形，长 3 ~ 5 mm；花冠紫红色或近粉红色，长 10 ~ 13 mm，旗瓣椭圆形、倒卵形或近长圆形等，翼瓣微短于旗瓣或等长，龙骨瓣呈直角或微钝角内弯。荚果长圆形、近长圆形或椭圆形，长 9 ~ 16 mm，果颈长 1.0 ~ 1.8 mm，具网脉，边缘生纤毛。花期 6—7 月，果期 8—9 月。

生　　境	生于山坡、灌丛中、疏林地及林缘等处。
分　　布	吉林集安。华北、华中。朝鲜。
采　　制	春、秋季采挖根，除去泥土，洗净，晒干。
性味功效	味苦、微辛，性平。有祛风散寒、舒筋活血的功效。
主治用法	用于肢体麻木、半身不遂、感冒、水肿等。水煎服或浸酒。
用　　量	10 ~ 15 g。

◎ 参考文献 ◎

[1] 江苏新医学院. 中药大辞典（上册）[M]. 上海：上海科学技术出版社，1977：955.

[2] 钱信忠. 中国本草彩色图鉴（第二卷）[M]. 北京：人民卫生出版社，2003：280-281.

[3] 中国药材公司. 中国中药资源志要 [M]. 北京：科学出版社，1994：556.

锦鸡儿属 *Caragana* Fabr.

红花锦鸡儿 *Caragana rosea* Turcz. ex Maxim.

别　　名　金雀儿 紫花锦鸡儿 黄枝条

俗　　名　骨担草 山小豆

药用部位　豆科红花锦鸡儿的根。

原 植 物　落叶灌木,高 0.4 ~ 1.0 m。树皮绿褐色或灰褐色,托叶在长枝者成细针刺,短枝者脱落;叶柄长 5 ~ 10 mm,脱落或宿存成针刺;叶假掌状;小叶 4,楔状倒卵形,长 1.0 ~ 2.5 cm,宽 4 ~ 12 mm,先端圆钝或微凹,具刺尖。花梗单生,关节在中部以上,无毛;花萼管状,长 7 ~ 9 mm,宽约 4 mm,常紫红色,萼齿三角形,渐尖,内侧密被短柔毛;花冠黄色,常紫红色或全部淡红色,凋时变为红色,长 20 ~ 22 mm,旗瓣长圆状倒卵形,先端凹入,基部渐狭成宽瓣柄,翼瓣长圆状线形,瓣柄较瓣片稍短,耳短齿状,龙骨瓣的瓣柄与瓣片近等长,耳不明显;子房无毛。花期 4—6 月,果期 6—7 月。

生　　境　生于山地灌丛及山地沟谷灌丛中。

分　　布　辽宁北镇、黑山、凌源等地。内蒙古宁城、敖汉旗、奈曼旗等地。陕西、甘肃、山东、江苏、浙江、安徽、四川、河南。华北。俄罗斯(西伯利亚中东部)。

采　　制　秋季采挖根部,洗净,切片,晒干。

性味功效　味甘、微辛,性平。有健脾、强胃、活血、催乳、益肾、通经、利尿的功效。

主治用法　用于虚损劳热、咳嗽、淋浊、阳痿、妇女血崩、白带异常、乳少、子宫脱垂等。水煎服或研末。

▲红花锦鸡儿枝条（果期）

▲红花锦鸡儿枝条（花期）

用 量 10 ~ 40 g。

附 方

（1）治脾胃虚弱：红花锦鸡儿根配山里红，煎汤服。

（2）治哮喘：红花锦鸡儿根配沙参、羊睾丸（干燥研粉），碾成散剂服。

（3）治淋浊：红花锦鸡儿根配马先蒿，煎汤服。

（4）治阳痿及子宫脱出：红花锦鸡儿根配淫羊藿、鹿冲，煎汤服。

（5）治乳少：红花锦鸡儿配大力子根，炖猪蹄吃。

（6）治血崩：红花锦鸡儿配悬钩子，炖甜酒服。

▼红花锦鸡儿果实

◎参考文献◎

[1] 江苏新医学院. 中药大辞典（上册）[M]. 上海：上海科学技术出版社，1977：1019-1020.

[2] 朱有昌. 东北药用植物 [M]. 哈尔滨：黑龙江科学技术出版社，1989：575-576.

[3] 中国药材公司. 中国中药资源志要 [M]. 北京：科学出版社，1994：559.

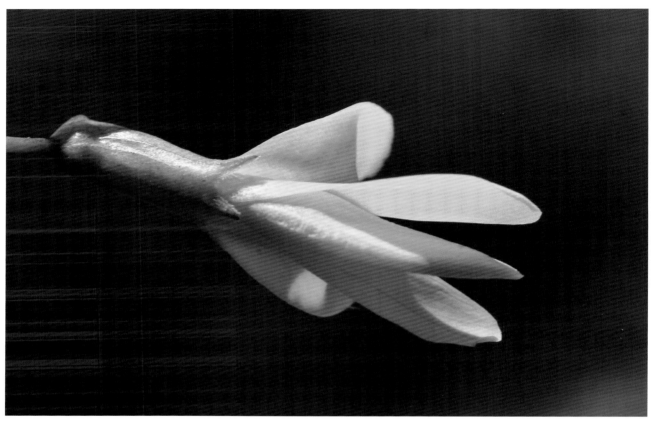

▲红花锦鸡儿花（背）

▲ 树锦鸡儿枝条

▲ 树锦鸡儿种子

树锦鸡儿 *Caragana arborescens*（Amm.）Lam.

别　　名　蒙古锦鸡儿　黄槐　骨担草

药用部位　豆科树锦鸡儿的根皮及枝条。

原 植 物　落叶小乔木或大灌木，高 2～6 m。老枝深灰色，小枝绿色或黄褐色。羽状复叶，具小叶 4～8 对；托叶针刺状，叶轴长 3～7 cm，幼时被柔毛；小叶长圆状倒卵形，长 1.0～2.5 cm，宽 5～13 mm，先端圆钝，具刺尖，基部宽楔形。花梗 2～5 簇生，每梗花 1，长 2～5 cm，关节在上部，苞片小，刚毛状；花萼钟状，萼齿短宽；花冠黄色，长 16～20 mm，旗瓣菱状宽卵形，宽与长近相等，先端圆钝，具短瓣柄，翼瓣长圆形，较旗瓣稍长，瓣柄长为瓣片的 3/4，耳距状，长不及瓣柄的 1/3，龙骨瓣较旗瓣稍短，瓣柄较瓣片略短，耳钝或略呈三角形；子房无毛或被短柔毛。花期 5—6 月，果期 8—9 月。

生　　境　生于山坡、林缘及灌丛等处。

分　　布　吉林通化、集安、柳河、辉南等地。河北、山西、陕西、甘肃、新疆。俄罗斯。

采　　制　春、秋季采挖根，剥取根皮，切段，洗净，晒干。夏、秋季采收枝条，切段，洗净，晒干。

性味功效　根皮：味甘、微辛，性平。有通乳、利湿的功效。枝条：味甘，性温。有滋阴养血、活血调经的功效。

主治用法　根皮：用于乳汁不通、白带异常、脚气、麻木水肿等。水煎服。枝条：用于月经不调、宫颈癌、乳腺癌、脚气、带下、乳汁不通、麻木水肿等。水煎服。

用　　量　根皮：25～50 g。枝条：15～25 g（鲜品 40～50 g）。

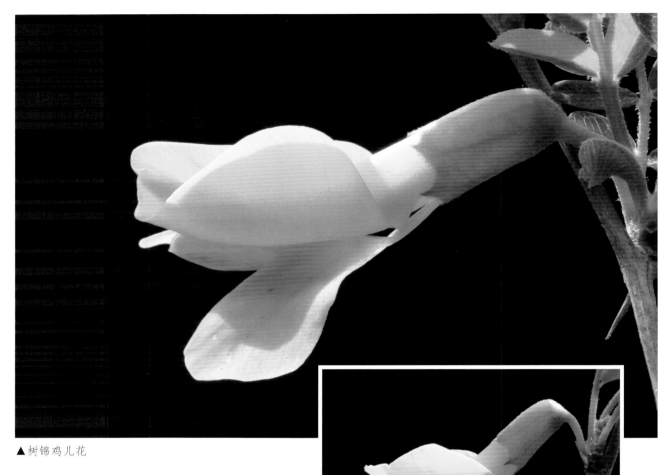

▲ 树锦鸡儿花

▲ 树锦鸡儿果实

▲ 树锦鸡儿花（侧）

附　方

（1）治月经不调：树锦鸡儿全草 15 ~ 25 g，水煎服。

（2）治宫颈癌、乳腺癌：树锦鸡儿枝条 100 ~ 200 g，水煎服。每日 1 剂，同时用树锦鸡儿浸液冲洗阴道，或用其注射液局部封闭，每日 1 次，可使症状缓解。

◎ 参考文献 ◎

[1] 朱有昌. 东北药用植物 [M]. 哈尔滨：黑龙江科学技术出版社，1989:573-574.

[2] 中国药材公司. 中国中药资源志要 [M]. 北京：科学出版社，1994:557.

[3] 江纪武. 药用植物辞典 [M]. 天津：天津科学技术出版社，2005:143.

▲树锦鸡儿植株

▲ 小叶锦鸡儿群落

▲ 小叶锦鸡儿果实

小叶锦鸡儿 *Caragana microphylla* Lam.

别　　名	小叶金雀花
俗　　名	柠条　柠鸡儿　连针
药用部位	豆科小叶锦鸡儿的果实、种子、花及根。

原 植 物　落叶灌木，高 1 ～ 3 m。老枝深灰色或黑绿色，嫩枝被毛，直立或弯曲。羽状复叶，具小叶 5 ～ 10 对；托叶长 1.5 ～ 5.0 cm，脱落；小叶倒卵形或倒卵状长圆形，长 3 ～ 10 mm，宽 2 ～ 8 mm，先端圆或钝，很少凹入，具短刺尖，幼时被短柔毛。花梗长约 1 cm，近中部具关节，被柔毛；花萼管状钟形，长 9 ～ 12 mm，宽 5 ～ 7 mm，萼齿宽三角形；花冠黄色，长约 25 mm，旗瓣宽倒卵形，先端微凹，基部具短瓣柄，翼瓣的瓣柄长为瓣片的 1/2，耳短，齿状；龙骨瓣的瓣柄与瓣片近等长，耳不明显，基部截平；子房无毛。荚果圆筒形，稍扁，长 4 ～ 5 cm，宽 4 ～ 5 mm，具锐尖头。花期 5—6 月，果期 7—8 月。

生　　境　生于沙地、沙丘及干山坡上。

分　　布　吉林通榆、镇赉、洮南、前郭、长岭、大安、蛟河、汪清等地。辽宁北镇、义县、建平、凌源等地。内蒙古科尔沁右翼中旗、科尔沁左翼中旗、科尔沁左翼后旗、奈曼旗、阿鲁科尔沁旗、东乌珠穆沁旗、西乌珠穆沁旗等地。华北、西北。俄罗斯（西伯利亚）、蒙古。

▲ 小叶锦鸡儿植株

采　　制　夏、秋季采收果实，阴干备用或打开种皮，除去杂质，获取种子。夏季采摘花，除去杂质，阴干备用。夏、秋季采挖根，除去残茎及须根，洗净泥土，晒干，切片备用。中药生用。

性味功效　果实：味苦，性寒。有清热解毒的功效。种子：味苦，性寒。有祛风止痒、解毒、杀虫的功效。花：味甘，性平。有养血安神、降压的功效。根：味甘、微辛，性微温。有祛风止痛、祛痰止咳的功效。

主治用法　果实：用于咽喉肿痛。水煎服。种子：用于神经性皮炎、牛皮癣、黄水疮等。外用捣烂敷患处。花：用于头昏、眩晕、高血压等。水煎服。根：用于眩晕头痛、风湿痹痛、咳嗽痰喘。水煎服。

用　　量　9 ~ 30 g。外用适量。

附　　方

（1）治高血压、头晕：小叶锦鸡儿花 20 g，黄蓬花（小叶旋覆花）15 g，水煎服，每日 2 次。或用小叶锦鸡儿鲜根 40 ~ 50 g，水煎服。

（2）治心慌、气短、四肢无力、疲乏不堪：小叶锦鸡儿根 15 ~ 25 g，蘑菇 10 g，水煎服。

（3）治月经不调：小叶锦鸡儿全草 15 ~ 25 g，水煎服。

▲ 小叶锦鸡儿种子

▲ 小叶锦鸡儿枝条

▲ 小叶锦鸡儿花

（4）治神经性皮炎、牛皮癣、黄水疮：小叶锦鸡儿种子熬油外搽，或将种子炒炭存性，研末撒于创面。

（5）治咽喉肿痛：小叶锦鸡儿果实、当药、蒲公英各等量，共研细末，每次2.5g，开水送服。

◎ 参考文献 ◎

[1] 朱有昌. 东北药用植物 [M]. 哈尔滨：黑龙江科学技术出版社，1989: 574-575.

[2] 中国药材公司. 中国中药资源志要 [M]. 北京：科学出版社，1994: 559.

[3] 江纪武. 药用植物辞典 [M]. 天津：天津科学技术出版社，2005: 143.

狭叶锦鸡儿 *Caragana stenophylla* Pojark

俗　　名　红柠条　羊柠角　红刺　柠角

药用部位　豆科狭叶锦鸡儿的花。

原 植 物　落叶灌木，高 30 ～ 80 cm。树皮灰绿色，黄褐色或深褐色；小枝细长，具条棱。假掌状复叶，具小叶 4；托叶在长枝者硬化成针刺，刺长 2 ～ 3 mm；长枝上叶柄硬化成针刺，宿存，长 4 ～ 7 mm，直伸或向下弯，短枝上叶无柄，簇生；小叶线状披针形或线形，长 4 ～ 11 mm，宽 1 ～ 2 mm，两面绿色或灰绿色。花梗单生，长 5 ～ 10 mm，关节在中部稍下；花萼钟状管形，长 4 ～ 6 mm，宽约 3 mm，萼齿三角形，长约 1 mm，具短尖头；花冠黄色，旗瓣圆形或宽倒卵形，长 14 ～ 20 mm，中部常带橙褐色，瓣柄短宽，翼瓣上部较宽，瓣柄长约为瓣片的 1/2，耳长圆形，龙骨瓣的瓣柄较瓣片长 1/2，耳短钝；子房无毛。荚果圆筒形，长 2.0 ～ 2.5 cm，宽 2 ～ 3 mm。花期 4—6 月，果期 7—8 月。

生　　境　生于干草原、荒漠草原、山地草原的沙砾质土壤、复沙地及砾石质坡地等处。

分　　布　内蒙古阿巴嘎旗、苏尼特左旗、苏尼特右旗等地。河北、山西、宁夏、甘肃、新疆、西藏。俄罗斯、蒙古等。

采　　制　花期采收花，洗净，除去杂质，阴干，备用。

性味功效　有祛风、平肝、止咳的功效。

主治用法　用于风湿性关节炎、肝炎、咳嗽、哮喘等。水煎服或入丸、散。

用　　量　适量。

▲ 狭叶锦鸡儿枝条

◎ 参考文献 ◎

[1] 江纪武．药用植物辞典 [M]．天津：天津科学技术出版社，2005：1.

[2] 中国药材公司．中国中药资源志要 [M]．北京：科学出版社，1994：550.

▲ 狭叶锦鸡儿花

▲柠条锦鸡儿群落（花期）

柠条锦鸡儿 *Caragana korshinskii* Kom.

俗　名　柠条

药用部位　豆科柠条锦鸡儿的根。

原植物　落叶灌木或小乔木，高 1 ~ 4 m。老枝金黄色，有光泽；嫩枝被白色柔毛。羽状复叶，具小叶 6 ~ 8 对；托叶在长枝者硬化成针刺，长 3 ~ 7 mm，宿存；叶轴长 3 ~ 5 cm，脱落；小叶披针形或狭长圆形，长 7 ~ 8 mm，宽 2 ~ 7 mm，先端锐尖或稍钝，有刺尖，基部宽楔形，灰绿色，两面密被白色贴伏柔毛。花梗长 6 ~ 15 mm，密被柔毛，关节在中上部；花萼管状钟形，长 8 ~ 9 mm，宽 4 ~ 6 mm，密被贴伏短柔毛，萼齿三角形或披针状三角形；花冠长 20 ~ 23 mm，旗瓣宽卵形或近圆形，先端截平而稍凹，宽约 16 mm，具短瓣柄，翼瓣瓣柄细窄，稍短于瓣片，耳短小，齿状，龙骨瓣具长瓣柄，耳极短；子房披针形，无毛。荚果扁，披针形，长 2.0 ~ 2.5 cm，宽 6 ~ 7 mm，有时被疏柔毛。花期 5 月，果期 6 月。

▲柠条锦鸡儿果实

各论　4-365

▲柠条锦鸡儿群落（果期）

生　　境	生于半固定和固定沙地，常为优势种。
分　　布	内蒙古科尔沁草原。
采　　制	四季采挖根，洗净，切段，晒干，备用。
性味功效	有祛风、平肝、止咳的功效。
主治用法	用于风湿性关节炎、肝炎、咳嗽、哮喘等。水煎服或入丸、散。

▲柠条锦鸡儿植株（果期）

▲柠条锦鸡儿植株（花期）

用　　量 适量。

◎参考文献◎

[1] 江纪武. 药用植物辞典 [M].
　　天津: 天津科学技术出版社,
　　2005: 1.
[2] 中国药材公司. 中国中药资
　　源志要 [M]. 北京: 科学出
　　版社, 1994: 550.

▲柠条锦鸡儿幼株

▲柠条锦鸡儿枝条

▲柠条锦鸡儿花

▲ 野百合花

▲ 野百合种子

猪屎豆属 *Crotalaria* L.

野百合 *Crotalaria sessiliflora* L.

别　　名	农吉利　狗铃草　佛指甲
俗　　名	猫头花　猫铃铛草　猫蛋草　山铃铛花　百合豆　山百合　羊卵子　猪屎豆　伯伯草
药用部位	豆科野百合的全草。

原 植 物　一年生直立草本,株高30～100 cm。托叶线形,单叶,形状常变异较大,长3～8 cm,宽0.5～1.0 cm,叶柄近无。总状花序顶生或腋生,密生枝顶形似头状,花一至多数;苞片线状披针形,小苞片与苞片同形,成对生于萼筒部基部;花梗短,花萼二唇形,长10～15 mm,密被棕褐色长柔毛,萼齿阔披针形,先端渐尖;花冠蓝色或紫蓝色,包被萼内,旗瓣长圆形,长7～10 mm,宽4～7 mm,先端钝或凹,基部具胼胝体2,翼瓣长圆形或披针状长圆形,约与旗瓣等长,龙骨瓣中部以上变狭,形成长喙;子房无柄。荚果短圆柱形苞被萼内,下垂紧贴于枝。花期7—8月,果期9—10月。

生　　境　生于山坡草地、路边及灌丛中。

分　　布　吉林集安。辽宁抚顺、鞍山、本溪、桓仁、宽甸、凤城、丹东市区、庄河、瓦房店、大连市区、营口等地。河北、山东、江苏、安徽、浙江、江西、福建、台湾、湖南、湖北、广东、海南、广西、四川、贵州、云南、西藏。朝鲜、日本、越南、缅甸、印度、菲律宾。

采　　制　夏、秋季采收全草,除去杂质,洗净,晒干。

性味功效 味苦、淡，性平。有清热解毒、利湿、抗癌的功效。

主治用法 用于痢疾、疮疖、小儿疳积、黄疸、毒蛇咬伤等。对预防和治疗胃癌、乳腺癌、肺癌、肝癌、直肠癌、食管癌、宫颈癌、鼻咽癌等有一定效果。水煎服。外用适量熬水洗患处。

用 量 25 ~ 50 g。外用适量。

附 方

（1）治疖肿：野百合鲜全草加糖捣烂，或晒干研粉外敷；或水煎外洗。亦可配紫花地丁、金银花各 25 g，水煎服。

（2）治小儿黄疸、疳积：野百合全草 50 g，水煎服。

（3）治毒蛇咬伤：野百合全草捣烂外敷。

（4）治慢性气管炎：野百合干燥全草 100 g，加水 1 000 ml，煎煮 20 min 后去渣取汁，再用文火浓缩成 400 ml，加糖适量，为一日量，分 3 ~ 4 次服完。7 d 为一个疗程。

附 注 根状茎入药，可治疗小儿疳积。

▲野百合果实

▼野百合植株

▲野百合植株（侧）

◎参考文献◎

［1］江苏新医学院．中药大辞典（下册）[M]．上海：上海科学技术出版社，1977：2134-2135．

［2］朱有昌．东北药用植物 [M]．哈尔滨：黑龙江科学技术出版社，1989：579-581．

［3］中国药材公司．中国中药资源志要 [M]．北京：科学出版社，1994：565．

▲ 野大豆群落

大豆属 *Glycine* L.

野大豆 *Glycine soja* Sieb. et Zucc.

▲ 野大豆种子

俗　　名	野黄豆　野料豆　野黑豆　落豆秧　野毛豆　鸡巴巴豆　野大豆秧　涝豆秧　小涝豆秧
药用部位	豆科野大豆的种子及全草。

原 植 物　一年生缠绕草本，长 1 ~ 4 m。全体疏被褐色长硬毛。叶具 3 小叶，长可达 14 cm；托叶卵状披针形，顶生小叶卵圆形或卵状披针形，长 3.5 ~ 6.0 cm，宽 1.5 ~ 2.5 cm。总状花序通常短，花小，长约 5 mm；苞片披针形；花萼钟状，裂片 5，三角状披针形；花冠淡红紫色或白色，旗瓣近圆形，先端微凹，基部具短瓣柄，翼瓣斜倒卵形，有明显的耳，龙骨瓣比旗瓣及翼瓣短小，密被长毛；花柱短而向一侧弯曲。荚果长圆形，稍弯，两侧稍扁，长 17 ~ 23 mm，宽 4 ~ 5 mm，种子间稍缢缩，干时易裂；种子 2 ~ 3，椭圆形，稍扁，长 2.5 ~ 4.0 mm，宽 1.8 ~ 2.5 mm，褐色至黑色。花期 7—8 月，果期 9—10 月。

生　　境　生于林缘、路旁、灌丛、草地等湿润处，常聚集成片生长。

分　　布　东北地区广泛分布。全国各地（除新疆、青海和海南外）。朝鲜、日本、蒙古、俄罗斯（西伯利亚中东部）。

采　　制　秋季采收成熟果实，晒干，打下种子，除去杂质，晒干。夏、秋季采收全草，除去杂质，切段，

▼ 野大豆花

▲ 狭叶野大豆植株

洗净，晒干。

性味功效 种子：味甘，性温。有补益肝肾、祛风解毒、利尿、止汗的功效。全草：味淡，性平。有平肝、健脾、强壮、敛汗的功效。

主治用法 种子：用于头晕、阴亏目昏、肾虚腰痛、盗汗、筋骨痛、产后风症、小儿疳积、风痹汗多。水煎服，外用适量捣烂或研末敷患处。全草：用于盗汗、痘毒、黄疸、肝火、目疾、小儿疳积、伤筋。水煎服，外用适量捣烂或研末敷患处。

用　量 种子：15～50 g。外用适量。全草：50～100 g。外用适量。

附　方

（1）治阴亏目昏、老眼失明：野大豆、甘枸杞、女贞子各500 g（阴亏目昏除女贞子）为末。炼蜜丸梧子大，早、晚服10～15 g。

（2）治盗汗：野大豆藤50～200 g。大枣50～100 g，加糖煮，连汁一起服下。又方：莲子、黑枣各7个，浮麦100 g，野大豆200 g，水煎服。

（3）治妊娠腰痛酸软：野大豆200 g，炒黄，熟白酒1碗，煎至七分，空腹服下。

（4）治明目补肾、兼治筋骨疼痛：小红枣12个（冷水洗净，去蒂），甘枸杞15 g，野大豆20 g。水2碗煎汤，早晨空腹连汤一起吃下。

▼ 野大豆果实

野大豆花（侧）

野大豆植株

▲ 野大豆幼株

▼ 野大豆花（背）

（5）解附子、川乌、天雄、斑蝥毒：野大豆煎汁饮之。

附　　注　本区尚有1变型：

狭叶野大豆 f. *lanceolata*（Skv.）P. Y. Fu et Y. A. Chen，小叶狭，披针形、线状披针形至条形，长2.5 ~ 6.0 cm，宽0.4 ~ 1.4 cm，花淡红紫色。其他与原种同。

◎参考文献◎

[1] 朱有昌. 东北药用植物 [M]. 哈尔滨：黑龙江科学技术出版社，
　　1989：588-590.

[2] 中国药材公司. 中国中药资源志要 [M]. 北京：科学出版社，
　　1994：576.

[3] 江纪武. 药用植物辞典 [M]. 天津：天津科学技术出版社，
　　2005：361.

甘草属 *Glycyrrhiza* L.

刺果甘草 *Glycyrrhiza pallidiflora* Maxim.

别　　名　头序甘草

俗　　名　东北土甘草　胡苍耳　马狼秆　马狼柴　狗甘草　山大料　野大料　胡苍子　大胡苍子　偏头草　偏苍耳

药用部位　豆科刺果甘草的根及果实（入药称"奶椎"）。

原　植　物　多年生草本。根和根状茎无甜味。茎直立，多分枝，高1.0～1.5 mm。叶长6～20 cm；托叶披针形；小叶9～15，披针形，长2～6 cm，宽1.5～2.0 cm，边缘具微小的钩状细齿。总状花序腋生，花密集成球状；总花梗短于叶，密生短柔毛及黄色鳞片状腺点；苞片卵状披针形，具腺点；花萼钟状，基部常疏被短柔毛；萼齿5，披针形，与萼筒近等长花冠淡紫色紫色或淡紫红色旗瓣卵圆形长6～8 mm，顶端圆，基部具短瓣柄，翼瓣长5～6 mm，龙骨瓣稍短于翼瓣。果序呈椭圆状，荚果卵圆形，长10～17 mm，宽6～8 mm，顶端具突尖，外面被长约5 mm 刚硬的刺。花期7—8月，果期8—9月。

▲ 刺果甘草花序（淡粉色）

生　　境　常生于河滩地、岸边、田野、路旁。

分　　布　黑龙江宁安、吉林通榆、镇赉、洮南、前郭、长岭、大安、桦甸、伊通等地。辽宁彰武、清原、沈阳、本溪、鞍山、营口、庄河、大连市区等地。内蒙古科尔沁右翼中旗、科尔沁左翼中旗、科尔沁左翼后旗等地。陕西、山东、江苏。俄罗斯（西伯利亚中东部）。

采　　制　春、秋季采挖根，剪去须根和根头，除去泥土，洗净，晒至半干后再晒干。秋季采摘果实，去掉杂质，晒干。

性味功效　根：味甘、辛，性温。有杀虫的功效。果实：味甘、辛，性温。有催乳的功效。

主治用法　根：用于阴道滴虫病。煎水熏洗。果实：用于乳汁缺少。水煎服。

◀ 刺果甘草种子

▲ 刺果甘草群落

用　量　根：适量。果实：10 ～ 15 g。

附　方

（1）治乳汁缺少：刺果甘草的果序 7 个，皂角刺 15 g。水煎服（河南民间方）。

（2）治偏头痛：刺果甘草果序 15 g。水煎服（辽宁海城民间方）。

◎ 参考文献 ◎

［1］江苏新医学院 . 中药大辞典（上册）[M].
　　上海：上海科学技术出版社，1977：786.

［2］朱有昌 . 东北药用植物 [M]. 哈尔滨：黑龙
　　江科学技术出版社，1989：590-591.

［3］中国药材公司 . 中国中药资源志要 [M]. 北
　　京：科学出版社，1994：577.

▲ 刺果甘草果实

甘草 *Glycyrrhiza uralensis* Fisch.

别　　名	国老　红甘草　粉甘草

俗　　名　甜草　甜甘草　甜草根子　甜根子　棒草　田草苗

药用部位　豆科甘草的根。

原植物　多年生草本；根与根状茎粗状，外皮褐色，里面淡黄色，具甜味。茎直立，多分枝，高 30 ~ 120 cm。叶长 5 ~ 20 cm；托叶三角状披针形，长约 5 mm，宽约 2 mm；小叶 5 ~ 17，卵形、长卵形或近圆形，长 1.5 ~ 5.0 cm，宽 0.8 ~ 3.0 cm。总状花序腋生，具多数花，总花梗短于叶；苞片长圆状披针形，花萼钟状，基部偏斜并膨大呈囊状，萼齿 5，与萼筒近等长，上部 2 齿大部分连合；花冠紫色、白色或黄色，长 10 ~ 24 mm，旗瓣长圆形，顶端微凹，基部具短瓣柄，翼瓣短于旗瓣，龙骨瓣短于翼瓣；子房密被刺毛状腺体。荚果弯曲呈镰刀状或环状，密集成球体。花期 6—8 月，果期 7—10 月。

生　　境　生于干旱沙地、河岸沙质地、山坡草地及盐渍化土壤中。

分　　布　黑龙江肇东、肇源、安达、泰来、杜尔伯特、大庆市区等地。吉林通榆、镇赉、洮南、长岭、前郭等地。辽宁建平、北票、阜新、黑山、彰武、康平等地。内蒙古科尔沁左翼中旗、科尔沁右翼中旗、科尔沁左翼后旗、扎赉特旗、扎鲁特旗、敖汉旗、库伦旗、巴林左旗、巴林右旗、阿鲁科尔沁旗、克什克腾旗、翁牛特旗、喀喇沁旗、东乌珠穆沁旗、西乌珠穆沁旗、阿巴嘎旗、苏尼特左旗、苏尼特右旗、正蓝旗、镶黄旗、正镶白旗、太仆寺旗等地。河北、山东、山西、宁夏、甘肃。俄罗斯（西伯利亚）、蒙古。

采　　制　秋季采挖根，剪去残基，除去泥土，洗净，晒干。

性味功效　味甘，性平。有和中缓急、清热解毒、润肺止咳、调和诸药的功效。炙甘草能补脾益气。

▲甘草幼株

主治用法 用于咽喉肿痛、咳嗽、脾胃虚弱、胃溃疡、十二指肠溃疡、肝炎、心悸、惊痫、癔症、失眠、痈肿疮毒、药物及食物中毒。水煎服或入丸、散。外用研末擦或煎水洗。不宜与京大戟、芫花、甘遂、海藻同用。

用　量 7.5～15.0 g。

附　方

（1）治胃、十二指肠溃疡：甘草10 g，鸡蛋壳15 g，曼陀罗叶0.5 g。共研细粉，每次服3 g，每日3次。或用甘草50 g，瓦楞子（煅）250 g。共研细末，混匀，每次服10 g，每日3次。

▲甘草根

▲甘草种子

（2）治癔症：（甘麦大枣汤）甘草 25 g，大枣 50 g，浮小麦 20 g。水煎服。

（3）治血虚心悸、脉结代（早期搏动）：炙甘草、党参、生地、阿胶、麦门冬、麻仁各 15 g，桂枝 7.5 g，生姜 3 片，大枣 5 个。阴虚内热、夜寐不安者去桂枝、生姜，加灵磁石 25 g，牡蛎 50 g；气虚者加黄芪 15 g，五味子 7.5 g。

（4）治失眠、烦热、心悸：甘草 50 g，石菖蒲 2.5 ~ 5.0 g。水煎服。每日 1 剂，分 2 次内服。

▲甘草群落

（5）解马肉、菌蕈、竹笋中毒：甘草、绿豆（或黑豆）各50 g。水煎服。

（6）治汤火灼疮：甘草煎蜜外敷患处。

（7）治铅中毒：生甘草15 g，杏仁（去皮、尖）20 g。水煎服，每日2次。可连服3～5 d。

（8）治传染性肝炎：100％甘草煎液15～20 ml，小儿减半，日服3次，连服10余日。

（9）治血小板减少性紫癜：生甘草50 g。水煎2次，上、下午分服。

▲甘草花序

▲甘草果实

附　注　本品为《中华人民共和国药典》（2020年版）收录的本区药材。

◎参考文献◎

[1] 江苏新医学院. 中药大辞典（上册）[M]. 上海：上海科学技术出版社.1977:567-573，577.

[2] 朱有昌. 东北药用植物 [M]. 哈尔滨：黑龙江科学技术出版社，1989:591-593.

[3]《全国中草药汇编》编写组. 全国中草药汇编（上册）[M]. 北京：人民卫生出版社，1975:237-239.

▲ 甘草植株

米口袋属 *Gueldenstaedtia* Fisch.

米口袋 *Gueldenstaedtia verna*（Georgi）Boriss.

别　　名　少花米口袋　小米口袋　多花米口袋

俗　　名　地丁　大根地丁　地雷　痒痒草　小丁黄

药用部位　豆科米口袋的带根全草。

原 植 物　多年生草本，主根直下，分茎具宿存托叶。叶长 2 ~ 20 cm；叶柄具沟；小叶 7 ~ 19 片，长椭圆形至披针形，长 0.5 ~ 2.5 cm，宽 1.5 ~ 7.0 mm，两面疏被柔毛。伞形花序有花 2 ~ 4，总花梗约与叶等长；苞片长三角形，花梗长 0.5 ~ 1.0 mm；小苞片线形，花萼钟状，萼齿披针形，上 2 萼齿约与萼筒等长，下 3 萼齿较短小，最下一片最小；花冠红紫色，旗瓣卵形，长 13 mm，先端微缺，基部渐狭成瓣柄，翼瓣瓣片倒卵形具斜截头，长 11 mm，具短耳，瓣柄长 3 mm，龙骨瓣瓣片倒卵形，长 5.5 mm，瓣柄长 2.5 mm；子房椭圆状。荚果长圆筒状，长 15 ~ 20 mm，直径 3 ~ 4 mm，成熟时开裂。花期 5 月，果期 6—7 月。

生　　境　生于山坡、草地、路旁、田野及荒地等处。

分　　布　黑龙江讷河、桦川、依兰、海林、尚志、哈尔滨市区、泰来、安达、肇东等地。吉林通榆、镇赉、洮南、大安、前郭、长岭、珲春等地。辽宁彰武、凌源、建昌、黑山、北镇、绥中、昌图、沈阳、台安、大连等地。内蒙古额尔古纳、牙克石、阿荣旗、科尔沁右翼中旗、科尔沁左翼中旗、科尔沁左翼后旗、奈曼旗、阿鲁科尔沁旗、克什克腾旗、巴林左旗、巴林右旗、东乌珠穆沁旗、西乌珠穆沁旗、正蓝旗、镶黄旗、正镶白旗、太仆寺旗等地。河北、山东、江苏、陕西、山西。朝鲜、俄罗斯（西伯利亚中东部）。

采　　制　夏、秋季采挖带根全草，除去杂质，切段，鲜用或晒干。

性味功效　味苦、辛，性寒。有清热解毒、消肿止痛的功效。

主治用法 用于疔疮、痈肿、丹毒、目赤咽肿、喉痹、乳腺炎、腮腺炎、阑尾炎、黄疸性肝炎、肠炎、痢疾、麻疹热毒、结膜炎、前列腺炎、淋巴结结核、化脓性感染、毒蛇咬伤及跌打损伤等。水煎服。外用鲜草捣烂敷患处。

用　　量 15～50 g（鲜品100～150 g）。外用适量。

附　　方

（1）治乳腺炎：米口袋带根全草，洗净加水放在碗内，打上一个鸡蛋，不搅和在一起，蒸熟后，连汤带鸡蛋一并服下（辽宁瓦房店民间方）。

（2）治疔疮及跌打损伤肿痛：米口袋新鲜带根全草，洗净捣敷患处（辽宁大连民间方）。

◎ **参考文献** ◎

[1] 江苏新医学院. 中药大辞典（上册）[M]. 上海：上海科学技术出版社，1977：800-802.

[2] 朱有昌. 东北药用植物 [M]. 哈尔滨：黑龙江科学技术出版社，1989：593-595.

[3]《全国中草药汇编》编写组. 全国中草药汇编（上册）[M]. 北京：人民卫生出版社，1975：806.

▲ 米口袋花（背）

▲ 米口袋果实

▼ 米口袋花

▲ 山竹岩黄芪植株

岩黄芪属 *Hedysarum* L.

山竹岩黄芪 *Hedysarum fruticosum* Pall.

别　　名　山竹子　山竹岩黄耆

药用部位　豆科山竹岩黄芪的枝条。

原 植 物　落叶半灌木,高 40 ~ 80 cm。根系发达,茎直立,多分枝。叶长 8 ~ 14 mm;托叶卵状披针形,长 4 ~ 5 mm;小叶 11 ~ 19,小叶柄长 1 mm 左右;小叶片通常椭圆形或长圆形,长 14 ~ 22 mm,宽 3 ~ 6 mm。总状花序腋生,具花 4 ~ 14;花长 15 ~ 21 mm,具 2 ~ 3 mm 长的花梗,疏散排列;苞片三角状卵形,花萼钟状,萼齿三角状,侧萼齿与上萼齿之间分裂较深,花冠紫红色,旗瓣倒卵圆形,长 14 ~ 20 mm,先端圆形,微凹,基部渐狭为瓣柄,翼瓣三角状披针形,等于或稍短于龙骨瓣的瓣柄,龙骨瓣等于或稍短于旗瓣;子房线形。荚果 2 ~ 3节,成熟荚果具细长的刺。花期 7—8 月,果期 8—9 月。

生　　境　生于高山苔原及亚高山岳桦林缘等处。

分　　布　黑龙江安达、肇东、大庆市区、杜尔伯特。吉林扶余。辽宁彰武。内蒙古额尔古纳、陈巴尔虎旗、满洲里、牙克石、鄂温克旗、新巴尔虎左旗、新巴尔虎右旗、科尔沁左翼后旗、奈曼旗、东乌珠穆沁旗、西乌珠穆沁旗等地。俄罗斯、蒙古。

采	制	夏、秋季采收枝条，切段，洗净，晒干。
主治用法		用于腹痛。水煎服。
用	量	适量。

▲山竹岩黄芪花序

◎参考文献◎

[1] 中国药材公司. 中国中药资源志要 [M]. 北京:
科学出版社，1994: 578.
[2] 江纪武. 药用植物辞典 [M]. 天津: 天津科学技
术出版社，2005: 380.

▲山竹岩黄芪枝条

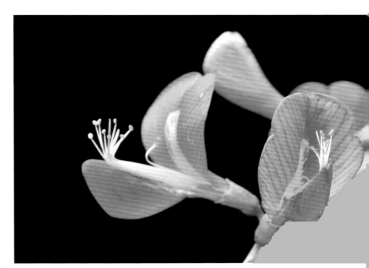
▲山竹岩黄芪花

▲山竹岩黄芪群落

▲ 山岩黄芪群落

▼ 山岩黄芪花序

山岩黄芪 *Hedysarum alpinum* L.

别　　名　山岩黄耆

药用部位　豆科山岩黄芪的根。

原 植 物　多年生草本，高 50 ~ 120 cm。根为直根系，主根深长，粗壮。茎多数，直立。叶长 8 ~ 12 cm；小叶 9 ~ 17，具 1 ~ 2 mm 长的短柄；小叶片卵状长圆形，长 15 ~ 30 mm，宽 4 ~ 7 mm。总状花序腋生，长 16 ~ 24 cm；花多数，长 12 ~ 16 mm，较密集着生，稍下垂，时而偏向一侧，具 2 ~ 4 mm 长的花梗；苞片钻状披针形；花萼钟状，长约 4 mm，萼齿三角状钻形，长为萼筒的 1/4 或 1/3，下萼齿较长；花冠紫红色，旗瓣倒长卵形，长约 10 mm，先端钝圆、微凹，翼瓣线形，等于或稍长于旗瓣，龙骨瓣长于旗瓣约 2 mm；子房线形，无毛。荚果 3 ~ 4 节，节荚椭圆形或倒卵形。花期 7—8 月，果期 8—9 月。

生　　境　生于河谷草甸和泛滥地林下，沼泽化的针、阔叶林中等处。

分　　布　黑龙江漠河、呼玛、黑河市区、嫩江等地。吉林和龙、安图等地。内蒙古额尔古纳、根河、陈巴尔虎旗、牙克石、鄂伦春旗、鄂温克旗、阿尔山、扎鲁特旗、克什克腾旗、东乌珠穆沁旗、西乌珠穆沁旗等地。俄罗斯（西伯利亚）、蒙古。欧洲、北美洲。

采　　制　秋季采挖根，除去泥土和杂质，洗净，晒干。

▲山岩黄芪植株

▲ 山岩黄芪花

▲ 山岩黄芪果实

性味功效 有止汗、强壮、益气固表、托毒生肌、补气利尿的功效。

主治用法 用于脾肺气虚、自汗盗汗、气短心悸乏力、痈疽不溃、溃久不敛、肌体面目水肿、小便不利等。水煎服。

用　量 适量。

附　注 本品在华北一带作为"黄芪"的下品，实难入药。

◎ 参考文献 ◎

[1] 中国药材公司. 中国中药资源志要 [M].
　　北京：科学出版社，1994：577-578.
[2] 江纪武. 药用植物辞典 [M]. 天津：天津
　　科学技术出版社，2005：380.

▲ 山岩黄芪花序（白色）

▲拟蚕豆岩黄芪植株

▼拟蚕豆岩黄芪果实（后期）

拟蚕豆岩黄芪 *Hedysarum vicioides* Turcz.

别　　名　长白岩黄芪　长白岩黄耆　拟蚕豆岩黄耆
药用部位　豆科拟蚕豆岩黄芪的根（入药称"长白岩黄芪"）。
原 植 物　多年生草本，高 30 ~ 50 cm。根为直根系，主根深长，稍肥厚，根颈向上分枝，形成多数地上茎。茎直立，丛生。小叶 11 ~ 19，具长约 1 mm 的短柄；小叶片长卵形，长 10 ~ 23 mm，宽 5 ~ 11 mm。总状花序腋生，稍超出叶，花序轴和总花梗密被短柔毛；花多数，长 16 ~ 18 mm，具花梗；苞片披针形，稍短于花梗；花萼钟状，被短柔毛，萼齿不等长，下萼齿披针形，等于或稍短于萼筒，其余萼齿三角形，比下萼齿短，下萼齿一般为其长度的 2.5 ~ 3.0 倍；花冠淡黄色，旗瓣倒长卵形，长 14 ~ 16 mm，翼瓣与旗瓣近等长，龙骨瓣超出旗瓣约 2 mm；子房无毛。荚果扁平，3 ~ 4 节，节荚卵形或近圆形。花期 7—8 月，果期 8—9 月。
生　　境　生于山地砾石山坡和岳桦林下、林缘、亚高山和高山草甸、岩壁和古老冰碛物上。

▼拟蚕豆岩黄芪根

▲拟蚕豆岩黄芪群落

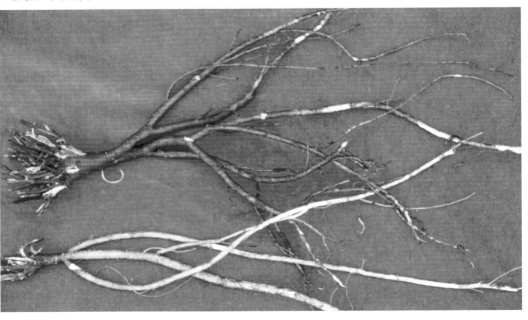

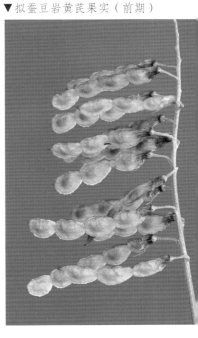

▼拟蚕豆岩黄芪果实（前期）

分　　布　吉林长白、抚松、安图。朝鲜、日本、俄罗斯（西伯利亚中东部）。

采　　制　秋季采挖根，除去泥土和杂质，洗净，晒干。

性味功效　味甘，性微温。有补中益气、消肿利尿、托毒排脓、疗疮生肌、解热、止汗、强壮的功效。

主治用法　用于气短心悸、气虚衰弱、倦怠乏力、纳少便溏、水肿尿少、体虚水肿、自汗盗汗、久泻、疮疡日久不溃、溃后久不收口及脱肛等。

用　　量　6～15g。

◎参考文献◎

[1] 钱信忠. 中国本草彩色图鉴（第一卷）[M]. 北京：人民卫生出版社，2003：573-574.

[2] 中国药材公司. 中国中药资源志要 [M]. 北京：科学出版社，1994：579.

[3] 江纪武. 药用植物辞典 [M]. 天津：天津科学技术出版社，2005：381.

短翼岩黄芪 *Hedysarum brachypterum* Bge.

别　　名　短翼岩黄耆
药用部位　豆科短翼岩黄芪的全草。
原 植 物　多年生草本，高 20 ～ 30 cm。根为直根。茎仰卧地面。叶长 3 ～ 5 cm；小叶通常 11 ～ 19；小叶片卵形、椭圆形或狭长圆形，长 4 ～ 10 mm，宽 2 ～ 3 mm，先端钝圆，基部圆楔形，顶生小叶片较宽大。总状花序腋生，花序稍超出叶，总花梗长 3 ～ 4 cm；花序卵球形，长 2 ～ 3 cm，具花 12 ～ 18；花长 10 ～ 15 mm，斜上升或果期下垂，花梗长约 1 mm；苞片钻状披针形；花萼钟状，长 5 ～ 6 mm，萼齿披针状钻形，长约为萼筒的 2 倍，上萼齿稍短，齿间呈宽的凹陷；花冠紫红色，旗瓣倒阔卵形，长 7 ～ 9 mm，宽 5 ～ 6 mm，先端具深的缺刻，翼瓣短小，长为旗瓣的 2/5，龙骨瓣长于旗瓣 2 ～ 3 mm；子房线形，花柱上部常呈紫红色。荚果 2 ～ 4 节，节荚圆形或椭圆形。花期 5—6 月，果期 7—8 月。
生　　境　生于草原砾石质山坡及丘陵地等处。
分　　布　内蒙古苏尼特左旗。河北、宁夏。蒙古。

▲短翼岩黄芪居群

采　制　夏、秋季采收全草，除去杂质，洗净，鲜用或晒干。
性味功效　有止痛的功效。
主治用法　用于腹痛。水煎服。
用　量　适量。

◎参考文献◎
[1] 江纪武．药用植物辞典
　　 [M]．天津：天津科学技
　　 术出版社，2005：87.
[2] 中国药材公司．中国中
　　 药资源志要 [M]．北京：
　　 科 学 出 版 社，1994：
　　 550.

▲短翼岩黄芪花序（粉色）

▲短翼岩黄芪花序（白色）

▲ 短翼岩黄芪群落

木蓝属 *Indigofera* L.

花木蓝 *Indigofera kirilowii* Maxim. ex Palibin

别　　名	吉氏木蓝　花槐蓝　朝鲜庭藤
俗　　名	胡豆　扫帚花　山绿豆　樊梨花　山胡麻秸　山小豆　山小杏条
药用部位	豆科花木蓝的根。

原 植 物　落叶小灌木，高 30 ~ 100 cm。茎圆柱形，幼枝有棱。羽状复叶长 6 ~ 15 cm；叶柄长 0.5 ~ 2.5 cm；托叶披针形；小叶 2 ~ 5 对，对生，阔卵形、卵状菱形或椭圆形，长 1.5 ~ 4.0 cm，宽 1.0 ~ 2.3 cm，小叶柄长 2.5 mm；小托叶宿存。总状花序长 5 ~ 20 cm，疏花；总花梗长 1.0 ~ 2.5 cm，花序轴有棱；苞片线状披针形，花梗长 3 ~ 5 mm；花萼杯状，长约 3.5 mm，萼筒长约 1.5 mm，萼齿披针状三角形，最下萼齿长达 2 mm；花冠淡红色、稀白色，花瓣近等长，旗瓣椭圆形，长 12 ~ 17 mm，翼瓣边缘有毛；花药阔卵形。荚果棕褐色，圆柱形，长 3.5 ~ 7.0 cm，内果皮有紫色斑点。花期 6—7 月，果期 8—9 月。

生　　境　生于向阳干山坡、山野丘陵坡地或灌丛与疏林内等处。

分　　布　吉林集安、通化、梅河口、磐石等地。辽宁本溪、鞍山、北镇、义县、建平、凌源、朝阳市区、阜新、绥中等地。河北、山东、江苏。朝鲜、日本。

▲ 花木蓝花

▼ 花木蓝植株（直立型）

▲花木蓝花序

▲花木蓝果实

▲花木蓝种子

采　制　春、秋季采挖根，除去杂质，洗净，晒干。

性味功效　味苦，性寒。有清热解毒、消肿止痛、舒筋活络、通便的功效。

主治用法　用于咽喉肿痛、肺热咳嗽、黄疸、热结便秘、痔疮、肿毒、风湿性关节炎、毒蛇咬伤等。水煎服。外用研粉敷或捣汁搽患处。

用　量　5～15 g。外用适量。

◎参考文献◎

[1] 朱有昌. 东北药用植物 [M]. 哈尔滨：黑龙江科学技术出版社，1989：596-597.

[2] 中国药材公司. 中国中药资源志要 [M]. 北京：科学出版社，1994：580.

[3] 江纪武. 药用植物辞典 [M]. 天津：天津科学技术出版社，2005：415.

▲ 河北木蓝植株

河北木蓝 *Indigofera bungeana* Walp.

别　　名	本氏木蓝　铁扫帚
俗　　名	小樊花子　野兰枝子
药用部位	豆科河北木蓝的枝条及根。

原 植 物　落叶直立灌木，高 40 ～ 100 cm。茎褐色，有皮孔，枝银灰色，被灰白色丁字毛。羽状复叶长 2.5 ～ 5.0 cm；叶柄长达 1 cm，叶轴上面有槽；小叶 2 ～ 4 对，对生，椭圆形，长 0.5 ～ 1.5 mm，宽 3 ～ 10 mm；小叶柄长 0.5 mm；小托叶与小叶柄近等长或不明显。总状花序腋生，长 4 ～ 8 cm；总花梗较叶柄短；苞片线形，花梗长约 1 mm；花萼长约 2 mm，外面被白色丁字毛，萼齿近相等，花冠紫色或紫红色，旗瓣阔倒卵形，长达 5 mm，外面被丁字毛，翼瓣与龙骨瓣等长，龙骨瓣有距；花药圆球形，先端具小凸尖；子房线形，被疏毛。荚果褐色，线状圆柱形，内果皮有紫红色斑点。花期 5—6 月，果期 8—10 月。

生　　境　生于向阳干山坡、草地或河滩地等处。

分　　布　辽宁凌源、喀左、朝阳等地。内蒙古宁城。河北、山西、陕西。

采　　制　春、秋季采挖根，除去杂质，洗净，晒干。夏、秋季采收枝条，切段，洗净，晒干。

性味功效　味苦、涩，性凉。无毒。有清热解毒、消肿止血、收口生肌、利湿的功效。

主治用法　用于创伤、枪伤、刀伤、伤口久不收口、肿毒、口疮、胸疮、吐血等。水煎服。外用捣烂敷患处或煎水洗。

▲河北木蓝花序

▼河北木蓝枝条

▲河北木蓝花

用　　量　15 ～ 25 g（鲜品 50 ～ 100 g）。

附　　方

（1）治伤口久不收口：河北木蓝叶。晒干，研末外敷。

（2）治枪伤及刀伤：河北木蓝全草或花、叶适量。捣烂外敷。

（3）治无名肿毒：河北木蓝叶。晒干，研末，调水外敷。

（4）治臁疮：河北木蓝根皮适量（依患处大小而定）。蒸酒取汁，擦其周围。

（5）治吐血：河北木蓝叶 15 g。兑开水服。

（6）治水泻：河北木蓝 50 g，加糯米煎服。本方去糯米治痢疾。日服 3 次，每次半杯。

◎参考文献◎

[1] 朱有昌. 东北药用植物 [M]. 哈尔滨：黑龙江科学技术出版社，1989：595-596.

[2] 中国药材公司. 中国中药资源志要 [M]. 北京：科学出版社，1994：579.

[3] 江纪武. 药用植物辞典 [M]. 天津：天津科学技术出版社，2005：414-415.

▼ 河北木蓝花（白色）

▲ 长萼鸡眼草植株

鸡眼草属 *Kummerowia* Schindl.

长萼鸡眼草 *Kummerowia stipulacea*（Maxim.）Makino

▲ 长萼鸡眼草种子

别　　名	公母草　短萼鸡眼草
俗　　名	掐不齐　人字草　三叶人字草
药用部位	豆科长萼鸡眼草的全草。

原植物 一年生草本，高 7 ～ 15 cm。茎平伏，上升或直立，多分枝，茎和枝上被疏生向上的白毛，有时仅节处有毛。叶为三出羽状复叶；托叶卵形，长 3 ～ 8 mm，比叶柄长或有时近相等，边缘通常无毛；叶柄短；小叶纸质，倒卵形、宽倒卵形或倒卵状楔形，长 5 ～ 18 mm，宽 3 ～ 12 mm，先端微凹或近截形，基部楔形，全缘；下面中脉及边缘有毛，侧脉多而密。花常 1 ～ 2 朵腋生；小苞片 4，较萼筒稍短、稍长或近等长，生于萼下，其中 1 枚很小，生于花梗关节之下，常具脉 1 ～ 3；花梗有毛；花萼膜质，阔钟形，5 裂，裂片宽卵形，有缘毛；花冠上部暗紫色，长 5.5 ～ 7.0 mm，旗瓣椭圆形，先端微凹，下部渐狭成瓣柄，较龙骨瓣短，翼瓣狭披针形，与旗瓣近等长，龙骨瓣钝，上面有暗紫色斑点；雄蕊二体（9+1）。荚果椭圆形或卵形，稍侧偏，长约 3 mm，常较萼长 1.5 ～ 3.0 倍。花期 7—8 月，果期 8—9 月。

生　　境	生于田边、荒地、草地、路旁及住宅附近。
分　　布	东北地区各地。华北、华东、中南、西南等。朝鲜、俄罗斯（西伯利亚）、日本。
采　　制	夏、秋季采收全草，除去杂质，洗净，鲜用或晒干。

▲长萼鸡眼草植株（侧）

性味功效 味苦、涩，性凉。有清热解毒、健脾利湿、消积通淋的功效。

主治用法 用于感冒发热、暑湿吐泻、黄疸、肠炎、胃痛、夜盲症、小儿疳积、痢疾、疟疾、热淋、肝炎、白带异常、小便不利、肾炎水肿、跌打损伤、疮疡肿毒、毒蛇咬伤及中暑等。水煎服。外用适量捣敷或捣汁涂患处。

用　量 15～25 g。外用适量。

附　方

（1）治急性胃肠炎、痢疾：长萼鸡眼草、铁苋、仙鹤草各50 g，辣蓼25 g。水煎服。

（2）治夜盲症：长萼鸡眼草15～20 g。炒黄研粉，拌猪肝蒸服。

（3）治湿热黄疸、小便赤涩、暑泻、肠风便血：长萼鸡眼草35～50 g。水煎服。须久服，对年久肠风有效。

（4）治赤白痢疾：长萼鸡眼草、车前草及紫花地丁各50 g。水煎服。

（5）治跌打损伤：长萼鸡眼草捣烂外敷。

（6）治劳伤咳嗽咯血、水肿：长萼鸡眼草100 g。炖肉服。

▲长萼鸡眼草幼株

▲长萼鸡眼草花

◎参考文献◎

[1] 江苏新医学院. 中药大辞典 (上册) [M]. 上海: 上海科学技术出版社, 1977:1216.

[2] 朱有昌. 东北药用植物 [M]. 哈尔滨: 黑龙江科学技术出版社, 1989:597-598.

[3]《全国中草药汇编》编写组. 全国中草药汇编 (上册) [M]. 北京: 人民卫生出版社, 1975:432-433.

▲长萼鸡眼草果实

▲长萼鸡眼草花 (侧)

▲牧地山黧豆花

山黧豆属 *Lathyrus* L.

牧地山黧豆 *Lathyrus pratensis* L.

别　　名　牧地香豌豆

药用部位　豆科牧地山黧豆的叶（入药称"牧地香豌豆"）。

原 植 物　多年生草本，高 30 ~ 120 cm，茎上升、平卧或攀援。叶具 1 对小叶；托叶箭形，基部两侧不对称，长 5 ~ 45 mm，宽 3 ~ 15 mm；叶轴末端具卷须；小叶披针形或线状披针形，长 10 ~ 50 mm，宽 2 ~ 13 mm。总状花序腋生，具花 5 ~ 12，长于叶数倍。花黄色，长 12 ~ 18 mm；花萼钟状。旗瓣长约 14 mm，瓣片近圆形，宽 7 ~ 9 mm，下部变狭为瓣柄，翼瓣稍短于旗瓣，瓣片近倒卵形，基部具耳及线形瓣柄，龙骨瓣稍短于翼瓣，瓣片近半月形，基部具耳及线形瓣柄。荚果线形，长 23 ~ 44 mm，宽 5 ~ 6 mm，黑色，具网纹。种子近圆形，种脐平滑，黄色或棕色。花期 6—7 月，果期 8—9 月。

生　　境　生于林缘、路旁、山坡及草地等处。

分　　布　黑龙江宁安。吉林长白。陕西、四川、贵州、云南、甘肃、青海、新疆。朝鲜、日本、俄罗斯（西伯利亚中东部）。欧洲。

采　　制　夏、秋季采摘叶，洗净，晒干。

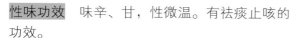
▲牧地山黧豆花序

▲牧地山黧豆植株

性味功效　味辛、甘，性微温。有祛痰止咳的
功效。

主治用法　用于支气管炎、肺炎、肺脓肿、肺
结核，国外利用叶之煎剂作为祛痰止咳药。水
煎服。

用　　量　9～15 g。

◎参考文献◎

[1] 朱有昌. 东北药用植物 [M]. 哈尔滨：黑
　　龙江科学技术出版社，1989：599.

[2] 钱信忠. 中国本草彩色图鉴(第三卷)[M].
　　北京：人民卫生出版社，2003：303-304.

[3] 中国药材公司. 中国中药资源志要 [M].
　　北京：科学出版社，1994：582.

▲牧地山黧豆果实

▲大山黧豆植株

▼大山黧豆种子

大山黧豆 *Lathyrus davidii* Hance

别　　名	茳茫决明香豌豆　茳茫香豌豆
俗　　名	落豆秧　歪脖菜　大豌豆
药用部位	豆科大山黧豆的种子。
原 植 物	多年生草本，具块根，高 1.0 ~ 1.8 mm。茎粗壮，具纵沟，

直立或上升。托叶大，半箭形，长 4 ~ 6 cm，宽 2.0 ~ 3.5 cm；叶轴
末端具分枝的卷须；小叶 2 ~ 5 对，通常为卵形，全缘，长 4 ~ 6 cm，
宽 2 ~ 7 cm。总状花序腋生，约与叶等长，有花 10 余朵；萼钟状，萼
齿短小；花深黄色，长 1.5 ~ 2.0 cm，旗瓣长 1.6 ~ 1.8 cm，瓣片扁圆形，
瓣柄狭倒卵形，与瓣片等长，翼瓣与旗瓣瓣片等长，具耳及线形长瓣
柄，龙骨瓣约与翼瓣等长，瓣片卵形，先端渐尖，基部具耳及线形瓣柄；
子房线形，无毛。荚果线形，长 8 ~ 15 cm，宽 5 ~ 6 mm，具长网纹。
种子紫褐色，宽长圆形，长 3 ~ 5 mm，光滑。花期 6—7 月，果期 8—
9 月。

▼市场上的大山黧豆幼株

生　　境	生于山坡、草地、林缘及灌丛等处。
分　　布	黑龙江山区。吉林长白山各地。辽宁丹东市区、宽甸、凤城、

▲大山黧豆幼株

▲大山黧豆花序

▲大山黧豆幼苗

本溪、桓仁、抚顺、清原、新宾、铁岭、西丰、鞍山、沈阳市区、庄河、大连市区、法库、朝阳、凌源、北镇、义县等地。内蒙古宁城。河北、陕西、山东、安徽、河南、湖北、甘肃等。朝鲜、俄罗斯（西伯利亚中东部）、日本。

采　制　秋季采收成熟果实，晒干，打下种子，除去杂质，晒干。

性味功效　有清热解毒、止痛化痰的功效。

主治用法　用于痢疾腹痛、胃痛、肝脓肿、喉炎、淋巴腺炎、困乏无力、口渴、咳嗽痰多、阴道滴虫、烧烫伤。水煎服。

用　量　20～50 g。

附　注　全草入药，可治疗痛经、子宫内膜炎。

▲大山黧豆花

◎参考文献◎

[1] 严仲铠, 李万林. 中国长白山药用植物彩色图志 [M]. 北京: 人民卫生出版社, 1997:245-246.
[2] 中国药材公司. 中国中药资源志要 [M]. 北京: 科学出版社, 1994:581-582.
[3] 江纪武. 药用植物辞典 [M]. 天津: 天津科学技术出版社, 2005:444.

▲大山黧豆花（侧）

▲大山黧豆果实

▲海滨山黧豆果实

海滨山黧豆 *Lathyrus maritimus*（L.）Bigelow

别　　名	海滨香豌豆
俗　　名	落豆秧
药用部位	豆科海滨山黧豆的种子。
原植物	多年生草本，根状茎极长，横走。茎长 15～50 cm。托叶箭形，长 10～29 mm，宽 6～17 mm，网脉明显凸出；叶轴末端具卷须，单一或分枝；小叶 3～5 对，长椭圆形或长倒卵形，长 25～33 mm，宽 11～18 mm。总状花序比叶短，有花 2～5，花梗长 3～5 mm；萼钟状；花紫色，长 21 mm，旗瓣长 18～20 mm，瓣片近圆形，直径 13 mm，翼瓣长 17～20 mm，瓣片狭倒卵形，宽 5 mm，具耳，线形瓣柄长 8～9 mm，龙骨瓣长 17 mm，狭卵形，具耳，线形瓣柄长 7 mm，子房线形。荚果长约 5 cm，宽 7～11 mm，棕褐色或紫褐色，压扁。种子近球状，直径约 4.5 mm，种脐约为周圆的 2/5。花期 5—7 月，果期 7—8 月。

▲海滨山黧豆花

生　　境	生于沿海沙滩上。
分　　布	辽宁丹东市区、东港、庄河、瓦房店、长海、大连市区等地。河北、山东、浙江、江苏。欧洲、亚洲、北美洲。
采　　制	秋季采收成熟果实，晒干，打下种子，除去杂质，晒干。
性味功效	有清热利湿、利水消肿、止痛的功效。
主治用法	用于肝胆湿热、黄疸、身目俱黄、小便黄赤、小便不利、水肿、外伤肿痛。水煎服。外用捣烂敷患处。
用　　量	适量。
附　　注	全草入药，可用于治疗黄疸、尿少、外伤等。

◎参考文献◎

[1]江纪武.药用植物辞典 [M].天津：天津科学技术出版社,2005:444.

▲海滨山黧豆植株

矮山黧豆 *Lathyms humilis*（Ser.）Spreng.

别　　名	矮香豌豆
俗　　名	落豆秧
药用部位	豆科矮山黧豆的种子。

原植物 多年生草本，高 20～30 cm，茎及根状茎纤细。托叶半箭形，通常长 10～16 mm，下缘常具齿；叶轴末端具单一或稍分枝的卷须；小叶 3～4 对，卵形或椭圆形，长 1.5～5.0 cm，宽 0.7～2.5 cm。总状花序腋生，具花 2～4，总花梗短于叶，花梗与花萼近等长；萼钟状，萼齿最下面 1 个长约为萼筒长之半，稀近等长；花紫红色，长 1.5～1.9 mm，旗瓣长 13～18 mm，宽 10～11 mm，瓣片近圆形，先端裂缺，瓣柄略长于瓣片之半，翼瓣长 11～14 mm，具耳及线形瓣柄，龙骨瓣长 10～12 mm，具耳及线形瓣柄；子房线形，无毛。荚果线形。种子椭圆形，红褐色，平滑。花期 6—7 月，果期 8—9 月。

生　　境 生于针阔叶混交林及阔叶林的林缘、疏林下、灌丛下及草甸等处。

分　　布 黑龙江大兴安岭、小兴安岭。吉林延吉、龙井、汪清、柳河等地。辽宁丹东市区、凤城、本溪、沈阳等地。内蒙古根河、牙克石、扎兰屯、阿尔山、东乌珠穆沁旗、西乌珠穆沁旗等地。河北、山西、陕西、宁夏、甘肃。朝鲜、俄罗斯（西伯利亚中东部）、蒙古、日本。

采　　制 秋季采收成熟果实，晒干，打下种子，除去杂质，晒干。

主治用法 用于肝硬化。水煎服。

用　　量 适量。

◎参考文献◎

[1] 江纪武. 药用植物辞典 [M]. 天津: 天津科学技术出版社, 2005:444.

▲矮山黧豆花　　　　▼矮山黧豆植株

▲矮山黧豆种子

山黧豆 *Lathyrus quinquenervius*（Miq.）Litv.

别　　名	五脉山黧豆　五脉香豌豆
俗　　名	落豆秧
药用部位	豆科山黧豆的全草、花及种子。

原 植 物　多年生草本，根状茎不增粗，横走。茎直立，高 20 ~ 50 cm，具棱及翅。偶数羽状复叶，叶轴末端具不分枝的卷须，下部叶的卷须短，呈针刺状；托叶披针形至线形；叶具小叶 1 ~ 3 对；小叶质坚硬，椭圆状披针形或线状披针形，长 35 ~ 80 mm，宽 5 ~ 8 mm，具 5 条平行脉。总状花序腋生，具花 5 ~ 8。花梗长 3 ~ 5 mm；萼钟状，被短柔毛，最下 1 萼齿约与萼筒等长；花紫蓝色或紫色，长 12 ~ 20 mm；旗瓣近圆形，先端微缺，瓣柄与瓣片约等长，翼瓣狭倒卵形，与旗瓣等长或稍短，具耳及线形瓣柄，龙骨瓣卵形，具耳及线形瓣柄；子房密被柔毛。荚果线形。花期 6—7 月，果期 8—9 月。

生　　境　生于疏林下、灌丛及草甸等处。

分　　布　黑龙江各地。吉林省各地。辽宁沈阳、彰武、建平、昌图等地。内蒙古额尔古纳、牙克石、莫力达瓦旗、扎兰屯、阿尔山、科尔沁右翼前旗、科尔沁左翼后旗、科尔沁左翼中旗、科尔沁右翼中旗、扎赉特旗、阿鲁科尔沁旗、东乌珠穆沁旗、西乌珠穆沁旗等地。河北、山东、安徽、江西、湖南、湖北、山西、陕西、甘肃、青海。朝鲜、日本、俄罗斯（西伯利亚中东部）。

采　　制　夏、秋季采收全草。夏季采摘花。秋季采收果实，获取种子。洗净晒干药用。

性味功效　味苦、涩，性温。有祛风除湿、止痛的功效。

主治用法　全草：用于风湿性关节炎、疮痈肿毒。水煎服，外用捣烂敷患处。花及种子：用于头痛。水煎服，外用捣烂敷患处。

用　量　全草:10～15 g。外用适量。花及种子:6～10 g。外用适量。

◎参考文献◎

[1] 钱信忠. 中国本草彩色图鉴(第一卷)[M]. 北京: 人民卫生出版社,
　　2003: 231-232.
[2] 中国药材公司. 中国中药资源志要[M]. 北京: 科学出版社, 1994:
　　582.
[3] 江纪武. 药用植物辞典[M]. 天津: 天津科学技术出版社, 2005:
　　444.

▼ 山黧豆花

▲ 山黧豆幼株

▼ 山黧豆群落

▼三脉山黧豆植株　　　　　　　　　　　　　　　　　　　　▲三脉山黧豆花序

三脉山黧豆 *Lathyrus komarovii* Ohwi

别　　名	具翅香豌豆
俗　　名	落豆秧
药用部位	豆科三脉山黧豆的全草。

原 植 物　多年生草本,高 40～70 cm,根状茎细长,横走。茎直立,具狭翅。托叶半箭形,有时稍具齿;叶具 2～5 对小叶,叶轴具狭翅,末端具短针刺;小叶狭卵形,先端具细尖,具平行脉 3～5。总状花序具花 3～8,短于叶;花梗短,长 1～2 mm,基部有膜质苞片,花时宿存;萼钟状,最下 1 齿约与萼筒等长;花紫色,长 13～18 mm,旗瓣长 11～15 mm,瓣片近圆形,宽 10 mm,瓣柄倒三角形,翼瓣稍短于旗瓣,具耳,线形瓣柄稍短于瓣片,龙骨瓣稍短于翼瓣。子房线形,无毛。荚果线形,长 3.7～4.4 cm,宽 5～6 mm,黑褐色,无毛。种子近球形,平滑,棕色。花期 6—7 月,果期 7—8 月。

生　　境　生于林间、林缘、灌丛中、山谷及溪流附近。

分　　布　黑龙江小兴安岭、张广才岭。吉林安图、汪清、和龙、通化、珲春等地。辽宁本溪。内蒙古鄂伦春旗。朝鲜、俄罗斯(西伯利亚)。

采　　制　夏、秋季采收全草,除去杂质,切段,洗净,鲜用或晒干。

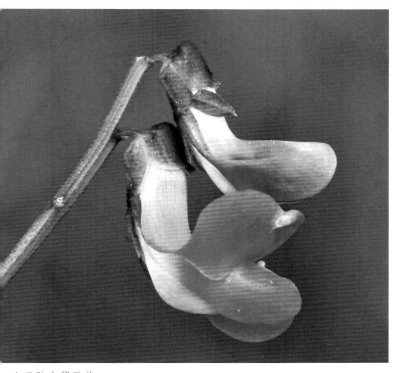

性味功效 味苦,性寒。有清热解毒、利尿、止痛的功效。

主治用法 用于小便不利、黄疸、外伤疼痛等。水煎服。外用鲜品捣烂敷患处。

用　　量 10 ~ 20 g。外用适量。

◎ 参考文献 ◎

[1] 严仲铠,李万林.中国长白山药用植物彩色图志[M].北京:人民卫生出版社,1997:245-246.

[2] 中国药材公司.中国中药资源志要[M].北京:科学出版社,1994:582.

[3] 江纪武.药用植物辞典[M].天津:天津科学技术出版社,2005:444.

▲ 三脉山黧豆花

▼ 三脉山黧豆花(浅粉色)

▲ 东北山黧豆花

东北山黧豆 *Lathyrus vaniotii* Levl.

别　　名　东北香豌豆

俗　　名　落豆秧

药用部位　豆科东北山黧豆的全草。

原 植 物　多年生草本，具根状茎。茎直立，高 40 ~ 70 cm。托叶狭半箭形，长 0.5 ~ 1.5 cm，宽 1 ~ 3 mm；叶具 2 ~ 5 对小叶，叶轴末端具针刺；茎最下部小叶通常披针形，长 2.5 ~ 4.5 cm，宽 4 ~ 12 mm，中上部小叶卵形或狭卵形，长 3.5 ~ 7.0 cm，宽 1 ~ 3 cm，先端具细尖，具羽状脉。总状花序腋生，具花 4 ~ 8，花梗约长 8 mm；萼钟状，长 11 mm；花紫红色，长 18 ~ 25 mm，旗瓣长 21 mm，瓣片扁圆形，先端微缺，瓣柄略呈等腰三角形，上面最宽处

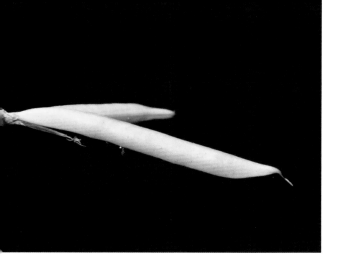
▲ 东北山黧豆果实

▲ 东北山黧豆幼株

▲ 东北山黧豆植株

宽 8 mm，翼瓣与旗瓣等长，瓣片倒卵形，线形瓣柄长 13 mm；龙骨瓣长 18 mm，瓣片倒卵形，先端成一斜尖头，线形瓣柄长 12 mm；子房线形。花期 6—7 月，果期 7—8 月。

生 境	生于林内、林缘、灌丛及草甸等处。

分　　布　　黑龙江尚志、阿城等地。吉林安图、汪清、和龙、通化、蛟河等地。辽宁本溪、凤城等地。朝鲜、俄罗斯（西伯利亚）。

采　　制　　夏、秋季采收全草，除去杂质，切段，洗净，鲜用或晒干。

性味功效　　味苦，性寒。有清热解毒、利尿、止痛的功效。

主治用法　　用于小便不利、黄疸、外伤疼痛等。水煎服。外用鲜品捣烂敷患处。

用　　量　　适量。

◎ 参考文献 ◎

[1] 江纪武. 药用植物辞典 [M]. 天津：天津科学技术出版社，2005:444.

▲ 胡枝子植株

胡枝子属 *Lespedeza* Michx.

胡枝子 *Lespedeza bicolor* Turcz.

别　　名　随军茶
俗　　名　帚条　杏条　茗条　白条　横条　横子　扫帚头　扫条　横笆子
药用部位　豆科胡枝子的枝条及根。
原　植　物　落叶直立灌木，高 1 ~ 3 mm，多分枝。小枝黄色或暗褐色，有条棱。羽状复叶具 3 小叶；托叶 2，线状披针形；叶柄长 2 ~ 9 cm；小叶质薄，卵状长圆形，长 1.5 ~ 6.0 cm，宽 1.0 ~ 3.5 cm，具短刺尖。总状花序腋生，常构成大型疏松的圆锥花序；总花梗长 4 ~ 10 cm；小苞片 2，黄褐色；花梗短，花萼 5 浅裂，裂片通常短于萼筒，裂片卵形或三角状卵形；花冠红紫色，极稀白色，长约 10 mm，旗瓣倒卵形，先端微凹，翼瓣较短，近长圆形，基部具耳和瓣柄，龙骨瓣与旗瓣近等长，先端钝，基部具较长的瓣柄。荚果斜倒卵形，稍扁，表面具网纹，密被短柔毛。花期 7—8 月，果期 9—10 月。
生　　境　生于山坡、林缘、路旁、灌丛及杂木林间等处。
分　　布　黑龙江林区。吉林前郭、榆树及长白山各地。辽宁各地。内蒙古鄂伦春旗、扎兰屯、莫力达瓦旗、阿荣旗、东乌珠穆沁旗、西乌珠穆沁旗等地。山西、陕西、甘肃、山东、江苏、安徽、浙江、福建、台湾、

▲ 胡枝子枝条

▼ 胡枝子幼株

河南、湖南、广东、广西等。朝鲜、俄罗斯（西伯利亚）、日本。

采　　制　夏、秋季采收枝条，除去杂质，切段，洗净，晒干。春、秋季采挖根，除去泥土，切段，洗净，晒干。

性味功效　枝条：味甘，性平。有润肺清热、利尿通淋、止血的功效。根：味辛、苦，性凉。有清热解毒、止痛、解表的功效。

主治用法　枝条：用于肺热咳嗽、眩晕头痛、百日咳、淋浊、鼻衄、尿血、便血、吐血、小便不利。水煎服。根：用于感冒发热、风湿疼痛、跌打损伤、赤白带下、疮疖、流注肿毒、毒蛇咬伤等。水煎服。外用研末搽患处。

用　　量　枝条：15～25 g（鲜品50～100 g）。根：125～50 g。外用适量。

附　　方

（1）治肺热咳嗽、百日咳、鼻衄：胡枝子鲜全草50～100 g，冰糖25 g。冲开水炖1 h服用，每日3次。

（2）治小便淋沥：胡枝子全草50～100 g，车前子25～40 g，冰糖50 g。酌加水煎，日服2次。

（3）治腰膝疼痛：胡枝子根、瘦猪肉各100 g，黄酒250 ml。开水1碗冲炖，分2次服。

（4）治流注肿毒：胡枝子根皮研极细末，鸡蛋白调服。

▲ 胡枝子花序（浅粉色）

▼ 胡枝子花（白色）

▲ 胡枝子果实

▲ 胡枝子花（侧）

▲ 胡枝子花序（呈球状）

▲ 胡枝子花

（5）治赤白带下: 胡枝子根 50 g, 用猪瘦肉 200 g 炖汤, 以汤煎药服用。

◎ 参考文献 ◎

[1] 江苏新医学院. 中药大辞典（下册）[M]. 上海: 上海科学技术出版社, 1977: 1543-1544, 1552.

[2] 朱有昌. 东北药用植物 [M]. 哈尔滨: 黑龙江科学技术出版社, 1989: 600-601.

[3] 中国药材公司. 中国中药资源志要 [M]. 北京: 科学出版社, 1994: 582.

▲ 短梗胡枝子植株

短梗胡枝子 *Lespedeza cyrtobotrya* Miq.

别　　名　短序胡枝子

药用部位　豆科短梗胡枝子的茎叶、根及全株。

原 植 物　落叶直立灌木，高 1 ~ 3 mm，多分枝。小枝褐色或灰褐色，具棱，贴生疏柔毛。羽状复叶具 3 小叶；托叶 2，线状披针形；叶柄长 1.0 ~ 2.5 cm；小叶宽卵形，长 1.5 ~ 4.5 cm，宽 1 ~ 3 cm，先端圆或微凹，具小刺尖。总状花序腋生，比叶短；总花梗短缩或近无总花梗，密被白毛；苞片小，花梗短，花萼筒状钟形，裂片披针形；花冠红紫色，长约 11 mm，旗瓣倒卵形，先端圆或微凹，基部具短柄，翼瓣长圆形，比旗瓣和龙骨瓣短约 1/3，先端圆，基部具明显的耳和瓣柄，龙骨瓣顶端稍弯，与旗瓣近等长，基部具耳和柄。荚果斜卵形，稍扁，表面具网纹，且密被毛。花期 7—8 月，果期 9—10 月。

生　　境　生于山坡、灌丛及杂木林下等处。

分　　布　吉林长白山各地。辽宁丹东市区、宽甸、凤城、岫岩、抚顺、盖州、大连、兴城、彰武等地。河北、山西、陕西、浙江、江西、河南、广东、甘肃。朝鲜、俄罗斯（西伯利亚中东部）、日本。

采　　制　夏、秋季采收茎叶和全株，切段，除去杂质，晒干。春、秋季采挖根，除去泥土，洗净，晒干。

性味功效　有润肺清热、利尿通淋、止血的功效。

主治用法　用于感冒发热、咳嗽、百日咳、眩晕头痛、小便不利、便血、尿血、吐血等。水煎服。

用　　量　适量。

▲ 短梗胡枝子枝条

◎ 参考文献 ◎

[1] 严仲铠, 李万林. 中国长白山药用植物彩色图志 [M]. 北京: 人民卫生出版社, 1997: 247-248.

[2] 中国药材公司. 中国中药资源志要 [M]. 北京: 科学出版社, 1994: 583.

[3] 江纪武. 药用植物辞典 [M]. 天津: 天津科学技术出版社, 2005: 453.

▲ 短梗胡枝子果实

▲ 短梗胡枝子花序

▲兴安胡枝子群落

▲兴安胡枝子种子

兴安胡枝子 *Lespedeza daurica*（Laxm.）Schindl.

别　　名　达呼尔胡枝子　毛果胡枝子
俗　　名　铁苕条　牤牛茶　牛枝子　牛筋子　王八骨头
药用部位　豆科兴安胡枝子的枝条（入药称"枝儿条"）。
原 植 物　落叶小灌木，高达 1 m。茎通常稍斜升，羽状复叶具 3 小叶；叶柄长 1 ~ 2 cm；小叶长圆形或狭长圆形，长 2 ~ 5 cm，宽 5 ~ 16 mm，先端圆形或微凹，有小刺尖，基部圆形，上面无毛，下面被贴伏的短柔毛；顶生小叶较大。总状花序腋生，较叶短或与叶等长；总花梗密生短柔毛；小苞片披针状线形，花萼 5 深裂，萼裂片披针形，先端长渐尖，呈刺芒状，与花冠近等长；花冠白色或黄白色，旗瓣长圆形，长约 1 cm，中央稍带紫色，具瓣柄，翼瓣长圆形，龙骨瓣比翼瓣长，先端圆形；闭锁花生于叶腋，结实。荚果小，倒卵形，先端有刺尖，有毛，包于宿存花萼内。花期 7—8 月，果期 9—10 月。
生　　境　生于干山坡、草地、路旁及沙质地上等处。
分　　布　黑龙江山区和西部草原。吉林白城、松原、集安、通化、吉林、安图、和龙、汪清、长白等地。辽宁本溪、西丰、法库、抚顺、沈阳市区、大连、喀左、北镇、建平、建昌、凌源、兴城、绥中、彰武等地。内蒙古陈巴尔虎旗、阿荣旗、扎兰屯、科尔沁右翼前旗、科尔沁右翼中旗、科尔沁左翼后旗、科尔沁左翼中旗、扎赉特旗、阿鲁科尔沁旗、正蓝旗、镶黄旗、正镶白旗等地。华北、西北、华中、西南。朝鲜、俄罗斯（西伯利亚）、日本。
采　　制　夏、秋季采收枝条，除去杂质，切段，洗净，晒干。
性味功效　味辛，性温。有解表散寒的功效。

▲兴安胡枝子花序

▲兴安胡枝子果实

▲兴安胡枝子花

主治用法 用于感冒发热、咳嗽等。水煎服。

用　　量 15 ~ 25 g。

附　　方 治感冒发热、咳嗽：枝儿条 25 g（根用 15 g），旋覆花 15 g，桑叶 15 g。水煎服，每日 2 次。

◎ 参考文献 ◎

[1]江苏新医学院.中药大辞典(上册)[M].上海:上海科学技术出版社,1977:1247.

[2]朱有昌.东北药用植物[M].哈尔滨:黑龙江科学技术出版社,1989:601-602.

[3]中国药材公司.中国中药资源志要[M].北京:科学出版社,1994:583.

▲兴安胡枝子枝条

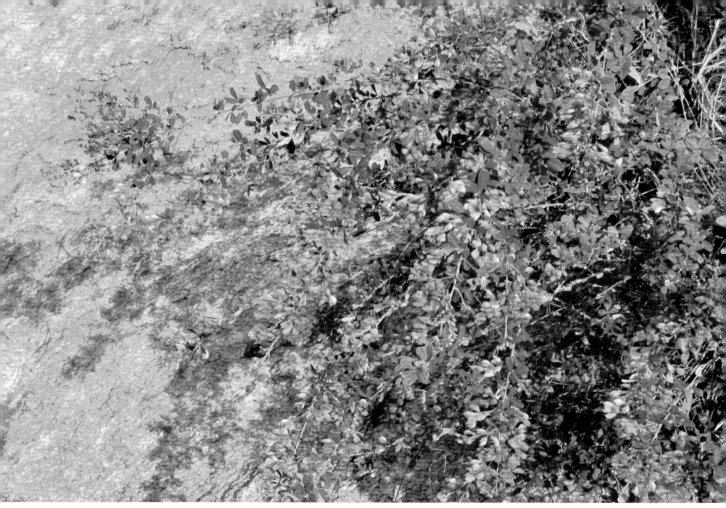

▲ 多花胡枝子果实

多花胡枝子 *Lespedeza floribunda* Bge.

别　　名　铁条　粳米条

药用部位　豆科多花胡枝子的干燥根（入药称"铁鞭草"）。

原 植 物　落叶小灌木，高 30 ～ 100 cm。茎常近基部分枝；枝有条棱，被灰白色茸毛。托叶线形，先端刺芒状；羽状复叶具 3 小叶；小叶具柄，倒卵形、宽倒卵形或长圆形，长 1.0 ～ 1.5 cm，宽 6 ～ 9 mm，先端微凹、钝圆或近截形，具小刺尖，基部楔形，上面疏被伏毛，下面密被白色伏柔毛；侧生小叶较小。总状花序腋生；总花梗细长，显著超出叶；花多数；小苞片卵形，花萼 5 裂，裂片披针形；花冠紫色、紫红色或蓝紫色，旗瓣椭圆形，长 8 mm，先端圆形，基部有柄，翼瓣稍短，龙骨瓣长于旗瓣，钝头。荚果宽卵形，长约 7 mm，超出宿存萼，密被柔毛，有网状脉。花期 7—8 月，果期 8—9 月。

生　　境　生于石质山坡、林缘及灌丛中。

分　　布　吉林前郭、延吉等地。辽宁阜新、朝阳、喀左、北镇、建平、建昌、凌源、兴城、绥中、彰武等地。内蒙古宁城。河北、

▲ 多花胡枝子花

▲ 多花胡枝子花序

山东、江苏、安徽、江西、福建、河南、
山西、陕西、湖北、广东、四川、宁夏、
甘肃、青海等。朝鲜。

采　　制　夏、秋季采挖根，洗净，晒干。
性味功效　味涩，性凉。有消积、散瘀的
功效。

主治用法　用于疳积、疟疾等。水煎服。
用　　量　6～15 g。

◎参考文献◎

［1］江苏新医学院. 中药大辞典（下册）
　　　[M]. 上海：上海科学技术出版社，
　　　1977：1864-1865.

［2］朱有昌. 东北药用植物 [M]. 哈尔滨：
　　　黑龙江科学技术出版社，1989：602-
　　　603.

［3］钱信忠. 中国本草彩色图鉴（第四
　　　卷）[M]. 北京：人民卫生出版社，
　　　2003：201-202.

▲ 多花胡枝子花（侧）

阴山胡枝子 *Lespedeza inschanica*（Maxim.）Schindl.

别　名	白指甲花
俗　名	扫帚苗
药用部位	豆科阴山胡枝子的全株。
原植物	落叶灌木，高达 80 cm。茎直立或斜升，托叶丝状钻形，背部具 1 ~ 3 条明显的脉；叶柄长 3 ~ 10 mm；羽状复叶具 3 小叶；小叶长圆形，长 1.0 ~ 2.5 cm，宽 0.5 ~ 1.5 cm，顶生小叶较大。总状花序腋生，与叶近等长，具花 2 ~ 6；小苞片长卵形或卵形，背面密被伏毛，边有缘毛；花萼 5 深裂，前方 2 裂片分裂较浅，具明显 3 脉及缘毛，萼筒外被伏毛，向上渐稀疏；花冠白色，旗瓣近圆形，长 7 mm，宽 5.5 mm，先端微凹，基部带大紫斑，花期反卷，翼瓣长圆形，长 5 ~ 6 mm，宽 1.0 ~ 1.5 mm，龙骨瓣长 6.5 mm，通常先端带紫色。荚果倒卵形，密被伏毛，短于宿存萼。花期 7—8 月，果期 9—10 月。
生　境	生于干山坡、草地、路旁及沙质地上等处。
分　布	黑龙江山区。吉林长白山各地。辽宁丹东、本溪、法库、抚顺、鞍山、庄河、大连市区、北镇、建平、建昌、凌源、绥中等地。内蒙古正蓝旗、镶黄旗、多伦等地。河北、山西、陕西、甘肃、河南、山东、江苏、安徽、湖北、湖南、四川、云南。朝鲜、日本。
采　制	夏、秋季采收全株，切段，洗净，晒干。
性味功效	有活血、利水、止痛的功效。

▲阴山胡枝子花序

用　　量　适量。

附　　注　根及叶入药，有宣开通窍、通经活络的功效。

◎参考文献◎

[1] 中国药材公司.中国中药资源志要[M].北京：科学出版社，1994：583-584.

[2] 江纪武.药用植物辞典[M].天津：天津科学技术出版社，2005：454.

▲阴山胡枝子花

绒毛胡枝子 *Lespedeza tomentosa*（Thunb.）Sieb. ex Maxim.

| 别　　名 | 山豆花 |

别　　名　山豆花
俗　　名　山豆子　老牛筋
药用部位　豆科绒毛胡枝子的干燥根。
原 植 物　落叶灌木，高达 1 m。全株密被黄褐色茸毛。茎直立，单一或上部少分枝。托叶线形，羽状复叶具 3 小叶；小叶质厚，椭圆形或卵状长圆形，长 3 ~ 6 cm，宽 1.5 ~ 3.0 cm，先端钝或微心形；叶柄长 2 ~ 3 cm。总状花序顶生或于茎上部腋生；总花梗粗壮，长 4 ~ 12 cm；苞片线状披针形；花具短梗，密被黄褐色茸毛；花萼密被毛长约 6 mm，5 深裂，裂片狭披针形，先端长渐尖；花冠黄色或黄白色，旗瓣椭圆形，长约 1 cm，龙骨瓣与旗瓣近等长，翼瓣较短，长圆形；闭锁花生于茎上部叶腋，簇生成球状。荚果倒卵形，长 3 ~ 4 mm，宽 2 ~ 3 mm，先端有短尖，表面密被毛。花期 7—8 月，果期 9—10 月。

▲绒毛胡枝子枝条

生　　境　生于干山坡草地及灌丛间等处。
分　　布　黑龙江嘉荫、讷河、北安、龙江、伊春市区、铁力、富锦、甘南、阿城、五常、尚志、海林、东宁、宁安、穆棱、林口、鸡东、密山、虎林、饶河、同江、抚远、方正、勃利、桦南、延寿、通河、木兰、汤原、依兰、庆安、绥棱等地。吉林省吉林市。辽宁丹东、本溪、抚顺、沈阳市区、鞍山、营口、庄河、大连市区、西丰、法库、开原、阜新、北镇、朝阳、建昌、凌源、绥中等地。内蒙古阿鲁科尔沁旗、克什克腾旗等地。全国各地（除新疆、西藏外）。朝鲜。

采　　制　夏、秋季采挖根，洗净，晒干。
性味功效　味甘，性平。有健脾补虚的功效。
主治用法　用于虚劳、水肿、痢疾等。水煎服。
用　　量　30 ~ 50 g。
附　　方
（1）治虚劳：绒毛胡枝子根 30 g。炖肉吃。
（2）治水肿：绒毛胡枝子根 50 g。煎汤服。

◎参考文献◎
[1] 朱有昌. 东北药用植物 [M]. 哈尔滨：黑龙江科学技术出版社，1989：603-604.
[2] 中国药材公司. 中国中药资源志要 [M]. 北京：科学出版社，1994：584.
[3] 江纪武. 药用植物辞典 [M]. 天津：天津科学技术出版社，2005：454.

▲绒毛胡枝子花

尖叶铁扫帚果实

▲尖叶铁扫帚枝条（果期）

尖叶铁扫帚 *Lespedeza juncea*（L. f.）Pers.

别　　名　细叶胡枝子　尖叶胡枝子

俗　　名　铁扫帚　黄蒿子

药用部位　豆科尖叶铁扫帚的全株。

原 植 物　落叶小灌木，高可达 1 m。全株被伏毛，
分枝或上部分枝呈扫帚状。叶柄长 0.5 ~ 1.0 cm；
羽状复叶具 3 小叶；小叶倒披针形、线状长圆形或
狭长圆形，长 1.5 ~ 3.5 cm，宽 2 ~ 7 mm，先端稍
尖或钝圆，有小刺尖。总状花序腋生，稍超出叶，有
3 ~ 7 朵排列较密集的花，近似伞形花序；总花梗长
2 ~ 3 cm；苞片及小苞片卵状披针形；花萼狭钟状，
5 深裂，裂片披针形，花开后具明显 3 脉；花冠白色
或淡黄色，旗瓣基部带紫斑，花期不反卷或稀反卷，
龙骨瓣先端带紫色，旗瓣、翼瓣与龙骨瓣近等长，有
时旗瓣较短；闭锁花簇生于叶腋，近无梗。荚果宽卵形，

▲尖叶铁扫帚枝条（花期）

▲尖叶铁扫帚植株

稍超出宿存萼。花期7—9月，果期9—10月。

生　　境　生于干山坡草地及灌丛间等处。

分　　布　黑龙江大兴安岭。吉林白城、松原、通化、辉南等地。辽宁抚顺、新宾、清原、沈阳、鞍山、庄河、大连市区、西丰、开原、铁岭、朝阳、凌源、建平、彰武等地。内蒙古额尔古纳、根河、牙克石、鄂伦春旗、鄂温克旗、扎兰屯、科尔沁右翼前旗、克什克腾旗、翁牛特旗、东乌珠穆沁旗、西乌珠穆沁旗等地。河北、山东、山西、甘肃。朝鲜、俄罗斯（西伯利亚）、蒙古、日本。

采　　制　夏、秋季采收全株，切段，洗净，晒干。

主治用法　用于痢疾、小儿疳积、吐血、遗精、子宫下垂等。水煎服。

用　　量　适量。

◎参考文献◎

[1]江纪武.药用植物辞典[M].天津：天津科学技术出版社，2005：454.

▲尖叶铁扫帚花

▲尖叶铁扫帚花序

细梗胡枝子 *Lespedeza virgata* (Thunb.) DC.

药用部位　豆科细梗胡枝子的全株（入药称"掐不齐"）。

原植物　落叶小灌木，高 25 ~ 50 cm，有时可达 1 m。基部分枝，枝细，带紫色，被白色伏毛。托叶线形，长 5 mm；羽状复叶具 3 小叶；小叶椭圆形、长圆形或卵状长圆形，稀近圆形，长 0.6 ~ 3.0 cm，宽 4 ~ 15 mm，先端钝圆，有时微凹，有小刺尖，基部圆形，边缘稍反卷，上面无毛，下面密被伏毛，侧生小叶较小；叶柄长 1 ~ 2 cm，被白色伏柔毛。总状花序腋生，通常具 3 朵稀疏的花；总花梗纤细，毛发状，被白色伏柔毛，显著超出叶；苞片及小苞片披针形，长约 1 mm，被伏毛；花梗短；花萼狭钟形，长 4 ~ 6 mm，旗瓣长约 6 mm，基部有紫斑，翼瓣较短，龙骨瓣长于旗瓣或近等长；闭锁花簇生于叶腋，无梗，结实。荚果近圆形，通常不超出萼。花期 7—9 月，果期 9—10 月。

生境　生于石质山坡、林缘及灌丛中。

分布　辽宁大连市区、长海、瓦房店等地。华北、西北、华东、华中、西南。朝鲜、日本。

采制　夏、秋季采收全株，切段，洗净，晒干。

性味功效　味甘，性平。有清热、止血、截疟、镇咳的功效。

主治用法　用于疟疾、中暑、肺结核、慢性胃炎等。水煎服。

用量　25 ~ 50 g。

◎ 参考文献 ◎

[1] 江苏新医学院. 中药大辞典（下册）[M]. 上海：上海科学技术出版社，1977：2092-2093.

[2] 江纪武. 药用植物辞典 [M]. 天津：天津科学技术出版社，2005：454.

▲ 细梗胡枝子花

▲ 细梗胡枝子花（侧）

细梗胡枝子枝条 ▶

▲ 朝鲜槐植株

马鞍树属 *Maackia* Rupr. et Maxim.

朝鲜槐 *Maackia amurensis* Rupr. et Maxim.

▲ 朝鲜槐种子

别　　名	檍槐　山槐
俗　　名	黄色木　高丽明子
药用部位	豆科朝鲜槐的茎枝及花。

原 植 物　落叶乔木,高可达15 mm,树皮淡绿褐色,薄片剥裂。枝紫褐色,有褐色皮孔;羽状复叶,长16.0～20.6 cm;小叶3～5对对生或近对生纸质长卵形长3.5～9.7 cm宽1.0～4.9 cm;小叶柄长3～6 mm。总状花序3～4个集生,长5～9 cm;密被锈褐色柔毛;花密集;花梗长4～6 mm;花萼钟状;花冠白色,长7～9 mm,旗瓣倒卵形,宽3～4 mm,顶端微凹,基部渐狭成柄,反卷,翼瓣长圆形,基部两侧有耳;子房线形。荚果扁平,长3.0～7.2 cm,宽1.0～1.2 cm,腹缝无翅或有宽约10 mm的狭翅,暗褐色;果梗长5～10 mm,无果颈。种子褐黄色,长椭圆形,无胚乳。花期6—7月,果期9—10月。

生　　境　生于稍湿润的阔叶林内、林缘、溪流附近或山坡灌丛间等处。

分　　布　黑龙江张广才岭、完达山、老爷岭。吉林长白山各地。辽宁绥中、凌源、桓仁、盖州、沈阳、抚顺等地。内蒙古科尔沁左翼后旗、阿鲁科尔沁旗等地。河北。朝鲜、俄罗斯(西伯利亚中东部)。

▲ 朝鲜槐花

采　　制　四季割取枝条，切段，洗净，晒干。夏季采摘花，除去杂质，阴干。

性味功效　茎枝：有祛风除湿、止血的功效。花：有止血的功效。

主治用法　茎枝：用于风湿痹痛、肢体麻木、半身不遂、关节筋骨疼痛。水煎服。花：用于各种出血。水煎服或冲茶饮用。

▲ 朝鲜槐幼苗

▲ 朝鲜槐幼株

▲朝鲜槐枝条（花期）

▼朝鲜槐枝条（果期）

▲ 朝鲜槐花（侧）

▲ 朝鲜槐树干

▲ 朝鲜槐花序

用　　量　茎枝：适量。花：5～15 g。

◎参考文献◎

[1]严仲铠，李万林．中国长白山药用植
　　物彩色图志 [M]．北京：人民卫生出
　　版社，1997：250-251．

[2]中国药材公司．中国中药资源志要 [M]．
北京：科学出版社，1994：585．

[3]江纪武．药用植物辞典 [M]．天津：天
津科学技术出版社，2005：491．

▲ 朝鲜槐果实

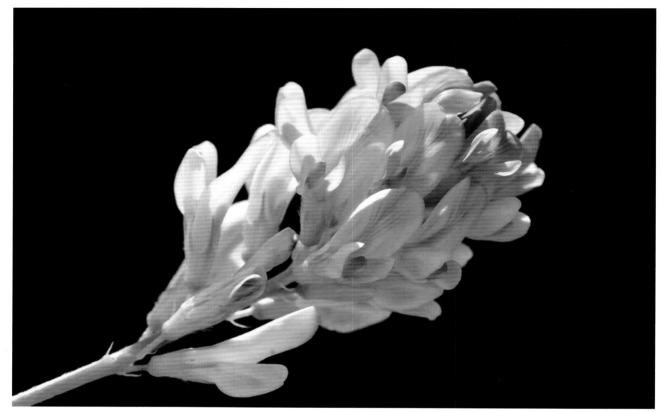

▲ 紫苜蓿花序（淡紫色）

▼ 紫苜蓿花序

苜蓿属 *Medicago* L.

紫苜蓿 *Medicago sativa* L.

别　　名　苜蓿　紫花苜蓿

药用部位　豆科紫苜蓿的干燥全草及根（入药称"苜蓿"）。

原植物　多年生草本，高 30 ~ 100 cm。茎直立、丛生以至平卧，四棱形。羽状三出复叶；托叶大，卵状披针形；叶柄比小叶短；小叶长卵形，等大或顶生小叶稍大，长 5 ~ 40 mm，宽 3 ~ 10 mm，纸质。花序总状或头状，长 1.0 ~ 2.5 cm，具花 5 ~ 30；总花梗挺直，比叶长；苞片线状锥形；花长 6 ~ 12 mm；花梗短，长约 2 mm；萼钟形，长 3 ~ 5 mm，萼齿线状锥形，比萼筒长；花冠各色：淡黄色、深蓝色至暗紫色，花瓣均具长瓣柄，旗瓣长圆形，先端微凹，翼瓣较龙骨瓣稍长；子房线形，花柱短阔，上端细尖，柱头点状，胚珠多数。荚果螺旋状紧卷 2 ~ 6 圈，熟时棕色。花期 6—7 月，果期 7—8 月。

生　　境　生于路旁、沟边、荒地及田边等处。

分　　布　紫苜蓿原产于伊朗，在欧亚大陆和世界各国广泛种植为饲料与牧草。在东北已从人工种植逸为野生。

▲ 紫苜蓿植株

采　制　夏、秋季采收全草，除去杂质，切段，洗净，晒干。春、秋季采挖根，除去泥土，剪掉须根，洗净，晒干。

性味功效　全草：味苦、微涩，性平。有清热利尿、凉血通淋的功效。根：味苦，性寒。有清湿热、利尿的功效。

主治用法　全草：用于膀胱结石、腹泻、石淋、尿路结石、痔疮出血、水肿等。水煎服或捣汁、研末。根：用于黄疸、尿道结石、夜盲症等。水煎服或捣汁。

用　量　全草：6 ~ 9 g。捣汁：150 ~ 250 g。研末：10 ~ 15 g。根：25 ~ 50 g（鲜品 150 ~ 250 g）。

附　方
（1）治黄疸、尿路结石：鲜紫苜蓿根，捣烂温服。每次半茶杯，日服 2 次。
（2）治水肿：紫苜蓿叶 25 g（研末），豆腐 1 块，猪油 150 g。炖熟 1 次服下。

附　注　种子也可入药，用于治疗关节炎。

▲ 紫苜蓿花（黄色）

▲ 紫苜蓿果实

◎ 参考文献 ◎

［1］江苏新医学院. 中药大辞典（上册）[M]. 上海：上海科学技术出版社，1977：1305.
［2］朱有昌. 东北药用植物 [M]. 哈尔滨：黑龙江科学技术出版社，1989：607-609.
［3］钱信忠. 中国本草彩色图鉴（第三卷）[M]. 北京：人民卫生出版社，2003：207-208.

▲ 天蓝苜蓿群落

▲ 天蓝苜蓿果实

天蓝苜蓿 *Medicago lupulina* L.

别　　名	老蜗生　黑荚苜蓿
俗　　名	野花生
药用部位	豆科天蓝苜蓿的全草（入药称"老蜗生"）。

原 植 物　一、二年生或多年生草本，高 15 ～ 60 cm。茎平卧或上升。羽状三出复叶；托叶卵状披针形；下部叶柄较长，长 1 ～ 2 cm，上部叶柄比小叶短；小叶倒卵形，长 5 ～ 20 mm，宽 4 ～ 16 mm，侧脉近 10 对，平行达叶边；顶生小叶较大，小叶柄长 2 ～ 6 mm，侧生小叶柄甚短。花序小头状，具花 10 ～ 20；总花梗细，挺直，比叶长；苞片刺毛状，甚小；花长 2.0 ～ 2.2 mm；花梗短，萼钟形，比萼筒略长或等长；花冠黄色，旗瓣近圆形，顶端微凹，翼瓣和龙骨瓣近等长，均比旗瓣短；子房阔卵形，花柱弯曲，胚珠 1 粒。荚果肾形，表面具同心弧形脉纹，熟时变黑；有种子 1。花期 7—8 月，果期 8—9 月。

生　　境　生于路旁、沟边、荒地及田边等处。

分　　布　黑龙江各地。吉林省各地。辽宁凌源、彰武、长海、大连市区等地。内蒙古额尔古纳、鄂温克旗、科尔沁右翼前旗、科尔沁右翼中旗、科尔沁左翼后旗、科尔沁左翼中旗、扎赉特旗、阿鲁科尔沁旗、正蓝旗、镶黄旗、正镶白旗等地。全国各地。欧亚大陆广布，世界各地都有归化种。

采　　制　夏、秋季采收全草，除去杂质，切段，洗净，鲜用或晒干。

性味功效　味甘、微涩，性平。有清热解毒、利湿、凉血止血、舒筋活络的功效。

主治用法　用于黄疸型肝炎、便血、痔疮出血、白血病、咳嗽喘息、腰腿痛、风湿痹痛、坐骨神经痛、腰肌劳损、

▲ 天蓝苜蓿植株

疮毒、毒蛇咬伤、蜈蚣咬伤及蜂螫等。水煎服。外用捣烂敷患处。

用　　量　15 ～ 25 g。外用适量。

附　　方

（1）治坐骨神经痛、风湿筋骨痛、劳伤疼痛：天蓝苜蓿
15 ～ 25 g。水煎服。

（2）治咳喘：天蓝苜蓿 50 g。煨水煮鸡蛋食。

（3）治痔疮出血及大肠出血：天蓝苜蓿 50 g。煮甜酒水服。

（4）治黄疸：天蓝苜蓿 100 g。煨水服。

（5）治蛇头疔：天蓝苜蓿加盐卤捣烂包敷。每日换 1 ～ 2 次。

（6）治蜈蚣、黄蜂、蛇咬伤：天蓝苜蓿适量。捣烂外敷。

▲ 天蓝苜蓿花序

◎ 参考文献 ◎

[1] 江苏新医学院. 中药大辞典（上册）[M]. 上海：
上海科学技术出版社，1977：843.

[2] 朱有昌. 东北药用植物 [M]. 哈尔滨：黑龙江科学
技术出版社，1989：605-606.

[3] 中国药材公司. 中国中药资源志要 [M]. 北京：科
学出版社，1994：586.

▲ 野苜蓿植株

野苜蓿 *Medicago falcata* L.

别　　名　黄花苜蓿　镰荚苜蓿

俗　　名　扁豆子

药用部位　豆科野苜蓿的干燥全草。

原 植 物　多年生草本，高 20 ～ 120 cm。茎平卧或上升，多分枝。羽状三出复叶；托叶披针形至线状披针形，先端长渐尖，基部戟形，全缘或稍具锯齿，脉纹明显；叶柄细，比小叶短；小叶倒卵形至线状倒披针形，长 5 ～ 20 mm，宽 1 ～ 10 mm，先端近圆形，具刺尖。花序短总状，长 1 ～ 4 cm，具花 6 ～ 25，稠密，花期几不伸长；总花梗腋生，挺直；苞片针刺状，长约 1 mm；花长 6 ～ 11 mm；花梗长 2 ～ 3 mm；萼钟形，萼齿线状锥形，比萼筒长；花冠黄色，旗瓣长倒卵形，翼瓣和龙骨瓣等长，均比旗瓣短；子房线形，花柱短，胚珠 2 ～ 5。荚果镰形，脉纹细，斜向。花期 7—8 月，果期 8—9 月。

生　　境　生于草原、沙地、河岸及沙砾质土壤的山坡旷野等处。

分　　布　黑龙江嫩江、黑河市区、大庆市区、安达、肇东、肇源、杜尔伯特、泰来等地。吉林通榆、镇赉、洮南、长岭、前郭、大安、蛟河等地。内蒙古牙克石、阿尔山、科尔沁右翼中旗、科尔沁右翼前旗、科尔沁左翼后旗、科尔沁左翼中旗、扎赉特旗、奈曼旗、阿鲁科尔沁旗、克什克腾旗、

▲ 野苜蓿花序

东乌珠穆沁旗、西乌珠穆沁旗等地。河北、山西、山东、四川、
甘肃。蒙古、俄罗斯（西伯利亚）。

采　制　夏、秋季采收全草，除去杂质，切段，洗净，晒干。

性味功效　味甘、微苦，性平。有降压、利尿、退热、消炎、止血、
健脾、补虚的功效。

主治用法　用于肺热咳嗽、赤痢、消化不良、水肿、外伤出血等。
水煎服或研末。

用　量　15 ~ 25 g。研末：5.0 ~ 7.5 g。

附　方　治消化不良、胸腹胀满：野苜蓿 5 g。研末冲服，每
日 2 次。

▲ 野苜蓿花

◎参考文献◎

[1] 江苏新医学院. 中药大辞典（下册）[M]. 上海：上海科
　　学技术出版社，1977：2138.

[2] 朱有昌. 东北药用植物 [M]. 哈尔滨：黑龙江科学技术出
　　版社，1989：604-605.

[3] 中国药材公司. 中国中药资源志要 [M]. 北京：科学出版社，
　　1994：585.

▲ 花苜蓿果实

花苜蓿 *Medicago ruthenica*（L.）Trautv.

别　　名	扁蓿豆
俗　　名	透骨草　牛奶草
药用部位	豆科花苜蓿的干燥全草。

原 植 物　多年生草本，高 20 ～ 100 cm。茎直立或上升，四棱形；羽状三出复叶；托叶披针形；叶柄比小叶短，长 2 ～ 12 mm；小叶形状变化很大，长圆状倒披针形，长 6 ～ 25 mm，宽 1.5 ～ 12.0 mm，先端截平、钝圆或微凹，中央具细尖，小叶柄长 2 ～ 6 mm。花序伞形，有时长达 2 cm，具花 4 ～ 15；总花梗腋生，通常比叶长，挺直；苞片刺毛状；花长 5 ～ 9 mm；花梗长 1.5 ～ 4.0 mm；萼钟形；花冠黄褐色，中央深红色至紫色条纹，旗瓣倒卵状长圆形、倒心形至匙形，先端凹头，翼瓣稍短，长圆形，龙骨瓣明显短，卵形；子房线形，胚珠 4 ～ 8。荚果长圆形或卵状长圆形，扁平。花期 6—9 月，果期 8—10 月。

生　　境　生于草原、沙地、河岸及沙砾质土壤的山坡旷野等处。

分　　布　黑龙江大庆市区、安达、肇东、杜尔伯特、泰来、北安、孙吴等地。吉林通榆、镇赉、洮南等地。内蒙古通辽。河北、山西、山东、四川、甘肃。蒙古、俄罗斯（西伯利亚）。

▲花苜蓿花

采　制　夏、秋季采收全草,除去杂质,切段,洗净,晒干。

性味功效　味苦,性寒。有清热解毒、退热、止咳、止血的功效。

主治用法　用于肺热咳嗽、赤痢、发热、外伤出血等。水煎服。外用捣烂敷患处。

用　量　15 ~ 25 g。外用适量。

◎参考文献◎

[1] 江苏新医学院.中药大辞典(上册)[M].
　　上海:上海科学技术出版社,1977:1060.

[2] 朱有昌.东北药用植物[M].哈尔滨:黑
　　龙江科学技术出版社,1989:606-607.

[3] 中国药材公司.中国中药资源志要[M].
　　北京:科学出版社,1994:604.

▲花苜蓿花序

▲ 草木樨群落

▼ 草木樨花序

草木樨属 *Melilotus* Adans.

草木樨 *Melilotus officinalis*（L.）Lam.

别　　名　辟汗草　黄香草木樨　黄花草木樨　野苜蓿
俗　　名　香马料　奇门草　木樨菜　驴饳饳　臭苜蓿　马层子
药用部位　豆科草木樨的干燥全草及根（入药称"辟汗草"或"黄零陵香"）。
原 植 物　二年生草本，高 40 ～ 250 cm。茎直立，粗壮，多分枝。羽状三出复叶；托叶镰状线形；叶柄细长；小叶倒卵形至线形，长 15 ～ 30 mm，宽 5 ～ 15 mm，侧脉 8 ～ 12 对，平行直达齿尖。总状花序长 6 ～ 20 cm，腋生，具花 30 ～ 70，初时稠密，花开后渐疏松，花序轴在花期中显著伸展；苞片刺毛状，花长 3.5 ～ 7.0 mm；花梗与苞片等长或稍长；萼钟形，长约 2 mm，萼齿三角状披针形；花冠黄色，旗瓣倒卵形，与翼瓣近等长，龙骨瓣稍短或三者均近等长；雄蕊筒在花后常宿存包于果外；子房卵状披针形，胚珠 4 ～ 8，花柱长于子房。荚果卵形，先端具宿存花柱。花期 7—8 月，果期 9—10 月。

| 生　境 | 生于田边、草地、路旁及住宅附近，常聚集成片生长。 |

生　境　生于田边、草地、路旁及住宅附近，常聚集成片生长。

分　布　东北地区各地。原产亚洲西部，在世界各地作为优质牧草被大量栽培逸为野生。

采　制　夏、秋季采收全草，切段，晒干。春、秋季采挖根，除去泥土，剪掉须根，洗净，晒干。

性味功效　全草：味苦、辛，性凉。有清热解毒、芳香化浊、利尿通淋、化湿、截疟、杀虫的功效。根：味苦，性平。有清热解毒的功效。

主治用法　全草：用于暑热胸闷、口臭、头涨、头痛、疟疾、痢疾、胃痛、泄泻、小便不利、热淋涩痛、湿疮、皮肤疮疡等。水煎服。外用烧烟熏。根：用于淋巴结结核。水煎服。

用　量　全草：15～25g。外用适量。根：9～15g。

附　方

（1）治疟疾：草木樨50g。水煎，在疟疾发作1h前服用。

（2）治疳疮、坐板疮、脓疱疮：草木樨、黄檗、白芷、雄黄、红砒、冰片、艾绒等磨粉，卷成纸条，点燃熏。

▲ 草木樨种子

▼ 草木樨幼苗

▲ 草木樨果实

（3）治淋巴结结核：草木樨根 50 ~ 100 g，浸泡一周后服用。每次 1 酒盅，每日 3 次。

附 注 果实入药。可治疗暑热胸闷、鼠疮症等。

◎ 参考文献 ◎

[1] 江苏新医学院. 中药大辞典（下册）[M]. 上海：上海科学技术出版社，1977: 2519-2520.

[2] 朱有昌. 东北药用植物 [M]. 哈尔滨：黑龙江科学技术出版社，1989: 610-612.

[3] 钱信忠. 中国本草彩色图鉴（第五卷）[M]. 北京：人民卫生出版社，2003: 576-577.

▲ 草木樨幼株

▲ 草木樨花

白花草木樨 *Melilotus alba* Medic.

别　　名　白香草木樨

药用部位　豆科白花草木樨的全草（入药称"辟汗草"）。

原 植 物　一、二年生草本，高 70 ~ 200 cm。茎直立，中空，多分枝。羽状三出复叶；托叶尖刺状锥形；叶柄比小叶短，纤细；小叶长圆形或倒披针状长圆形，长 15 ~ 30 cm，宽 4 ~ 12 mm，先端钝圆，侧脉平行直达叶缘齿尖，顶生小叶稍大，具较长小叶柄。总状花序长 9 ~ 20 cm，腋生，具花 40 ~ 100；苞片线形；花长 4 ~ 5 mm；花梗短，长 1.0 ~ 1.5 mm；萼钟形，长约 2.5 mm，萼齿三角状披针形，短于萼筒；花冠白色，旗瓣椭圆形，稍长于翼瓣，龙骨瓣与翼瓣等长或稍短；子房卵状披针形，上部渐窄至花柱，胚珠 3 ~ 4。荚果椭圆形至长圆形，具尖喙，表面脉纹细，网状。花期 7—8 月，果期 8—9 月。

生　　境　生于田边、草地、路旁及住宅附近，常聚集成片生长。

分　　布　白花草木樨原产亚洲西部，在欧洲被视为重要的蜜源植物和饲用植物，到目前为止已遍布我国

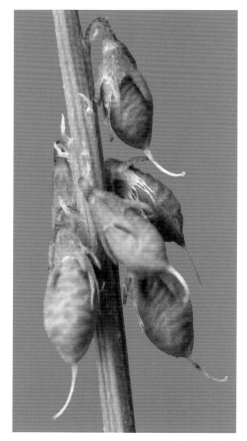

▲ 白花草木樨植株　　　　　　　　　　　　▲ 白花草木樨果实

▲ 白花草木樨种子

▲ 白花草木樨群落

▲ 白花草木樨花

▲ 白花草木樨幼株

北方所有地区。在本区已从农田逸为野生，成为本区新的归化植物。

采　　制　夏、秋季采收全草，除去杂质，切段，洗净，晒干。

性味功效　味辛、苦，性凉。有清热解毒、化湿杀虫、截疟、止痢的功效。

主治用法　用于暑热胸闷、疟疾、痢疾、淋病、皮肤疮疡。水煎服。外用捣烂敷患处。

用　　量　15 ～ 25 g。外用适量。

◎ 参考文献 ◎

[1] 江苏新医学院. 中药大辞典（下册）[M]. 上海：上海科学技术出版社，1977：2519-2520.

[2] 朱有昌. 东北药用植物 [M]. 哈尔滨：黑龙江科学技术出版社，1989：609-670.

[3] 钱信忠. 中国本草彩色图鉴（第五卷）[M]. 北京：人民卫生出版社，2003：343-344.

▲ 白花草木樨花序

▲ 长白棘豆群落

▼ 白花长白棘豆植株

▼ 白花长白棘豆花

棘豆属 *Oxytropis* DC.

长白棘豆 *Oxytropis anertii* Nakai ex Kitag.

俗　　名　毛棘豆

药用部位　豆科长白棘豆的全草。

原 植 物　多年生草本，高 5 ～ 25 cm。根圆锥状、圆柱状，侧根少，直伸。茎极缩短，丛生羽状复叶长 4 ～ 12 cm；托叶膜质；叶柄与叶轴上面有沟；小叶 17 ～ 33，卵状披针形，长 5 ～ 12 mm，宽 2 ～ 4 mm。2 ～ 7 花组成头形总状花序；总花梗与叶近等长，长 4 ～ 8 cm；苞片草质，卵状披针形至狭披针形；花长 17 ～ 20 mm；花梗极短；花萼草质，筒状，萼齿三角形；花冠淡蓝紫色，旗瓣长 19 ～ 20 mm，瓣片长圆形，先端深凹，近 2 裂，翼瓣长 12 ～ 13 mm，龙骨瓣长 12 ～ 13 mm，喙极短。荚果卵形至卵状长圆形，膨胀，具弯曲长喙，被棕色短糙毛并混生淡黄色毛或无毛。花期 6—7 月，果期 7—9 月。

生　　境　生于高山冻原带上。

分　　布　吉林长白、抚松、安图。朝鲜。

采　　制　夏、秋季采收全草，除去杂质，鲜用或晒干。

▲ 长白棘豆果实

性味功效　有清热解毒的功效。

主治用法　用于疔疮肿毒等。

用　　量　适量。

附　　注　在东北尚有 1 变种：白花长白棘豆 f. *albiflora*（Z. J. Zong ex X. R. He）X. Y. Zhu & H. Ohashi 花冠为白色。其他与原种同。

▼ 长白棘豆种子

▼ 长白棘豆花

▲长白棘豆植株（花期，侧）

◎参考文献◎

[1] 严仲铠，李万林．中国长白山药用植物彩色图志 [M]．北京：人民卫生出版社，1997：252.

[2] 中国药材公司．中国中药资源志要 [M]．北京：科学出版社，1994：591.

[3] 江纪武．药用植物辞典 [M]．天津：天津科学技术出版社，2005：560.

▲长白棘豆植株（花期）

▲长白棘豆植株（果期）

▲ 多叶棘豆植株（侧）

▼ 多叶棘豆果实

多叶棘豆 *Oxytropis myriophylla*（Pall.）DC.

别　　名　狐尾藻棘豆

俗　　名　猫爪子花

药用部位　豆科多叶棘豆的全草（入药称"鸡翎草"）。

原 植 物　多年生草本，高 20 ～ 30 cm。茎缩短，丛生。轮生羽状复叶长 10 ～ 30 cm；小叶 25 ～ 32 轮，每轮 4 ～ 8 片或有时对生，线形、长圆形或披针形，长 3 ～ 15 mm，宽 1 ～ 3 mm，先端渐尖，基部圆形。多花组成紧密或较疏松的总状花序；总花梗与叶近等长或长于叶；苞片披针形，花梗极短或近无梗；花萼筒状，萼齿披针形，花冠淡红紫色，旗瓣长椭圆形，长 18.5 mm，宽 6.5 mm，先端圆形或微凹，基部下延成瓣柄，翼瓣长 15 mm，先端急尖，耳长 2 mm，瓣柄长 8 mm，龙骨瓣长 12 mm，喙长 2 mm，耳长约 15.2 mm；子房线形。荚果披针状椭圆形，膨胀，密被长柔毛，不完全 2 室。花期 5—6 月，果期 7—8 月。

生　　境　生于沙地、平坦草原、干河沟、丘陵地、轻度盐渍化沙地、石质山坡等处。

分　　布　黑龙江塔河、呼玛、肇东、肇源、安达、泰来、杜尔伯特等地。吉林通榆、镇赉、洮南、前郭、长岭、大安等地。辽宁彰武、建平等地。内蒙古陈巴尔虎旗、牙克石、鄂伦春旗、鄂温克旗、阿荣旗、阿尔山、科尔沁右翼前旗、扎赉特旗、东乌珠穆沁旗、西乌珠穆沁旗等地。河北、山西、陕西、宁夏。俄罗斯（西伯利亚东部）、蒙古。

▲ 多叶棘豆群落

▲ 多叶棘豆花序（淡粉色）

采　　制　　夏、秋季采收全草，除去杂质，切段，洗净，晒干。

性味功效　　味苦、甘，性凉。有清热解毒、消肿、祛风湿、止血的功效。

主治用法　　用于风热感冒、咽喉肿痛、腮腺炎、痈疮肿毒、麻疹、痛风、鼻出血、月经过多、吐血、咯血等。水煎服。外用研末敷患处。

用　　量　　内服：10 ~ 15 g。研末：4 ~ 5 g。

附　　方

（1）治充血性肿胀：多叶棘豆适量。煎汤洗患处。

（2）治咽喉肿痛：瞿麦、草乌叶、多叶棘豆各等量，共为细末。每次服 4 ~ 5 g，水煎，连渣温服或开水送服，每日 2 次。

▲ 多叶棘豆花序（白色）

▲ 多叶棘豆花序

▲ 多叶棘豆居群

◎ 参考文献 ◎

[1] 江苏新医学院. 中药大辞典（上册）[M]. 上海：上海科学技术出版社，1977：1216-1217.

[2] 朱有昌. 东北药用植物 [M]. 哈尔滨：黑龙江科学技术出版社，1989：613-614.

[3] 中国药材公司. 中国中药资源志要 [M]. 北京：科学出版社，1994：592.

▲ 多叶棘豆植株

▲ 砂珍棘豆植株（果期）

砂珍棘豆 *Oxytropis racemosa* Turcz.

别　　名	砂棘豆　东北棘豆
俗　　名	鸡嘴豆　泡泡豆　泡泡草

▼ 砂珍棘豆果实

药用部位　豆科砂珍棘豆的全草（入药称"沙棘豆"）。

原 植 物　多年生草本，高 5 ~ 30 cm。茎缩短，多头。轮生羽状复叶长 5 ~ 14 cm；叶柄与叶轴上面有细沟纹；小叶轮生，6 ~ 12 轮，每轮 4 ~ 6 片，或有时为 2 小叶对生，长圆形、线形或披针形，长 5 ~ 10 mm，宽 1 ~ 2 mm，边缘有时内卷。顶生头形总状花序；总花梗长 6 ~ 15 cm，被微卷曲茸毛；苞片披针形；花长 8 ~ 12 mm；花萼管状钟形，萼齿线形，被短柔毛；花冠红紫色或淡紫红色，旗瓣匙形，长 12 mm，先端圆或微凹，基部渐狭成瓣柄，翼瓣卵状长圆形，长 11 mm，龙骨瓣长 9.5 mm，喙长 2.0 ~ 2.5 mm；花柱先端弯曲。荚果膜质，卵状球形，膨胀，先端具钩状短喙。花期 5—7 月，果期 6—10 月。

生 　 境　生于沙滩、沙荒地、沙丘、沙质坡地及丘陵地区阳坡等处。

▲砂珍棘豆植株（花期）

分　布　黑龙江密山、虎林等地。辽宁彰武。
内蒙古扎赉特旗、科尔沁右翼中旗、科尔沁左翼
后旗、奈曼旗、阿鲁科尔沁旗、东乌珠穆沁旗、
西乌珠穆沁旗、正蓝旗、镶黄旗等地。河北、山
西、陕西。朝鲜、俄罗斯（西伯利亚）、蒙古。

采　制　夏、秋季采收全草，除去杂质，切段，
洗净，晒干。

性味功效　味淡，性平。有消食、健脾的功效。

主治用法　用于小儿营养不良等。水煎服。

用　量　25 ~ 50 g。

▼砂珍棘豆花序

◎参考文献◎

［1］江苏新医学院 . 中药大辞典（上册）[M].
　　上海：上海科学技术出版社，1977：1165.

［2］中国药材公司 . 中国中药资源志要 [M].
　　北京：科学出版社，1994：592.

［3］江纪武 . 药用植物辞典 [M]. 天津：天津科
　　学技术出版社，2005：561.

海拉尔棘豆 *Oxytropis oxyphylla*（Pall.）DC.

| 别　　名 | 山棘豆　呼伦贝尔棘豆 |

别　　名　山棘豆　呼伦贝尔棘豆

俗　　名　山泡泡

药用部位　豆科海拉尔棘豆的全草（入药称"泡泡草"）。

原 植 物　多年生草本，高 7 ～ 20 cm。茎短，由基部分枝多，
铺散；轮生羽状复叶长 2.5 ～ 14.0 cm；托叶膜质，宽卵形或三角状卵形；小叶草质，3 ～ 9 枚轮生，每轮 3 ～ 6
片，线状披针形，长 10 ～ 20 mm，宽 1 ～ 3 mm。多花组成近头形总状花序；总花梗长 14.5 cm；苞片
膜质，披针形或狭披针形；花长 18 mm；花萼筒状，萼齿线状披针形；花冠红紫色、淡紫色或稀为白色，
旗瓣长 13 ～ 21 mm，瓣片椭圆状卵形，翼瓣斜宽倒卵形，长 13 ～ 17 mm，先端斜截形，耳椭圆形，
长 2 mm，龙骨瓣近狭倒卵形，长 10 ～ 14 mm，喙长 1.5 ～ 3.0 mm，耳圆形，子房长圆形。荚果膜质，
膨胀，宽卵形或卵形。花期 6—7 月，果期 7—8 月。

生　　境　生于沙地、石砾地、草原及沙丘等处。

分　　布　黑龙江肇东、肇源、安达、泰来、杜尔伯特、密山、虎林等地。内蒙古额尔古纳、满洲里、
陈巴尔虎旗、新巴尔虎左旗、新巴尔虎右旗、阿尔山、科尔沁右翼前旗、东乌珠穆沁旗、西乌珠穆沁旗
等地。俄罗斯（西伯利亚东部）、蒙古。

采　　制　夏、秋季采收全草，除去杂质，切段，洗净，晒干。

▲ 海拉尔棘豆花序

性味功效 味辛，性寒。有清热解毒、消肿、祛风湿、止血的功效。

主治用法 用于疮疖肿毒、瘰疬结核、乳腺炎（初期）、感冒、急慢性湿疹。水煎服。

用　　量 5～10 g（鲜品5～10 g）。

附　　方

（1）治疮疖痈肿：泡泡草鲜全草50 g。水煎服。

（2）治乳腺炎（初期）：泡泡草全草适量。煎水外洗。

（3）治瘰疬结核：泡泡草、白蒺藜各适量。研末，芝麻油调敷患处。

（4）治急慢性湿疹、婴儿湿疹：泡泡草、北五加皮、甘草各3 g。研末，苦参籽馏油调涂，每日3次。

▲ 海拉尔棘豆果实

◎ 参考文献 ◎

[1] 江苏新医学院. 中药大辞典（上册）[M]. 上海: 上海科学技术出版社, 1977: 1456.

[2] 朱有昌. 东北药用植物 [M]. 哈尔滨: 黑龙江科学技术出版社, 1989: 612-613.

[3] 中国药材公司. 中国中药资源志要 [M]. 北京: 科学出版社, 1994: 591-592.

▲ 硬毛棘豆植株（侧）

▼ 硬毛棘豆花序

硬毛棘豆 *Oxytropis hirta* Bge.

别　　名	毛棘豆
俗　　名	猫尾巴花
药用部位	豆科硬毛棘豆的全草。

原 植 物　多年生草本，无地上茎，高 20～50 cm，全株被开展的长硬毛。叶基生，奇数羽状复叶，长 15～20 cm。托叶与叶柄基部合生，膜质，被毛，小叶 4～9 对，卵状披针形，长 1.5～8.0 cm，宽 0.4～3.5 cm，通常顶小叶最大。总状花序多花，密集成穗状，总花梗粗壮；花黄白色，长 15～18 mm，苞披针形或线状披针形，比萼长或近等长，花梗极短或无梗；花萼筒状或近筒状钟形，萼齿线形，与萼筒等长或稍短，旗瓣匙状倒卵形，顶端近圆形，基部渐狭成爪，翼瓣与旗瓣近等长或稍短，龙骨瓣较短，顶端具小喙尖；子房密被白毛。荚果包于萼内，长卵形，密被白色长硬毛。花期 6—7 月，果期 7—8 月。

生　　境　生于山坡、丘陵、山地林缘草甸及草甸草原等处。

分　　布　黑龙江肇东、肇源、安达、泰来、杜尔伯特等地。吉林乾安、双辽、通榆、镇赉、洮南、长岭、前郭、大安等地。辽宁凌源、建平、北镇、阜新、沈阳、兴城、盖州等地。内蒙古鄂温克旗、扎兰屯、科尔沁右翼前旗、科尔沁右翼中旗、科尔沁左翼后旗、科尔沁左翼中旗、扎赉特旗、奈曼旗、阿鲁科尔沁旗、克什克腾旗、东乌珠穆沁旗、西乌珠穆沁旗、正蓝旗、正镶白旗等地。河北、河南、山西、湖北、陕西、甘肃。俄罗斯（西伯利亚东部）、蒙古。

采　制　夏、秋季采收全草，除去杂质，切段，洗净，晒干。

性味功效　味辛，性寒。有清热解毒、消肿、祛风湿、止血的功效。

主治用法　用于瘟疫、丹毒、腮腺炎、麻疹、创伤、抽筋、鼻出血、月经过多、吐血、咯血。水煎服。

用　量　5～10 g。

◎参考文献◎

[1] 中国药材公司. 中国中药资源志要 [M]. 北京：科学出版社，1994：592.

[2] 江纪武. 药用植物辞典 [M]. 天津：天津科学技术出版社，2005：560.

▲ 硬毛棘豆花

▼ 硬毛棘豆植株

▲ 蓝花棘豆群落

▼ 蓝花棘豆花序

▲ 蓝花棘豆花

蓝花棘豆 *Oxytropis coerulea*（Pall.）DC.

别　　名	东北棘豆
药用部位	豆科蓝花棘豆的根。

原 植 物　多年生草本，高 10 ~ 20 cm。茎缩短，基部分枝呈丛生状。羽状复叶长 5 ~ 15 cm；托叶披针形；叶柄与叶轴疏被贴伏柔毛；小叶 25 ~ 41，长圆状披针形，长 7 ~ 15 mm，宽 1.5 ~ 4.0 mm。12 ~ 20 花组成稀疏总状花序；花葶比叶长 1 倍；苞片较花梗长，长 2 ~ 5 mm；花长 8 mm；花萼钟状，萼齿三角状披针形，比萼筒短 1/2；花冠天蓝色或蓝紫色，旗瓣长 8 ~ 15 mm，瓣片长椭圆状圆形，先端微凹、圆形、钝或具小尖，瓣柄长约 3 mm，翼瓣长 7 mm，瓣柄线形，龙骨瓣长约 7 mm，喙长 2 ~ 3 mm；子房几无柄，无毛，含胚珠 10 ~ 12。荚果长圆状卵形膨胀，疏被白色和黑色短柔毛，具喙。

花期6—7月，果期7—8月。

生　境　生于草原、山坡及山地林下等处。

分　布　内蒙古额尔古纳、宁城、喀喇沁旗、镶黄旗、正镶白旗等地。河北、山西。俄罗斯、蒙古。

采　制　夏、秋季采挖根，洗净，晒干。

性味功效　有强壮、补气的功效。

主治用法　用于气虚不足、气喘自汗、头晕乏力等。水煎服。

用　量　适量。

▲蓝花棘豆植株（花白色）

◎参考文献◎

［1］中国药材公司. 中国中药资源志要 [M]. 北京：科学出版社，1994：591.

［2］江纪武. 药用植物辞典 [M]. 天津：天津科学技术出版社，2005：560.

▼蓝花棘豆植株

▲黄毛棘豆花序

黄毛棘豆 *Oxytropis ochrantha* Turcz.

别　　名　黄土毛棘豆　黄穗棘豆

药用部位　豆科黄毛棘豆的花。

原 植 物　多年生草本。茎极缩短，多分枝，被丝状黄色长柔毛。轮生羽状复叶，长8～20 cm；托叶膜质，宽卵形；叶柄上面有沟；小叶13～19，对生或4片轮生，卵形、长椭圆形、披针形或线形，长6～25 mm，宽3～10 mm。多花组成密集圆筒形总状花序；花葶坚挺，圆柱状，与叶几等长，密被黄色长柔毛；苞片披针形；花长15～21 mm；花萼坚硬，筒状；花冠白色或淡黄色，旗瓣倒卵状长椭圆形，长14～21 mm，宽5～7 mm，先端圆形，基部渐狭成瓣柄，翼瓣匙状长椭圆形，长17 mm，宽4 mm，龙骨瓣近矩形，长12 mm，宽3 mm。荚果膜质，卵形，膨胀成囊状而略扁。花期6—7月，果期7—8月。

生　　境　生于山坡草地及林下等处。

分　　布　内蒙古正蓝旗、镶黄旗、正镶白旗等地。河北、山西、陕西、甘肃、四川、西藏等。蒙古。

采　　制　花期采摘花，除去杂质，晒干。

性味功效　有利水的功效。

主治用法　用于小便不利。水煎服。

用　　量　适量。

◎参考文献◎

[1] 中国药材公司. 中国中药资源志要 [M]. 北京：科学出版社，1994：592.

[2] 江纪武. 药用植物辞典 [M]. 天津：天津科学技术出版社，2005：560.

▲黄毛棘豆植株

▲ 猫头刺植株

猫头刺 *Oxytropis aciphylla* Ledeb.

▲ 猫头刺花（白色）

别　　名	刺叶柄棘豆
俗　　名	鬼见愁　老虎爪子
药用部位	豆科猫头刺的全株。
原 植 物	矮小丛生垫状半灌木，高 10 ~ 20 cm，分枝多而密。叶轴宿存，呈硬刺状，密生平伏柔毛；托叶膜质，下部与叶柄连合；双数羽状复叶，小叶 4 ~ 6，条形，长 5 ~ 15 mm，宽 1 ~ 2 mm，先端渐尖，具刺尖，基部楔形，两面被银白色平伏柔毛，边缘常内卷。总状花序腋生，有花 1 ~ 3，蓝紫色、红紫色以至白色；花萼筒状；花冠蝶形，旗瓣倒卵形，长 14 ~ 24 mm，顶端钝，基部渐狭成爪，翼瓣短于旗瓣，龙骨瓣先端具喙，喙长 1.0 ~ 1.5 mm；子房圆柱形，花柱顶端弯曲，无毛。荚果长圆形，革质，长 1.0 ~ 1.5 cm，宽 4 ~ 5 mm，外被平伏柔毛，背缝线深陷，隔膜发达。种子圆肾形，深棕色。花期 5—6 月，果期 6—7 月。
生　　境	生于砾石质平原、薄层沙地、丘陵坡地及沙荒地上，常聚集成片生长。
分　　布	内蒙古苏尼特右旗。西北。俄罗斯（西伯利亚）、蒙古。
采　　制	夏、秋季采收全株，洗净，晒干。

▲猫头刺植株（侧）

▲猫头刺花序

▲ 猫头刺群落

▲猫头刺花

性味功效　有清热、解毒的功效。
主治用法　用于脓疮。水煎服。
用　　量　适量。

◎参考文献◎

[1] 江纪武. 药用植物辞典 [M].
　　天津：天津科学技术出版
　　社，2005：87.
[2] 中国药材公司. 中国中药
　　资源志要 [M]. 北京：科学
　　出版社，1994：550.

◀猫头刺花（背）

山泡泡 *Oxytropis leptophylla* (Pall.) DC.

别　　名　光棘豆　薄叶棘豆

药用部位　豆科山泡泡的全草。

原植物　多年生草本，高约8 cm。根粗壮。茎缩短。羽状复叶长7~10 cm；托叶膜质，三角形，与叶柄贴生，先端钝；小叶9~13，线形，长13~35 mm，宽1~2 mm。2~5花组成短总状花序；总花梗纤细，与叶等长或稍短；苞片披针形或卵状长圆形；花长18~20 mm；花萼膜质，筒状，长8~11 mm；萼齿锥形，长为萼筒的1/3；花冠紫红色或蓝紫色，旗瓣近圆形，长20~23 mm，宽10 mm，先端圆形或微凹，基部渐狭成瓣柄，翼瓣长19~20 mm，耳短，瓣柄细长，龙骨瓣长15~17 mm，喙长1.5 mm；子房密被毛，花柱先端弯曲。荚果膜质，卵状球形，膨胀，长14~18 mm，先端具喙。花期5—6月，果期6—7月。

生　　境　生于砾石质丘陵坡地及向阳干旱山坡等处。

分　　布　黑龙江肇东、肇源、安达等地。吉林通榆、镇赉、洮南、前郭、长岭、大安等地。内蒙古科尔沁右翼中旗、科尔沁左翼中旗、科尔沁左翼后旗、扎赉特旗、奈曼旗、阿鲁科尔沁旗、东乌珠穆沁旗、西乌珠穆沁旗等。河北、山西。俄罗斯（西伯利亚东部）、蒙古。

采　　制　夏、秋季采收全草，洗净，晒干。

性味功效　有清热、解毒的功效。

主治用法　用于秃疮、瘰疬等。水煎服。

用　　量　适量。

◎参考文献◎

[1] 江苏新医学院.中药大辞典(下册)[M].上海：上海科学技术出版社，1977：2092-2093.

[2] 江纪武.药用植物辞典[M].天津：天津科学技术出版社，2005：454.

▲山泡泡植株

▲山泡泡花

▲二色棘豆植株

二色棘豆 *Oxytropis bicolor* Bge.

别　　名	地角儿苗
药用部位	豆科二色棘豆的种子。

原 植 物　多年生草本，高 5 ~ 20 cm。主根发达。茎缩短，簇生。轮生羽状复叶长 4 ~ 20 cm；托叶膜质，卵状披针形，与叶柄贴生很高，彼此于基部合生，先端分离而渐尖，密被白色绢状长柔毛；叶轴有时微具腺体；小叶 7 ~ 17，对生或 4 片轮生，线形、线状披针形、披针形，长 3 ~ 23 mm，宽 1.5 ~ 6.5 mm，先端急尖，基部圆形，边缘常反卷，两面密被绢状长柔毛，上面毛较疏。花多数，排列成或疏或密的总状花序；花萼筒状，长约 9 mm，宽 2.5 ~ 3.0 mm，密生长柔毛，萼齿三角形，长为筒部的 1/5；花冠蓝色，旗瓣菱状卵形，干后有绿色斑，连同爪长约 16 mm；子房有短柄。荚果矩圆形，长 17 mm，宽约 5 mm，背腹稍扁，顶端有长喙，密生长柔毛，假 2 室。花期 5—6 月，果期 7—8 月。

生　　境	生于河岸沙丘、沙质地及丘陵坡地等处。
分　　布	内蒙古苏尼特左旗、苏尼特右旗等。河北、陕西、宁夏、甘肃、青海。蒙古。
采　　制	秋季采收种子，除去杂质，洗净，晒干。
性味功效	有清热、解毒、镇痛的功效。
用　　量	适量。

▲二色棘豆花（侧）

◎参考文献◎

[1] 中国药材公司. 中国中药资源
志要 [M]. 北京: 科学出版社,
1994:550.

[2] 江纪武. 药用植物辞典 [M].
天津: 天津科学技术出版社,
2005:454.

▲二色棘豆花

▲ 球花棘豆花序（背）

球花棘豆 *Oxytropis latibracteata* Jurtzev

别　名　宽苞棘豆

药用部位　豆科球花棘豆的根。

原植物　多年生草本。根粗壮。茎缩短，匍匐。羽状复叶长 5 ～ 12 cm；托叶膜质，线状锥形；小叶 11 ～ 21，披针形、长圆形或长圆状披针形，长 5 ～ 17 mm，宽 1.5 ～ 4.0 mm，先端尖。多花组成头形或卵形总状花序；总花梗长于叶；苞片膜质，线形，与萼筒等长，先端尖；花长约 9 mm；花萼钟状，长 5 mm，被贴伏黑色和白色柔毛，萼齿线状锥形，短于萼筒；花冠蓝紫色，旗瓣长 8 ～ 9 mm，瓣片宽卵形，先端圆形，翼瓣略短于旗瓣，龙骨瓣与翼瓣几等长，喙长 2.5 mm。荚果膜质，长圆状广椭圆形、长卵形，下垂，长 10 ～ 12 mm，宽 2.5 ～ 3.0 mm，先端具喙，密被贴伏白色短柔毛；果梗长 1.5 ～ 2.0 mm。种子圆肾形，具棱角，长 0.75 ～ 1.00 mm，暗棕色。花期 6—7 月，果期 7—8 月。

生　境　生于高山草原、河谷、石质山坡及高地等处。

分　布　内蒙古克什克腾旗。河北、新疆。哈萨克斯坦、乌兹别克斯坦、土库曼斯坦、吉尔吉斯斯坦、塔吉克斯坦等。

采　制　秋季采挖根，除去杂质，洗净，切段，晒干。

性味功效　有补血补气的功效。

主治用法　用于气虚不足、气喘自汗、头晕乏力等。水煎服。

用　量　适量。

◎ 参考文献 ◎

［1］中国药材公司 . 中国中药资源志要 [M]. 北京：科学出版社，1994: 550.

［2］江纪武 . 药用植物辞典 [M]. 天津：天津科学技术出版社，2005: 454.

▲ 球花棘豆花序

球花棘豆果实

▲ 球花棘豆植株

▲ 大花棘豆植株

▲ 大花棘豆花序

大花棘豆 *Oxytropis grandiflora*（Pall.）DC.

药用部位 豆科大花棘豆全草。

原植物 多年生草本，高 20 ～ 40 cm。茎缩短，丛生。羽状复叶长 5 ～ 25 cm；托叶宽卵形，与叶柄贴生，分离部分先端尖；小叶 15 ～ 25，长圆状披针形，长 10 ～ 30 mm，宽 5 ～ 7 mm，先端渐尖，基部圆形，全缘。多花组成穗形或头形总状花序；总花梗比叶长；苞片长圆状卵形，或披针形，长 7 ～ 13 mm，先端渐尖；花大，长 23 ～ 30 mm；花萼筒状，长 10 ～ 14 mm；花冠红紫色或蓝紫色，旗瓣长 23 mm，瓣片宽卵形，长 14 mm，先端圆，瓣柄长，翼瓣比旗瓣短，龙骨瓣长 17 mm，瓣片前部具蓝紫色斑块，喙长 2 ～ 3 mm，瓣柄长。荚果革质，长圆形、长圆状卵形，长 20 ～ 30 mm，宽 4 ～ 8 mm，先端渐狭成细长的喙，腹缝线深凹，隔膜宽，不完全 2 室。种子多数。花期 6—7 月，果期 7—8 月。

生 境 生于山坡、丘顶、山地草原、石质山坡、草甸草原及山地林缘草甸等处。

分 布 内蒙古满洲里、额尔古纳、根河、牙克石、科尔沁右翼前旗、扎赉特旗、扎鲁特旗、阿鲁科尔沁旗、巴林左旗、巴林右旗、克什克腾旗、翁牛特旗、东乌珠穆沁旗、西乌珠穆沁旗、正蓝旗、太仆寺旗等地。河北。俄罗斯、蒙古等。

采 制 夏、秋季采收全草，洗净、晒干。

附 注 本种为内蒙古地区药用植物。收载于《内蒙古药材选编》一书中。

▲ 大花棘豆果实

◎ 参考文献 ◎

[1] 江纪武 . 药用植物辞典 [M]. 天津：天津科学技术出版社，2005：560.

大花棘豆植株（侧）

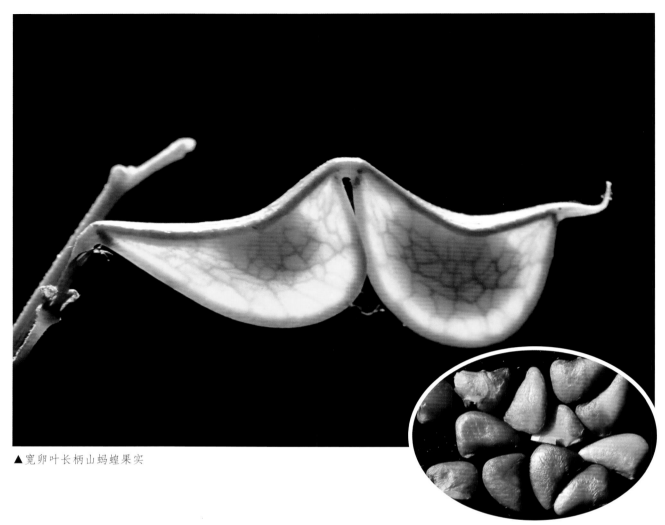

▲ 宽卵叶长柄山蚂蝗果实

▲ 宽卵叶长柄山蚂蝗种子

长柄山蚂蝗属 *Hylodesmum* H. Ohashi & R. R. Mill.

宽卵叶长柄山蚂蝗 *Hylodesmum podocarpum* subsp. *fallax*（Schindl.）H. Ohashi & R. R. Mill.

别　　名　宽卵叶山蚂蝗　东北山蚂蝗

俗　　名　山绿豆

药用部位　豆科宽卵叶长柄山蚂蝗的全草。

原 植 物　多年生直立草本,高 50 ~ 100 cm。根状茎稍木质;茎具条纹。叶为羽状三出复叶,小叶 3;托叶钻形;叶柄长 2 ~ 12 cm,小叶纸质,顶生小叶宽卵形或卵形,长 3.5 ~ 12.0 cm,宽 2.5 ~ 8.0 cm。总状花序或圆锥花序,顶生或顶生和腋生,长 20 ~ 30 cm;通常每节生花 2,花梗长 2 ~ 4 mm,结果时增长至 5 ~ 6 mm;苞片早落,窄卵形;花萼钟形,长约 2 mm;花冠紫红色,长约 4 mm,旗瓣宽倒卵形,翼瓣窄椭圆形,龙骨瓣与翼瓣相似;雄蕊单体;雌蕊长约 3 mm。荚果长约 1.6 cm,通常有荚节 2;荚节略呈宽半倒卵形,被钩状毛和小直毛,稍有网纹;果梗长约 6 mm;果颈长 3 ~ 5 mm。花期 7—8 月,果期 8—9 月。

生　　境　生于林缘、疏林下及灌丛中。

分　　布　黑龙江尚志。吉林长白山各地。辽宁桓仁、宽甸、清原、新宾等地。朝鲜、俄罗斯（西伯利亚中东部）。

▲ 宽卵叶长柄山蚂蝗植株

▲ 宽卵叶长柄山蚂蝗幼株

▲ 宽卵叶长柄山蚂蝗花

采　制　夏、秋季采收全草，除去杂质，切段，洗净，晒干。

性味功效　味微苦，性温。有祛风止痛、破瘀消肿、健脾化湿的功效。

主治用法　用于跌打损伤、风湿性关节炎、腰痛、哮喘、乳腺炎、崩中、带下、咳嗽吐血、毒蛇咬伤等。水煎服。外用研末调敷或捣敷。

用　量　9 ~ 15 g。外用适量。

◎参考文献◎

[1] 钱信忠. 中国本草彩色图鉴（第四卷）[M]. 北京：人民卫生出版社，2003：39-40.

[2] 朱有昌. 东北药用植物 [M]. 哈尔滨：黑龙江科学技术出版社，1989：581-582.

[3] 中国药材公司. 中国中药资源志要 [M]. 北京：科学出版社，1994：595.

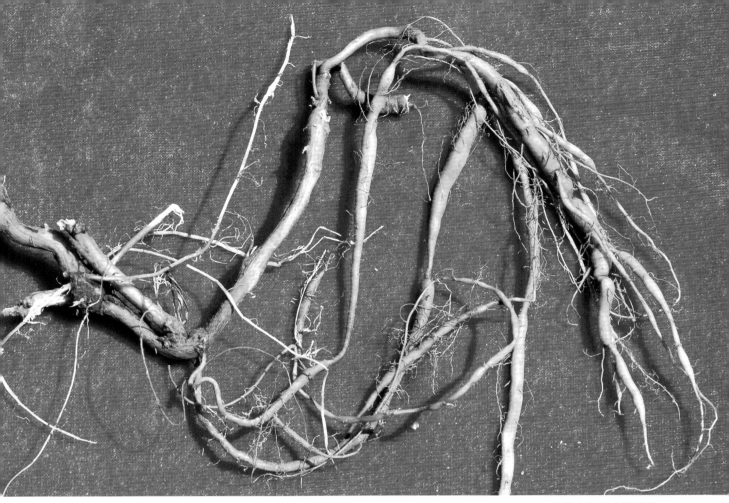

▲ 羽叶长柄山蚂蟥根

▼ 羽叶长柄山蚂蟥花序

羽叶长柄山蚂蟥 *Hylodesmum oldhamii*（Oliv.）H. Ohashi & R. R. Mill.

别　　名　羽叶山蚂蟥　羽叶山绿豆

俗　　名　山绿豆

药用部位　豆科羽叶长柄山蚂蟥的根及全草。

原植物　多年生草本,茎直立,高 50～150 cm。茎微有棱。叶为羽状复叶,小叶 7,托叶钻形,叶柄长约 6 cm;小叶纸质,披针形或卵状椭圆形,长 6～15 cm,宽 3～5 cm,顶生小叶较大,下部小叶较小;顶生小叶的小叶柄长约 1.5 cm。总状花序顶生或顶生和腋生,单一或有短分枝,长达 40 cm;花疏散;苞片狭三角形;花萼长 2.5～3.0 mm,萼筒长 1.5～1.7 mm;花冠紫红色,长约 7 mm,旗瓣宽椭圆形,先端微凹,具短瓣柄,翼瓣、龙骨瓣狭椭圆形,具短瓣柄;雄蕊单体;子房线形,具子房柄,花柱弯曲。荚果扁平,通常有荚节 2,果梗长 6～11 mm;果颈长 10～15 mm。花期 7～8 月,果期 8—9 月。

生　　境　生于杂木林下、山坡、灌丛及多石砾地等处。

分　　布　黑龙江尚志。吉林辉南、集安、通化、和龙、汪清、靖宇等地。辽宁本溪、桓仁、凤城、岫岩、鞍山市区、

▲ 羽叶长柄山蚂蝗植株

▲ 羽叶长柄山蚂蝗果实

庄河等地。陕西、江苏、浙江、江西、福建、湖北、湖南、四川、贵州。朝鲜、日本。

采　制　春、秋季采挖根，洗净，切段，晒干。夏、秋季采收全草，除去杂质，切段，洗净，晒干。

性味功效　味辛，性寒。有疏散风热、清热利尿、健脾化湿、祛风活络、破瘀散结、止痛的功效。

主治用法　用于水肿、小便不利、脚气水肿、筋骨折断等。水煎服。外用捣烂敷患处。

用　量　12～15 g。外用适量。

◎ 参考文献 ◎

[1] 朱有昌. 东北药用植物 [M]. 哈尔滨：黑龙江科学技术出版社，1989：581-582.

[2] 中国药材公司. 中国中药资源志要 [M]. 北京：科学出版社，1994：595.

[3] 江纪武. 药用植物辞典 [M]. 天津：天津科学技术出版社，2005：623.

▲ 葛居群

▼ 葛花序

葛属 Pueraria DC.

葛 *Pueraria montana* var. *lobata* （Willd.）Maesen et S. M. Almeida ex Sanjappa et Predeep

别　　名　野葛

俗　　名　葛条　葛藤　葛麻藤　山葛条　葛拉条子

药用部位　豆科葛的根（称"葛根"）、藤茎（称"葛蔓"）、叶（称"葛叶"）、花（称"葛花"）、种子（称"葛谷"）及葛粉。

原 植 物　落叶粗壮藤本，长可达 8 m，全体被黄色长硬毛，有粗厚的块状根。羽状复叶具 3 小叶；小叶 3 裂，偶尔全缘，顶生小叶宽卵形或斜卵形，长 7 ~ 19 cm，宽 5 ~ 18 cm；小叶柄被黄褐色茸毛。总状花序长 15 ~ 30 cm，中部以上花密集；苞片线状披针形至线形小苞片卵形花 2 ~ 3 朵聚生于花序轴的节上；花萼钟形；花冠长 10 ~ 12 mm，紫色，旗瓣倒卵形，基部有 2 耳及一黄色硬痂状附属体，具短瓣柄，翼瓣镰状，较龙骨瓣为狭，基部有线形、向下的耳，龙骨瓣镰状长圆形，基部有极小、急尖的耳；对旗瓣的 1 枚雄蕊仅上部离生。荚果长椭圆形，扁平，被褐色长硬毛。花期 7—8 月，果期 9—10 月。

生　　境　生于阔叶杂木林、灌丛、荒山等处，常聚集成片生长。

▲ 葛果实（后期）

▲ 葛植株

▲ 葛果实（前期）

分　　布　吉林集安、通化、辉南、临江、珲春、蛟河、东丰等地。辽宁本溪、桓仁、鞍山、宽甸、丹东市区、抚顺、泰来、开原、庄河、瓦房店、大连市区、营口、长海、绥中等地。华北、华南、西南。朝鲜、俄罗斯（西伯利亚中东部）、日本、越南、印度、马来西亚。

采　　制　春、秋季采挖根，除去泥土，洗净，晒干。四季采割藤茎，切段，晒干。夏季采摘叶，阴干或鲜用。7—8月采花，除去杂质，阴干。秋季采摘果实，打开果皮，除去杂质，获取种子。把块根经水磨而澄取获得淀粉。

性味功效　根：味甘、辛，性平。有生阳解肌、透疹止泻、除烦止渴的功效。藤茎：味甘，性凉。有清热解毒的功效。叶：味甘，性平。有止血的功效。花：味甘，性平。有解酒醒脾的功效。

▲ 葛种子

种子：味甘，性平。有解酒、补心、清肺的功效。
葛粉：味甘，性大寒。无毒。有生津止渴、清热除烦的功效。

主治用法　根：用于伤寒、温热头痛颈强、烦热消渴、泄泻、痢疾、斑疹不透、高血压、心绞痛、小儿腹泻、肠梗阻、耳聋、疖子及小儿口角生疮等。水煎服或捣汁。外用捣烂敷患处。阴虚火旺、胃气虚寒、痘疹已出及头痛不属阳明者忌服。藤茎：用于痈肿、喉部肿块、疖子及小儿口角生疮等。水煎服或烧存性研末。外用烧存性研末调敷。叶：用于金疮止血。外用研末搽患处。花：用于伤酒发热烦躁、不思饮食、胸膈饱胀、呕逆吐酸、吐血及肠风下血等。水煎服或入丸、散。种子：用于解酒。水煎服。葛粉：用于喉痹、齿痛和胸中烦热等。水煎服。

用　　量　根：7.5 ～ 15.0 g。外用适量。藤茎：10 ～ 15 g（鲜品 50 ～ 100 g）。外用适量。叶：10 ～ 15 g。花：7.5 ～ 15.0 g。种子：15 ～ 25 g。葛粉：适量。

附　方
（1）治热证烦渴：葛根、知母各 15 g，生石膏 25 g，甘草 5 g。水煎服。
（2）治感冒发热：葛根、柴胡、黄芩各 15 g，荆芥、防风各 10 g。水煎服。或用葛根 15 g，葱白 3 根。水煎服。
（3）治麻疹出不透：葛根、连翘、牛蒡子各 10 g，蝉蜕 5 g。水煎服。或用葛根、升麻、赤芍各 5 g，甘草 3 g。共研粗末，水煎，用纱布过滤去渣，频饮。疹出停药。
（4）治急性胃肠炎：葛根、黄芩、姜半夏、藿香

▲ 葛枝条（花期）

▲ 葛花

▲葛群落

葛花（侧）

市场上的葛根（切片）

市场上的葛花序

葛花（背）

▲ 葛枝条（果期）

▲ 葛藤茎

▲ 市场上的葛根

各15g，黄连、厚朴各10g，六一散20g。水煎服。或用葛根、黄芩各10g，黄连、生甘草各5g。水煎服。

（5）治冠心病心绞痛：葛根50～100g，红花25～50g，桃仁、郁金各25g。水煎服，每日2次，一个疗程为20d。

（6）治小儿麻疹初发、壮热、点粒未透：葛根、升麻、桔梗、前胡、防风各5g，甘草3g。水煎服。或用葛根7.5g，西河柳、蝉蜕各5g。水煎服。

（7）治干呕不止、小儿发热口渴不止：鲜葛根捣汁服。3岁以下每次1～3酒盅。日服2次。

（8）治疖子、小儿口角生疮：葛根的茎及茎蔓焙灰，外敷患处（辽宁凤城民间方）。

<u>附　注</u>　本品为《中华人民共和国药典》（2020年版）收录的本区药材。

◎参考文献◎

[1] 江苏新医学院. 中药大辞典（下册）[M]. 上海：上海科学技术出版社，1977：23.

[2] 朱有昌. 东北药用植物 [M]. 哈尔滨：黑龙江科学技术出版社，1989：619-621.

[3] 《全国中草药汇编》编写组. 全国中草药汇编（上册）[M]. 北京：人民卫生出版社，1975：829-830.

▲ 刺槐枝条（果期）

刺槐属 *Robinia* L.

刺槐 *Robinia pseudoacacia* L.

别　　名　洋槐
俗　　名　刺儿槐
药用部位　豆科刺槐的根、树皮、枝条、叶及花。
原 植 物　落叶乔木，高 10 ～ 25 mm；树皮灰褐色，深纵裂。
具托叶刺。羽状复叶长 10 ～ 40 cm；小叶 2 ～ 12，常对生，椭
圆形、长椭圆形或卵形，长 2 ～ 5 cm，宽 1.5 ～ 2.2 cm，先端圆，
微凹，具小尖头；小叶柄长 1 ～ 3 mm；小托叶针芒状，总状花
序腋生，长 10 ～ 20 cm，下垂，花多数，芳香；苞片早落；花梗
长 7 ～ 8 mm；花萼斜钟状，长 7 ～ 9 mm，萼齿 5；花冠白色，
各瓣均具瓣柄，旗瓣近圆形，翼瓣斜倒卵形，龙骨瓣镰状，三角
形；雄蕊二体；子房线形，长约 1.2 cm，柄长 2 ～ 3 mm，花柱
钻形，长约 8 mm，上弯，柱头顶生。荚果褐色，或具红褐色斑纹，
线状长圆形，扁平。花期 5—6 月，果期 8—9 月。

▲ 市场上的刺槐花

▲ 刺槐种子

▲ 刺槐枝条（花期）

生　　境　生于山坡、沟旁、荒地及田边等处。

分　　布　刺槐原产于美国东部，1601 年被引入欧洲，1877 年从欧洲引入我国青岛，现已分布在我国东经 124° ～ 128°、北纬 23° ～ 46° 的广大地区。在本区已从园林绿化和人工种植逸为野生，成为本区新的归化植物。

采　　制　春、秋季采挖根。四季剥取茎皮。春末夏初采摘花。四季刈割枝条，剪断，晒干。春、夏、秋三季采摘叶，

▲ 刺槐树干　　　　　　　　▼ 刺槐花　　　　　　　　　　　▼ 刺槐托叶刺

4-494 中国东北药用植物资源图志

▲ 刺槐植株

▲ 刺槐花序

除去杂质，阴干。

性味功效 根：有利气和血、祛风除湿、舒筋活络的功效。树皮：有利尿的功效。枝条、叶及花：有止血的功效。

主治用法 根：用于风湿骨痛、跌打疼痛、劳伤乏力。树皮：用于咽喉肿痛、风火牙痛、恶疮、阴痒、睾丸肿痛、痔疮肿痛。水煎服。枝条、叶及花：用于大肠下血、咯血、吐血、妇女血崩等。水煎服。

用　　量 根：适量。树皮：适量。枝条、叶及花：9~15g。

◎ 参考文献 ◎

[1] 江苏新医学院. 中药大辞典（上册）[M]. 上海：上海科学技术出版社，1977：1273-1274.

[2] 中国药材公司. 中国中药资源志要 [M]. 北京：科学出版社，1994：598.

[3] 江纪武. 药用植物辞典 [M]. 天津：天津科学技术出版社，2005：691.

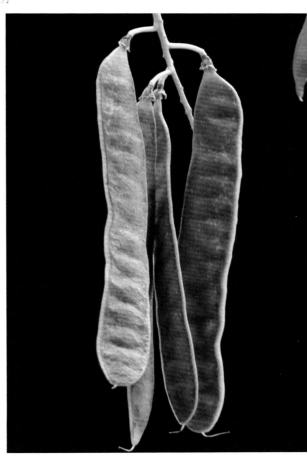

▲ 刺槐果实

槐属 *Sophora* L.

槐 *Sophora japonica* L.

别　名　槐树　守宫槐

俗　名　槐花木　槐花树　豆槐

药用部位　豆科槐的花（入药称"槐花或槐米"）、叶（入药称"槐叶"）、枝条（入药称"槐枝"）、根（入药称"槐根"）、果实（入药称"槐角"）、树皮和根皮韧皮部（入药称"槐白皮"）。

原植物　落叶乔木，高达 25 m；树皮灰褐色，具纵裂纹。当年生枝绿色。羽状复叶长达 25 cm；叶柄基部膨大；小叶 4 ~ 7 对，对生，卵状长圆形，长 2.5 ~ 6.0 cm，宽 1.5 ~ 3.0 cm，小托叶 2，钻状。圆锥花序顶生，花梗比花萼短；小苞片 2；花萼浅钟状，长约 4 mm，萼齿 5，近等大，圆形或钝三角形；花冠白色或淡黄色，旗瓣近圆形，长和宽约 11 mm，具短柄，有紫色脉纹，先端微缺，基部浅心形，翼瓣卵状长圆形，长 10 mm，宽 4 mm，先端浑圆，基部斜戟形，龙骨瓣阔卵状长圆形，与翼瓣等长，宽达 6 mm；雄蕊近分离，宿存。荚果串珠状，种子间缢缩不明显，具肉质果皮。花期 7—8 月，果期 8—10 月。

生　境　生于山坡、林缘及肥沃湿润地上。

分　布　辽宁凌源、建平、朝阳、喀左、绥中、兴城等地。华北、西北。朝鲜、日本、越南。

采　制　春末夏初采摘花序，洗净，鲜用或阴干。春末夏初采摘叶，洗净，鲜用或阴干。四季割取枝条，切段，晒干。春、秋季采挖根。秋季采摘果实，洗净，晒干。春、夏、秋三季剥去根皮和树皮，去掉木栓层，获取韧皮部，晒干。

▲ 槐枝条

性味功效 花：味苦，性凉。有凉血止血、清肝明目的功效。叶：有清肝泻火、凉血解毒、燥湿杀虫的功效。枝条：味苦，性平。有散瘀止血、清热燥湿、祛风杀虫的功效。根：味苦，性凉。有散瘀消肿、杀虫的功效。果实：味苦，性寒。有凉血止血、清热润肝的功效。根皮及树皮：味苦，性平。无毒。有祛风除湿、消肿止痛的功效。

主治用法 花：用于吐血、衄血、肠风便血、痔疮出血、血痢、崩漏、风热目赤、高血压病、痈疽肿毒等。外用煎水熏洗或研末撒。或入丸、散。叶：用于惊痫、壮热、肠风、尿血、痔疮、湿疹、疥癣、痈疮疔肿。水煎服或捣烂敷患处。枝条：用于崩漏、赤白带下、痔疮、阴囊湿痒、心痛、目赤、疥癣。浸酒或入散。外用煎水熏洗或烧沥涂。根：用于喉痹、蛔虫病。水煎服。外用煎水洗。果实：用于肠风泻血、血痢、崩漏、血淋、血热吐衄、心胸烦闷、肝热目赤、头晕目眩、阴疮湿痒。水煎服或入丸、散，嫩果实捣汁用。外用烧存性研末调敷。根皮及树皮：用于身体强直、肌肤不仁、热病口疮、牙疳、喉痹、肠风泻血、痔疮、阴疮湿痒、烫火伤。水煎服。外用漱口、煎水熏洗或研末敷。树脂（入药称"槐胶"）：用于口眼㖞斜、腰脊强硬、顽痹等。生长在槐树上的木耳入药（入药称"槐耳"）：用于痔疮、便血、崩漏、脱肛等。

用 量 花：10～25 g。外用适量。叶：15～25 g。枝条：25～50 g。外用适量。根：50～100 g。外用适量。果实：10～25 g。外用适量。根皮及树皮：10～25 g。外用适量。

附 方

（1）治外痔、内痔、脱肛、痔瘘等肠风泻血：槐角（去枝梗炒）500 g，地榆、当归（酒浸一宿、焙）、防风（去芦）、黄芩、枳壳（去瓤、麸炒）各250 g。上药研成细末，用酒糊丸，如梧桐子大。每次服30丸，用米汤送下，不拘时候。

（2）治吐血、咯血、呕血、唾血、鼻衄、齿衄、舌衄、耳衄：槐角240 g，麦门冬（去心）150 g。用净水50大碗，煎汁15碗，慢火熬膏。每日早、午、晚各服3大匙，白开水送下。

（3）治赤白痢：槐花（微炒）15 g，白芍药（炒）10 g，枳壳（麸炒）5 g，甘草25 g。水煎服。

（4）治烫伤：槐角烧存性，用芝麻油调敷患处。

（5）治妇人崩淋下血：槐角400 g（酒洗，炒），丹参200 g（醋拌，炒），香附100 g（童尿浸，炒）。共为末，饴糖为丸，梧桐子大。每早服25 g，米汤下。

（6）治小便尿血：槐角15 g，车前、茯苓、木通各10 g，甘草30 g。水煎服。或用槐花（炒）、郁金（煨）各30 g，为末。每次服10 g，淡豉汤下。

（7）治颈淋巴结结核：取槐米2份，糯米1份。炒黄研末，每天早晨空腹服2匙（约10 g）。服药期间禁止服糖。

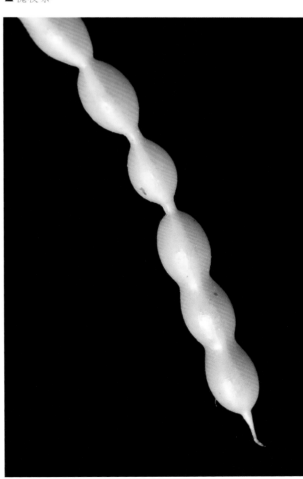

▲ 槐果实

▲ 槐花序

（8）治衄血不止：槐花、乌贼鱼骨各等量。半生半炒，为末，吹鼻。

（9）治大便下血：槐花、荆芥穗各等量。为末，酒服 1 g。

（10）治痔疮肿痛：槐角、地榆各 20 g，黄芩 15 g。水煎服。或用槐角、苦参各 25 g，白矾 10 g。水煎熏洗。

附　注　本品为《中华人民共和国药典》（2020年版）收录的药材。

▲ 槐花

◎参考文献◎

[1] 江苏新医学院．中药大辞典（下册）[M]．上海：上海科学技术出版社，1977：2433-2437．

[2] 朱有昌．东北药用植物 [M]．哈尔滨：黑龙江科学技术出版社，1989：624-626．

[3]《全国中草药汇编》编写组．全国中草药汇编（上册）[M]．北京：人民卫生出版社，1975：864．

▲ 苦参植株

▼ 苦参果实

苦参 *Sophora flavescens* Alt.

别　　名　地槐　苦骨　苦参麻

俗　　名　地骨　山槐子　地槐根子　野槐　好汉拔　槐麻　斑蝥棵子

药用部位　豆科苦参的根及种子（入药称"苦参子"）。

原植物　落叶直立灌木或半灌木，通常高 1 m 左右。茎具纹棱。羽状复叶长达 25 cm；托叶披针状线形；小叶 6 ～ 12，互生或近对生，形状多变，椭圆形、披针形至披针状线形，长 3 ～ 6 cm，宽 0.5 ～ 2.0 cm。中脉下面隆起。总状花序顶生，长 15 ～ 25 cm；花多数，花梗纤细，苞片线形，花萼钟状，明显歪斜，具不明显波状齿；花冠比花萼长 1 倍，白色或淡黄白色，旗瓣倒卵状匙形，翼瓣单侧生，强烈皱褶几达瓣片的顶部，龙骨瓣与翼瓣相似，雄蕊 10，分离或近基部稍连合；花柱稍弯曲，胚珠多数。荚果长 5 ～ 10 cm，种子间稍缢缩，呈不明显串珠状。花期 7—8 月，果期 9—10 月。

生　　境　生于干燥山坡、荒地、沟边、河边及沙质地等处。

分　　布　黑龙江西部草原。吉林通榆、镇赉、长岭、大安、前郭、乾安、双辽、通化、蛟河、珲春、临江、长白等地。辽宁各地。内蒙古额尔古纳、牙克石、根河、鄂伦春旗、扎兰屯、科尔沁右翼前旗、科尔沁左翼中旗、科尔沁右翼中旗、科尔沁左翼后旗、扎赉特旗、扎鲁特旗、敖汉旗、库伦旗、

▲ 苦参花

▲ 苦参花序

▲ 苦参幼株

巴林左旗、巴林右旗、阿鲁科尔沁旗、克什克腾旗、翁牛特旗、喀喇沁旗、东乌珠穆沁旗、西乌珠穆沁旗、阿巴嘎旗、苏尼特右旗、苏尼特左旗、正蓝旗、镶黄旗、正镶白旗、太仆寺旗等地。河北、山西、陕西、宁夏、甘肃。朝鲜、俄罗斯（西伯利亚）、蒙古、日本。

采　制　春、秋季采挖根，剪除根头及小支根，除去泥沙，洗净，干燥，或趁鲜切片后干燥。生用。秋季采收果实，剥开果皮，除去杂质，获取种子。

性味功效　根：味苦，性寒。有小毒。有清热燥湿、祛风杀虫、利尿的功效。种子：味苦，性寒。有明目、健胃的功效。

主治用法　根用于热毒血痢黄疸肠风下血赤白带下小儿肺炎、疳积、急性扁桃体炎、咳嗽、皮肤瘙痒、阴疮湿痒、瘰疬、烫伤、痢疾、痔瘘、脱肛、麻风、尿路感染、小便不利、阴道滴虫、疥癞恶疮等。水煎服或入丸、散。外用熬水适量洗患处。脾胃虚寒者忌用。本品反藜芦，不宜同用。种子：用于急性菌痢、大便秘结等。

用　量　根：7.5 ~ 15.0 g。外用适量。种子：1.5 ~ 2.5 g(研末)。

附　方

（1）治急性细菌性痢疾：苦参根 50 ~ 75 g。水煎浓缩至 60 ~ 90 ml, 每次服 20 ~ 30 ml, 每日 3 次。又方：苦参子研末，分装胶囊或压制成片。每次服 0.5 g, 每日 4 次。

▲ 苦参幼苗

苦参种子

▲ 苦参群落

（2）治阴道滴虫：苦参、木槿皮、黄檗各 250 g，枯矾 27.5 g。共研细粉。每 50 g 药粉加凡士林 100 g、蛇床子油适量，调成软膏。每次用 1 ~ 2 g，纱布包扎塞阴道。每日 2 次，连用 15 d。

（3）治妇女外阴瘙痒：苦参 50 g，蛇床子 25 g，川椒 10 g。水煎熏洗。

（4）治顽固性湿疹：苦参、蛇床子、苍耳子各 50 g，川椒、雄黄、白矾各 5 g。加水 500 ml，熬成煎剂，滤去药渣，将药液局部湿敷。

（5）治赤白带下：苦参 100 g，牡蛎 75 g。为末。以雄猪胃 1 个，水 3 碗煮烂，捣泥和丸，梧桐子大。每次服百丸，温酒下。

（6）治脂溢性皮炎、脓疱疮：苦参 150 g，当归 75 g。做蜜丸，每次服 10 g，每日 2 次，白开水送服。

（7）治汤烫火烧疼痛：苦参适量。研细末，用芝麻油调搽。

（8）治脓疱疮、皮肤瘙痒症：苦参 50 g。煎汤外洗患处。

（9）治大便秘结：苦参子 10 粒。吞服。

附 注

（1）本品有小毒，用量不宜过大，中毒后出现流涎、步伐不整、呼吸及脉搏急速、惊厥，最后因呼吸停止而死亡。解救方法：未出现惊厥时可洗胃和导泻，内服蛋清、鞣酸或浓茶；静脉注射葡萄糖盐水；惊厥时肌注苯巴比妥等解痉剂；呼吸障碍时用呼吸兴奋剂。

（2）本品为《中华人民共和国药典》（2020 年版）收录的本区药材。

◎ 参考文献 ◎

[1]江苏新医学院.中药大辞典(上册)[M].上海:上海科学技术出版社，
　　1977:1283-1285，1294.

[2]朱有昌.东北药用植物 [M].哈尔滨:黑龙江科学技术出版社，
　　1989:621-624.

[3]《全国中草药汇编》编写组.全国中草药汇编（上册）[M].北京:
　　人民卫生出版社，1975:516-517.

▲ 苦参根

▲ 苦马豆群落（花期）

▲ 苦马豆花（粉色）

苦马豆属 *Sphaerophysa* DC.

苦马豆 *Sphaerophysa salsula*（Pall.）DC.

别　　名	羊尿泡　尿泡草
俗　　名	羊吹泡　羊卵蛋　羊卵泡　羊奶奶

驴卵子花

药用部位　豆科苦马豆的全草及果实。

原植物　半灌木或多年生草本，高 0.3 ~ 1.3 mm；叶轴长 5.0 ~ 8.5 cm；小叶 11 ~ 21，倒卵形至倒卵状长圆形，长 5 ~ 25 mm，宽 3 ~ 10 mm；小叶柄短。总状花序常较叶长，长 6.5 ~ 17.0 cm，生花 6 ~ 16；苞片卵状披针形；花梗长 4 ~ 5 mm，小苞片线形至钻形；花萼钟状，萼齿三角形；花冠初呈鲜红色，后变紫红色，旗瓣瓣片近圆形，向外反折，长 12 ~ 13 mm，宽 12 ~ 16 mm，翼瓣较龙骨瓣短，连柄长

▲ 苦马豆植株（果期）

12 mm，先端圆，基部具长 3 mm、微弯的瓣柄及长 2 mm、先端圆的耳状裂片，龙骨瓣长 13 mm，宽 4 ~ 5 mm，瓣柄长约 4.5 mm；子房近线形，花柱弯曲，柱头近球形。荚果椭圆形至卵圆形，膨胀。花期 5—8 月，果期 6—9 月。

生　境　生于山坡、草原、荒地、沙滩、戈壁绿洲、沟渠旁及盐池周围等处。

分　布　黑龙江肇东、肇源、安达、泰来、杜尔伯特等地。吉林通榆、镇赉、洮南、前郭、长岭、大安等地。辽宁彰武。内蒙古牙克石、鄂温克旗、科尔沁右翼前旗、科尔沁左翼中旗、科尔沁右翼中旗、科尔沁左翼后旗、扎赉特旗、扎鲁特旗、敖汉旗、库伦旗、巴林左旗、巴林右旗、阿鲁科尔沁旗、克什克腾旗、翁牛特旗、东乌珠穆沁旗、西乌珠穆沁旗、阿巴嘎旗、苏尼特右旗、苏尼特左旗、正蓝旗、镶黄旗、正镶白旗、太仆寺旗等地。河北、山西、陕西、宁夏、甘肃、青海、新疆。俄罗斯（东西伯利亚）、蒙古。

▲ 苦马豆果实

▲苦马豆花序

▼苦马豆花

▲ 苦马豆群落（果期）

采 制 夏、秋季采收全草,除去杂质,切段,洗净,晒干。秋季采摘果实,除去杂质,晒干。

性味功效 全草:味苦、性平。有小毒。有利尿、消肿的功效。果实:味苦、性平。有利尿的功效。

主治用法 全草:用于肾炎水肿、慢性肝炎、肝硬化腹腔积液、血管神经性水肿等。水煎服。果实:用于肝硬化腹腔积液、血管神经性水肿、慢性肝炎水肿等。水煎服。

用 量 全草:15～20 g。外用适量。果实:20～30 枚。

附 方 治疗心性及肾性水肿:苦马豆干全草2.5～15.0 g(鲜品 25～100 g)。水煎,分 2 次服,每日 1 剂。亦可取苦马豆果实 20 g,浸泡在 40 度的小麦酒 100 ml 中,每次服 10～20 ml,每日 3 次。

◎参考文献◎

[1] 江苏新医学院.中药大辞典(上册)[M].上海:上海科学技术出版社,1977:1183.

[2] 中国药材公司.中国中药资源志要[M].北京:科学出版社,1994:601.

[3] 江纪武.药用植物辞典[M].天津:天津科学技术出版社,2005:767.

▲ 苦马豆植株（花期,花深红色）

▲ 披针叶野决明植株

野决明属 *Thermopsis* R. Br.

▲ 披针叶野决明种子

披针叶野决明 *Thermopsis lanceolata* R. Br.

别　　名	披针叶黄华　牧马豆
俗　　名	苦豆子　黄花苦豆子　面人眼睛　绞蛆爬
药用部位	豆科披针叶野决明的全草（入药称"牧马豆"）。

原植物　多年生草本，高 12 ～ 40 cm。茎直立，分枝或单一，具沟棱。小叶 3；叶柄短，长 3 ～ 8 mm；托叶叶状，卵状披针形，先端渐尖，基部楔形，长 1.5 ～ 3.0 cm，宽 4 ～ 10 mm；小叶狭长圆形、倒披针形，长 2.5 ～ 7.5 cm，宽 5 ～ 16 mm。总状花序顶生，长 6 ～ 17 cm，具花 2 ～ 6 轮，排列疏松；苞片线状卵形或卵形，宿存；萼钟形，背部稍呈囊状隆起。花冠黄色，旗瓣近圆形，长 2.5 ～ 2.8 cm，宽 1.7 ～ 2.1 cm，先端微凹，基部渐狭成瓣柄，瓣柄长 7 ～ 8 mm，翼瓣长 2.4 ～ 2.7 cm，先端有 4.0 ～ 4.3 mm 长的狭窄头，龙骨瓣长 2.0 ～ 2.5 cm；子房具柄，胚珠 12 ～ 20。荚果线形，先端具尖喙。花期 5—7 月，果期 6—10 月。

生　　境　生于草原沙丘、河岸和砾滩等处，常聚集成片生长。

分　　布　黑龙江安达、大庆市区、泰来、杜尔伯特、肇东、肇源等地。吉林通榆、镇赉、洮南、前郭、长岭、大安等地。辽宁建平。内蒙古额尔古纳、牙克石、鄂温克旗、科尔沁右翼前旗、科尔沁左翼中旗、科尔沁右翼中旗、科尔沁左翼后旗、扎赉特旗、扎鲁特旗、敖汉旗、库伦旗、巴林左旗、巴林右旗、阿鲁科尔沁旗、克什克腾旗、翁牛特旗、东乌珠穆沁旗、西乌珠穆沁旗、阿巴嘎旗、苏尼特右旗、苏尼特左旗、正蓝旗、镶黄旗、正镶白旗、太仆寺旗等地。

▲披针叶野决明花

河北、山西、陕西、宁夏、甘肃。俄罗斯（西伯利亚）、蒙古、哈萨克斯坦、乌兹别克斯坦、土库曼斯坦、吉尔吉斯斯坦、塔吉克斯坦。

采　　制	夏、秋季采收全草，除去杂质，洗净，鲜用或晒干。
性味功效	味甘，性微温。有毒。有祛痰、止咳的功效。
主治用法	用于咳嗽痰喘。水煎服。
用　　量	10～20 g。
附　　方	

（1）治咳嗽痰喘：牧马豆、苏子各15 g。水煎服。

（2）治创伤、麻醉药中毒引起的反射性呼吸停止、急性传染病引起的呼吸循环衰竭、休克、新生儿窒息：用牧马豆提取的野靛碱制成质量分数为0.15%的野靛碱注射液，供肌肉或静脉注射。12个月以下幼儿每次0.10～0.15 ml；2～5岁每次0.2～0.3 ml；6～12岁，每次0.4～0.6 ml；成人每次0.5～1.0 ml（1次极量），每日极量2 ml。动脉硬化、高血压、肺水肿、大血管出血时禁用。

▲披针叶野决明果实

◎参考文献◎

［1］江苏新医学院 . 中药大辞典（上册）[M]. 上海：上海科学技术出版社，1977：1362-1363.

［2］朱有昌 . 东北药用植物 [M]. 哈尔滨：黑龙江科学技术出版社，1989：627-628.

［3］《全国中草药汇编》编写组 . 全国中草药汇编（上册）[M]. 北京：人民卫生出版社，1975：786-787.

披针叶野决明群落（沙地型）

▲披针叶野决明群落（草甸型）

▲ 野火球植株

▼ 野火球幼株

▼ 野火球果实

车轴草属 *Trifolium* L.

野火球 *Trifolium lupinaster* L.

别　　名	野车轴草　野火萩
俗　　名	红五叶
药用部位	豆科野火球的全草。

原 植 物　多年生草本，高 30 ~ 60 cm。茎直立，上部具分枝。掌状复叶，小叶 3 ~ 9；托叶膜质，大部分抱茎呈鞘状，叶柄几全部与托叶合生；小叶披针形，长 25 ~ 50 mm，宽 5 ~ 16 mm，先端锐尖。头状花序，具花 20 ~ 35；总花梗长 1.3 ~ 5.0 cm；花序下端具一早落的膜质总苞；花长 10 ~ 17 mm，萼钟形，脉纹 10，萼齿丝状锥尖；花冠淡红色至紫红色，旗瓣椭圆形，先端钝圆，基部稍窄，翼瓣长圆形，下方有一钩状耳，龙骨瓣长圆形，比翼瓣短，先端具小尖喙；子房狭椭圆形，具柄，花柱丝状，上部弯成钩状。荚果长圆形，膜质，棕灰色；有种子 2 ~ 6。花期 7—8 月，果期 9—10 月。

生　　境　生于低湿草地、林缘灌丛、草地及高山苔原上。

▲野火球花序（背）

分　　布　黑龙江各地。吉林长白山各地。辽宁新宾、西丰、海城、彰武等地。内蒙古额尔古纳、牙克石、鄂温克旗、扎兰屯、阿尔山、科尔沁右翼前旗、科尔沁左翼中旗、科尔沁右翼中旗、科尔沁左翼后旗、扎赉特旗、扎鲁特旗、敖汉旗、库伦旗、巴林左旗、巴林右旗、阿鲁科尔沁旗、克什克腾旗、翁牛特旗、东乌珠穆沁旗、西乌珠穆沁旗、正蓝旗、镶黄旗、正镶白旗、太仆寺旗等地。河北、山西、新疆。朝鲜、俄罗斯（西伯利亚中东部）、日本、蒙古。

采　　制　夏、秋季采收全草，除去杂质，洗净，鲜用或晒干。

性味功效　有清热、消炎、镇痛、止咳的功效。

主治用法　用于瘰疬、皮癣、咳嗽、淋巴结结核、喘促、心神不宁、心悸怔忡、失眠症、多梦、惊痫、癫狂、出血症。水煎服。外用压榨鲜茎取汁敷患处。

用　　量　3～10 g。外用适量。

▲野火球幼苗

野火球种子▶

▼野火球植株（侧）

▲野火球花序（粉红色）

附　注　在东北尚有 1 变种: 白花野火球 var. *albiflorum* Ser。

◎参考文献◎

[1] 严仲铠，李万林．中国长白山药用植物彩色图志 [M]．北京：人民卫生出版社，1997：256．

[2] 中国药材公司．中国中药资源志要 [M]．北京：科学出版社，1994：603．

[3] 江纪武．药用植物辞典 [M]．天津：天津科学技术出版社，2005：822．

▲白花野火球花序

▲野火球花序（淡粉色）

白车轴草 *Trifolium repens* L.

别　　名	白花苜蓿　三消草	
俗　　名	白三叶	
药用部位	豆科白车轴草的干燥全草。	

原 植 物　多年生草本，高 10 ～ 30 cm。茎匍匐蔓生，掌状三出复叶；托叶卵状披针形，叶柄较长，长 10 ～ 30 cm；小叶倒卵形至近圆形，长 8 ～ 30 mm，宽 8 ～ 25 mm，侧脉与中脉呈 50° 角展开。花序球形，顶生，直径 15 ～ 40 mm；总花梗比叶柄长近 1 倍，具花 20 ～ 80，密集，苞片披针形，膜质，锥尖；花长 7 ～ 12 mm，开花时花梗立即下垂，萼钟形，具脉纹 10，萼齿 5，披针形，稍不等长，短于萼筒，萼喉开张；花冠白色、乳黄色或淡红色，具香气。旗瓣椭圆形，比翼瓣和龙骨瓣长近 1 倍，龙骨瓣比翼瓣稍短；子房线状长圆形，胚珠 3 ～ 4。荚果长圆形；种子通常 3。花期 6—8 月，果期 9—10 月。

生　　境　生于林缘、路旁、草地等湿润处。常聚集成片生长。

分　　布　黑龙江牡丹江、佳木斯、哈尔滨市区、尚志、虎林等地。吉林长白山各地及长春。辽宁大部分地区。内蒙古东部大部分地区。原产于欧洲，现已广泛栽培于亚、非、大洋、美各洲，在俄罗斯、英国、澳大利亚、新西兰、荷兰、日本、美国等国家均有大面积栽培。在东北已从园林绿化和人工种植逸为野生，成为本区新的归化植物。

采　　制　夏、秋季采收全草，除去杂质，洗净，晒干。

性味功效　味微甘，性平。有清热、凉血、宁心的功效。

▲ 白车轴草植株

▲ 白车轴草植株（侧）

▼ 白车轴草幼株

▲ 白车轴草种子

主治用法　用于癫痫、痔疮出血。水煎服。

用　量　30 g。

附　方

（1）治癫痫（神经失常）：白车轴草 50 g。水煎服。并用 25 g，捣烂包患者额上，使病人清醒。

（2）治痔疮出血：白车轴草 50 g。加酒、水各半，煎服。

▲ 白车轴草果实

▲ 白车轴草花序（红色）

◎ 参考文献 ◎

[1] 朱有昌. 东北药用植物 [M]. 哈尔滨: 黑龙江科学技术出版社, 1989:630-631.

[2] 钱信忠. 中国本草彩色图鉴（第二卷）[M]. 北京: 人民卫生出版社, 2003:193-194.

[3] 中国药材公司. 中国中药资源志要 [M]. 北京: 科学出版社, 1994:603-604.

▲ 白车轴草花序

▲ 红车轴草幼株

▼ 红车轴草花序（浅粉色）

▼ 红车轴草果实

红车轴草 *Trifolium pratense* L.

别　　名　红三叶

俗　　名　三叶草

药用部位　豆科红车轴草的带花全草。

原植物　多年生草本。茎直立或平卧上升。掌状三出复叶；叶柄较长，茎上部的叶柄短；小叶卵状椭圆形至倒卵形，长1.5 ~ 5.0 cm，宽1 ~ 2 cm，叶面上常有V形白斑，侧脉呈20°角展开，在叶边处分叉隆起；小叶柄短，长约1.5 mm。花序球状或卵状，顶生；托叶扩展成焰苞状，具花30 ~ 70，密集；花长12 ~ 18 mm；萼钟形，具脉纹10，萼齿丝状，锥尖，萼喉具一加厚环；花冠紫红色至淡红色，旗瓣匙形，先端圆形，微凹缺，基部狭楔形，明显比翼瓣和龙骨瓣长，龙骨瓣稍比翼瓣短；子房椭圆形，花柱丝状细长，胚珠1 ~ 2。荚果卵形；通常有1粒扁圆形种子。花期6—8月，果期8—9月。

生　　境　生于林缘、路旁、草地等湿润处。

分　　布　黑龙江牡丹江、尚志、哈尔滨市区等地。吉林长白山各地。辽宁大部分地区。内蒙古东部部分地区。原产于小亚

▲红车轴草植株

▲红车轴草花序（粉色）

细亚和西南欧，现已广泛栽培于欧洲各国及中国、俄罗斯、新西兰等海洋性气候国家。在东北已从园林绿化和人工种植条件下逸为野生，成为本区新的归化植物。

采　制　夏、秋季采收带花全草，洗净晒干。

▲红车轴草花序（白色）

性味功效　味甘，性平。有止咳、镇痉、止喘的功效。

主治用法　用于感冒、咳嗽、气喘、抽搐等。水煎服。

用　量　25～50 g。

◎参考文献◎

[1]江苏新医学院.中药大辞典（上册）
[M].上海：上海科学技术出版社，
1977：1012-1013.

[2]朱有昌.东北药用植物[M].哈尔滨：
黑龙江科学技术出版社，1989：629-
630.

[3]中国药材公司.中国中药资源志要
[M].北京：科学出版社，1994：604.

▲ 杂种车轴草居群

杂种车轴草 *Trifolium hybridum* L.

别　　名　杂车轴草　杂三叶

药用部位　豆科杂种车轴草的种子。

原 植 物　多年生草本，生长期3～5年，高30～60 cm。茎直立或上升。掌状三出复叶；小叶阔椭圆形，长1.5～3.0 cm，宽1～2 cm，边缘具不整齐细锯齿，近叶片基部锯齿呈尖刺状，侧脉与中脉呈70°角展开，隆起并连续分叉。花序球形，直径1～2 cm，着生于上部叶腋；总花梗比叶长，具花12～20，密集；无总苞，苞片甚小，花长7～9 mm；花梗比萼短，花后下垂；萼钟形，具脉纹5，萼齿披针状三角形；花冠淡红色至白色，旗瓣椭圆形，比翼瓣和龙骨瓣长；子房线形，花柱几与子房等长，胚珠2。荚果椭圆形；通常有种子2。种子甚小，橄榄绿色至褐色。花期6—8月，果期8—9月。

生　　境　生于林缘、路旁、草地等湿润处，常聚集成片生长。

分　　布　黑龙江尚志。吉林白山、临江等地。原产于欧洲，世界各温带地区广泛栽培。在东北已从园林绿化和人工种植条件下逸为野生，成为本区新的归化植物。

采　　制　夏秋季采收种子，除去杂质，晒干。

性味功效　味甘，性平。有清热、凉血、宁心的功效。

主治用法　用于癫痫、各种肿瘤。

用　　量　适量。

◎ 参考文献 ◎

[1] 中国药材公司. 中国中药资源志要 [M]. 北京: 科学出版社, 1994:603.

[2] 江纪武. 药用植物辞典 [M]. 天津: 天津科学技术出版社, 2005:822.

▲ 杂种车轴草植株

▲ 杂种车轴草花序

野豌豆属 Vicia L.

山野豌豆 *Vicia amoena* Fisch. ex DC.

▲ 山野豌豆花序

俗　　名　山落豆秧　山涝豆秧　山黑豆　山豌豆　透骨草　涝豆秧　马鞍草　面汤菜

药用部位　豆科山野豌豆的嫩茎叶。

原 植 物　多年生草本，高30~100 cm。茎具棱，多分枝，细软，斜升或攀援。偶数羽状复叶，长5~12 cm；托叶半箭头形，长0.8~2.0 cm，边缘有3~4裂齿；小叶4~7，互生或近对生，椭圆形至卵状披针形，长1.3~4.0 cm，宽0.5~1.8 cm。总状花序通常长于叶；花10~30密集着生于花序轴上部；花冠红紫色、蓝紫色或蓝色，花期颜色多变；花萼斜钟状，萼齿近三角形；旗瓣倒卵圆形，长1.0~1.6 cm，宽0.5~0.6 cm，先端微凹，翼瓣与旗瓣近等长，瓣片斜倒卵形，龙骨瓣短于翼瓣，长1.1~1.2 cm；胚珠6，花柱上部四周被毛。荚果长圆形，两端渐尖，无毛。花期6—7月，果期8—9月。

生　　境　生于草甸、山坡、灌丛或杂木林中。

分　　布　黑龙江各地。吉林省各地。辽宁丹东、本溪、抚顺、沈阳市区、大连、法库、阜新、北镇、凌源、彰武等地。内蒙古额尔古纳、牙克石、扎兰屯、阿尔山、科尔沁右翼前旗、科尔沁左翼中旗、科尔沁左翼后旗、扎鲁特旗、扎赉特旗、阿鲁科尔沁旗、巴林左旗、巴林右旗、东乌珠穆沁旗、西乌珠穆沁旗、正蓝旗、正镶白旗、多伦等地。河北、山西、河南、湖北、山东、江苏、陕西、甘肃、宁夏。朝鲜、日本、蒙古、俄罗斯（西伯利亚）等。

▲ 山野豌豆果实

▼ 白花山野豌豆花序

采　　制　夏、秋季采收上部嫩茎叶，除去杂质，切段，洗净，鲜用或晒干。

性味功效　味甘、苦，性温。有祛风湿、活血、舒筋、止痛的功效。

主治用法　用于风湿痛、大骨节病关节痛、扭挫伤、闪腰岔气、无名肿毒、阴囊湿疹等。水煎服。外用适量煎水熏洗或研末调敷。

用　　量　10~25 g（鲜品50~75 g）。外用适量。

附　　方

（1）治风湿痛：山野豌豆、菖蒲各适量。煎水熏洗。

（2）治无名肿毒：山野豌豆适量。研细末，用醋调敷。

（3）治阴囊湿疹：山野豌豆、花椒、艾叶各15 g，或山野豌豆、艾叶、防风各15 g。煎水熏洗患处，每日1次。

附　　注　在东北尚有1变型：

白花山野豌豆 f. *albiflora* P. Y. Fu et Y. A. Chen 花白色，植株密被灰白色绢毛，其他与原种同。

◎ 参考文献 ◎

[1]江苏新医学院.中药大辞典（上册）[M].上海:上海科学技术出版社,1977:209.

[2]朱有昌.东北药用植物[M].哈尔滨:黑龙江科学技术出版社,1989:633-634.

[3]《全国中草药汇编》编写组.全国中草药汇编（上册）[M].北京:人民卫生出版社,1975:713-714.

山野豌豆种子

▲ 山野豌豆植株

▲ 多茎野豌豆植株

▼ 多茎野豌豆果实

多茎野豌豆 *Vicia multicaulis* Ledeb.

俗　　名　山落豆秧

药用部位　豆科多茎野豌豆的全草。

原 植 物　多年生草本，高 10 ~ 50 cm。茎多分枝，具棱。偶数羽状复叶，顶端卷须分枝或单一；托叶半戟形，长 0.3 ~ 0.6 cm，脉纹明显；小叶 4 ~ 8，长圆形至线形，长 1 ~ 2 cm，宽约 0.3 cm，具短尖头，基部圆形，全缘，叶脉羽状，十分明显，下面被疏柔毛。总状花序长于叶，具花 14 ~ 15，长 1.3 ~ 1.8 cm；花萼钟状，萼齿 5，狭三角形，下萼齿较长，花冠紫色或紫蓝色，旗瓣长圆状倒卵形，中部缢缩，瓣片短于瓣柄，翼瓣及龙骨瓣短于旗瓣；子房线形，具细柄，花柱上部四周被毛。荚果扁，长 3.0 ~ 3.5 cm，先端具喙，表皮棕黄色。种子扁圆，深褐色。花期 6—8 月，果期 8—9 月。

生　　境　生于干山坡、石砾地和沙地等处。

分　　布　黑龙江大兴安岭及西部草原各地。吉林通榆、镇赉、洮南、前郭、大安、长岭等地。内蒙古额尔古纳、牙克石、鄂温克旗、阿尔山、科尔沁右翼前旗、科尔沁左翼中旗、科尔沁左翼后旗、扎鲁特旗、扎赉特旗、阿鲁科尔沁旗、巴林左旗、巴林右旗、东乌珠穆沁旗、西乌珠穆沁旗、正蓝旗、正镶白旗等地。陕西、青海、西藏。朝鲜、俄罗斯（西伯利亚中东部）、蒙古、日本。

▼ 多茎野豌豆花序（白色）

▲多茎野豌豆花序

采　制　夏、秋季采收全草，除去杂质，切段，洗净，鲜用或晒干。

性味功效　味辛，性平。有发汗除湿、活血止痛的功效。

主治用法　用于风湿疼痛、筋骨拘挛、黄疸肝炎、白带异常、鼻血、热疟、阴囊湿疹等。水煎服。外用适量煎水洗。

用　量　25～50 g。外用适量。

附　方
（1）治肝炎：多茎野豌豆、龙胆草、华金腰子。水煎服。
（2）治红崩白带：多茎野豌豆、山茱萸。水煎服。
（3）治阴囊湿疹：多茎野豌豆、香蒿。煎水洗。

◎参考文献◎

[1] 江苏新医学院.中药大辞典（上册）[M].上海：上海科学技术出版社，1977：941-942.
[2] 朱有昌.东北药用植物[M].哈尔滨：黑龙江科学技术出版社，1989：634-635.
[3] 中国药材公司.中国中药资源志要[M].北京：科学出版社，1994：606.

▼多茎野豌豆种子

▼多茎野豌豆群落

▲ 广布野豌豆群落

广布野豌豆 *Vicia cracca* L.

别　　名	草藤

▲ 广布野豌豆种子

俗　　名	落豆秧

药用部位　豆科广布野豌豆的全草。

原植物　多年生草本，高 40 ～ 150 cm。茎攀援或蔓生，有棱。偶数羽状复叶，叶轴顶端卷须，有 2 ～ 3 分枝；托叶半箭头形或戟形，上部 2 深裂；小叶 5 ～ 12 对互生，线形长圆形或披针状线形，长 1.1 ～ 3.0 cm，宽 0.2 ～ 0.4 cm，全缘，叶脉稀疏。总状花序与叶轴近等长，花多数，10 ～ 40 枚密集一面着生于总花序轴上部；花萼钟状，萼齿 5，近三角状披针形；花冠紫色、蓝紫色或紫红色，长 0.8 ～ 1.5 cm；旗瓣长圆形，中部缢缩，呈提琴形，先端微缺，瓣柄与瓣片近等长；翼瓣与旗瓣近等长，明显长于龙骨瓣，先端钝；子房有柄，胚珠 4 ～ 7。荚果长圆形或长圆菱形，种皮黑褐色。花期 6—8 月，果期 8—9 月。

生　　境　生于山坡、灌丛、草甸、林缘及草地等处。

分　　布　黑龙江山区和半山区。吉林省各地。辽宁丹东市区、宽甸、凤城、本溪、桓仁、清原、西丰等地。内蒙古额尔古纳、牙克石、鄂温克旗、阿尔山、科尔沁右翼前旗、科尔沁右翼中旗、科尔沁左翼后旗、扎鲁特旗、扎赉特旗、阿鲁科尔沁旗、巴林左旗、巴林右旗、东乌珠穆沁旗、西乌珠穆沁旗、正蓝旗、正镶白旗等地。全国各地。朝鲜、俄罗斯、日本。欧洲、亚洲、北美洲。

采　　制　夏、秋季采收全草，除去杂质，切段，洗净，鲜用或晒干。

性味功效　味辛，性平。有祛风湿、活血调经、舒筋、止痛的功效。

主治用法　用于风湿病、闪挫伤、无名肿毒、阴囊湿疹等。水煎服。外用适量熏洗患处。

▲广布野豌豆花序（白色）　　　　▲广布野豌豆花序　　　　　　　▲广布野豌豆果实

▼广布野豌豆植株

▲广布野豌豆幼株

用　　量　10 ～ 25 g（鲜品 50 ～ 75 g）。外用适量。

◎ 参考文献 ◎

[1] 严仲铠，李万林 . 中国长白山药用植物彩色图志 [M]. 北京：人民卫生出版社，1997：258.

[2] 中国药材公司 . 中国中药资源志要 [M]. 北京：科学出版社，1994：605.

[3] 江纪武 . 药用植物辞典 [M]. 天津：天津科学技术出版社，2005：849.

大花野豌豆 *Vicia bungei* Ohwi

别　　名	山黧豆　三齿萼野豌豆　三齿野豌豆

俗　　名　落豆秧

药用部位　豆科大花野豌豆的全草。

原 植 物　一、二年生缠绕或匍匐草本,高 15 ~ 50 cm。茎有棱,多分枝,近无毛,偶数羽状复叶顶端卷须有分枝;托叶半箭头形,长 0.3 ~ 0.7 cm,有锯齿;小叶 3 ~ 5,长圆形或狭倒卵状长圆形,长 1.0 ~ 2.5 cm,宽 0.2 ~ 0.8 cm,先端平截微凹,稀齿状,上面叶脉不甚清晰,下面叶脉明显被疏柔毛。总状花序长于叶或与叶轴近等长;具花 2 ~ 5,着生于花序轴顶端,长 2.0 ~ 2.5 cm,萼钟形,被疏柔毛,萼齿披针形;花冠红紫色或金蓝紫色,旗瓣倒卵状披针形,先端微缺,翼瓣短于旗瓣,长于龙骨瓣;子房柄细长,沿腹缝线被金色绢毛。荚果扁长圆形。种子 2 ~ 8,球形。花期 4—5 月,果期 6—7 月。

生　　境　生于山坡、谷地、草丛、田边及路旁等处。

分　　布　辽宁沈阳、庄河、瓦房店、长海、大连市区、营口、锦州、葫芦岛市区、绥中、兴城、建昌、凌源等地。河北、山西、山东、江苏、安徽、陕西、宁夏、甘肃、贵州、云南。朝鲜。

采　　制　夏、秋季采收全草,除去杂质,切段,洗净,鲜用或晒干。

性味功效　有解表、活血行血、祛瘀生新的功效。

主治用法　用于疔疮。外用捣烂敷患处。

用　　量　适量。

◎ 参考文献 ◎

[1] 江纪武. 药用植物辞典 [M]. 天津:天津科学技术出版社,2005:849.

▲大花野豌豆花

▲大花野豌豆花（背）

▲ 北野豌豆植株

▲ 北野豌豆种子

▲ 北野豌豆花

北野豌豆 *Vicia ramuliflora*（Maxim.）Ohwi

俗　　名　落豆秧

药用部位　豆科北野豌豆的全草。

原 植 物　多年生草本，高 40 ~ 100 cm，通常数茎丛生。偶数羽状复叶长 5 ~ 8 cm，叶轴顶端卷须短缩为短尖头；托叶半箭头形、斜卵形或长圆形，长 0.8 ~ 1.6 cm；全缘或基部啮蚀状。小叶通常 2 ~ 4，长卵圆形或长卵圆披针形，长 3 ~ 8 cm。总状花序腋生，于基部或总花序轴上部有 2 ~ 3 分枝，呈复总状近圆锥花序，长 4 ~ 5 cm；花萼斜钟状，萼齿三角形，仅长 0.1 cm；花 4 ~ 9，花冠蓝色、蓝紫色或玫瑰色，稀白色，旗瓣长圆形或长倒卵形，长 1.1 ~ 1.8 cm，翼瓣与旗瓣近等长，龙骨瓣与翼瓣近等长；子房线形，花柱长约 0.5 cm，胚珠 5 ~ 6。荚果长圆菱形，两端渐尖。花期 6—8 月，果期 8—9 月。

生　　境　生于林下、林缘、草地及山坡等处。

分　　布　黑龙江塔河、呼玛、尚志、五常、海林、宁安、东

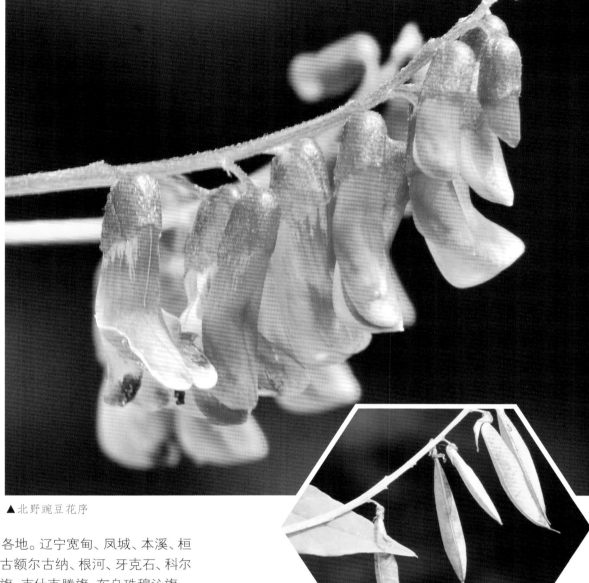

▲ 北野豌豆花序

宁等地。吉林长白山各地。辽宁宽甸、凤城、本溪、桓
仁、庄河等地。内蒙古额尔古纳、根河、牙克石、科尔
沁右翼前旗、扎鲁特旗、克什克腾旗、东乌珠穆沁旗、
西乌珠穆沁旗等地。安徽。朝鲜、俄罗斯（西伯利亚
中东部）、日本。

采　制　夏、秋季采收全草，除去杂质，切段，
洗净，鲜用或晒干。

性味功效　有清热解毒、散风祛湿、活血止痛的功效。

主治用法　用于风湿疼痛、筋骨拘挛、湿疹、肿毒
等。水煎服。外用鲜品捣烂敷患处。

用　量　25 ～ 50 g。外用适量。

▲ 北野豌豆果实

◎ 参考文献 ◎

[1] 严仲铠，李万林. 中国长白山药用植物
　　彩色图志 [M]. 北京：人民卫生出版社，
　　1997：259.

[2] 中国药材公司. 中国中药资源志要 [M]. 北京：
　　科学出版社，1994：606.

[3] 江纪武. 药用植物辞典 [M]. 天津：天津科学
　　技术出版社，2005：849.

▲ 北野豌豆幼株

▲ 柳叶野豌豆花

▲ 柳叶野豌豆植株

柳叶野豌豆 *Vicia venosa*（Willd.）Maxim.

别　　名　脉叶野豌豆

俗　　名　落豆秧

药用部位　豆科柳叶野豌豆的全草。

原 植 物　多年生草本，高 40 ~ 80 cm。根状茎粗、有须根，常数茎丛生。茎具棱。偶数羽状复叶，小叶通常 3 对，长 3.0 ~ 5.5 cm，叶轴末端仅有长 1 ~ 2 mm 短尖头；托叶半箭头形，长 1.0 ~ 1.5 cm；小叶线状披针形，长 4 ~ 9 cm。总状花序长于叶或与叶近等长，长 3.5 ~ 7.0 cm，花序有 2 ~ 3 分枝，呈复总状；花萼钟状，萼齿短三角形，长约 0.1 cm；花 4 ~ 9 朵稀疏着生于花序轴上部，花冠红色或紫红色至蓝色，旗瓣倒卵状长圆形，长 1.2 ~ 1.8 cm，宽 0.6 cm，先端圆，微凹，翼瓣龙骨瓣均短于旗瓣；胚珠 5 ~ 6。荚果长圆形，扁平，长 2.5 ~ 3.3 cm，宽约 0.5 cm，两端渐尖。种子 3 ~ 6，圆形。花期 7—8 月，果期 8—9 月。

生　　境　生于针阔叶混交林下湿草地上。

分　　布　黑龙江大兴安岭、小兴安岭。吉林敦化、汪清、珲春等地。内蒙古额尔古纳、根河、牙克石、科尔沁右翼前旗等地。朝鲜、俄罗斯（西伯利亚中东部）、蒙古、日本。

采　　制　夏、秋季采收全草，除去杂质，切段，洗净，鲜用或晒干。

性味功效　有清热解毒、散风祛湿、活血止痛的功效。

主治用法　用于风湿疼痛、筋骨拘挛等。水煎服。外用鲜品捣烂敷患处。

用　　量　适量。

◎ 参考文献 ◎

[1] 江纪武 . 药用植物辞典 [M] . 天津：天津科学技术出版社，2005：850.

▲ 歪头菜植株

歪头菜 *Vicia unijuga* A. Br.

别　　名　三铃子　歪头草

俗　　名　歪脖菜　小豆秧　铁条草　山涝豆　驴
笼头　野豌豆　草豆

药用部位　豆科歪头菜的干燥全草。

原 植 物　多年生草本，高 15～100 cm 通常数茎丛生，
茎基部表皮红褐色。叶轴末端为细刺尖头；偶见卷须，
托叶戟形或近披针形，长 0.8～2.0 cm，宽 3～5 mm，
边缘为不规则啮蚀状；小叶 1 对，卵状披针形或近菱形，
长 1.5～11.0 cm，宽 1.5～5.0 cm，先端渐尖，边缘具
小齿状。总状花序单一，长 4.5～7.0 cm；花 8～20 朵
一面密集于花序轴上部；花萼紫色，斜钟状或钟状；花
冠蓝紫色、紫红色或淡蓝色，长 1.0～1.6 cm，旗瓣倒
提琴形，长 1.1～1.5 cm，翼瓣先端钝圆，长 1.3～1.4 cm，
龙骨瓣短于翼瓣，子房线形，胚珠 2～8，具子房柄。荚
果扁、长圆形，两端渐尖，先端具喙。花期 6—7 月，果
期 8—9 月。

生　　境　生于林下、林缘、草地、山坡及灌丛中。

▲ 歪头菜幼株

▲ 歪头菜种子

▲ 市场上的歪头菜幼株

分　　布　黑龙江山区及平原地区。吉林长白山各地及德惠、长春、四平等地。辽宁本溪、桓仁、清原、鞍山、海城、庄河、大连市区、法库、北镇、凌源、建昌、建平等地。内蒙古额尔古纳、牙克石、阿尔山、科尔沁右翼前旗、克什克腾旗、巴林左旗、巴林右旗、东乌珠穆沁旗。华北、华东、西南。朝鲜、俄罗斯（西伯利亚）、蒙古、日本。

采　　制　夏、秋季采收全草。除去杂质，晒干。

性味功效　味甘，性平。有补虚调肝、理气止痛、清热利尿的功效。

主治用法　用于劳伤、头晕、体虚水肿、胃痛、疮疖。水煎服。外用鲜品捣烂敷患处。

用　　量　9～15g。外用适量。

▲ 歪头菜花序

▲ 歪头菜果实

▲ 歪头菜花序（淡粉色）

▲ 歪头菜幼苗

附　方

（1）治劳伤：歪头菜根 15 g，蒸酒 50 ml。每日服 3 次。

（2）治头晕：歪头菜嫩叶 15 g。蒸鸡蛋吃。

（3）治胃病：歪头菜 5 g，研末。白开水送下。

◎ 参考文献 ◎

[1] 江苏新医学院. 中药大辞典(上册)[M]. 上海：上海科学技术出版社，1977：64-65.

[2] 朱有昌. 东北药用植物 [M]. 哈尔滨：黑龙江科学技术出版社，1989：635-636.

[3] 《全国中草药汇编》编写组. 全国中草药汇编（上册）[M]. 北京：人民卫生出版社，1975：595.

▲头序歪头菜植株

▲头序歪头菜花序

头序歪头菜 *Vicia ohwiana* Hosokawa

俗　　名　歪脖菜　歪头

药用部位　豆科头序歪头菜的干燥全草。

原 植 物　多年生草本，高 70 cm。茎直立，单一或少数分枝。叶具 1 对小叶，几无柄，叶轴顶端具细短尖头；托叶与小叶同型，卵状披针形，全缘。小叶宽卵形至近菱形，长 4 ~ 10 cm，宽 3.5 ~ 17.0 cm，先端锐尖，基部钝圆至宽楔形。总状花序缩短，生于叶腋呈头状，花密集，在茎上部，常因小叶不发达，花序腋生于托叶；花蓝紫色；萼钟形，长 8 ~ 10 mm，被披散长柔毛，萼齿锥尖，长 3.5 ~ 5.5 mm，等长或稍长于筒；旗瓣长圆状倒卵形，先端钝圆或微凹，长 1.0 ~ 1.4 cm；翼瓣等长，龙骨瓣较短。荚

▲头序歪头菜幼株

果斜长圆形,长 2.5 ~ 3.0 cm,宽约 5 mm,先端具短喙,无毛。表皮熟后暗棕色。花期 6—7 月,果期 8—9 月。

生　　境　生于向阳山坡、灌丛、草地及林缘等处。

分　　布　黑龙江山区及平原地区。吉林柳河、汪清、和龙、通化、珲春等地。辽宁丹东市区、凤城、岫岩、本溪、西丰、开原、鞍山市区、大连、营口、凌源等地。内蒙古科尔沁右翼前旗、克什克腾旗、巴林左旗、巴林右旗、东乌珠穆沁旗等地。华北、华东、西南。朝鲜、俄罗斯(西伯利亚)、蒙古、日本。

附　　注　其采制、性味功效、主治用法、用量、附方同歪头菜。

◎ 参考文献 ◎

[1] 江纪武. 药用植物辞典 [M]. 天津: 天津科学技术出版社,
　　2005: 849.

▲头序歪头菜幼苗

豇豆属 *Vigna* Savi

贼小豆 *Vigna minima*（Roxb.）Ohwi et Ohashi

别　名 野小豆

俗　名 野绿豆

▼贼小豆种子

▲贼小豆果实

▼贼小豆花（侧）

药用部位 豆科贼小豆的种子。

原 植 物 一年生缠绕草本。茎纤细，无毛或被疏毛。羽状复叶具3小叶；托叶披针形，长约4 mm，盾状着生、被疏硬毛；小叶的形状和大小变化颇大，卵形、卵状披针形、披针形或线形，长2.5～7.0 cm，宽0.8～3.0 cm，先端急尖或钝，基部圆形或宽楔形，两面近无毛或被极稀疏的糙伏毛。总状花序柔弱；总花梗远长于叶柄，通常有花3～4；小苞片线形或线状披针形；花萼钟状，长约3 mm，具不等大的5齿，裂齿被硬缘毛；花冠黄色，旗瓣极外弯，近圆形，长约1 cm，宽约8 mm；龙骨瓣具长而尖的耳。荚果圆柱形，开裂后旋卷；种子4～8，长圆形。花期7—8月，果期9—10月。

生　　境 生于旷野、草丛或灌丛中。

分　　布 吉林集安。辽宁桓仁、宽甸、丹东市区、东港、抚顺、大连等地。华北、华中、华东、华南。朝鲜、日本。

采　　制 秋季采收种子，除去杂质，晒干。

性味功效 有清热、利尿、消肿、行气、止痛的功效。

主治用法 用于疮毒疖肿、小便不利、腹胀等。

用　　量 适量。

◎参考文献◎

[1] 中国药材公司．中国中药资源志要[M]．北京：科学出版社，1994：608.

[2] 江纪武．药用植物辞典[M]．天津：天津科学技术出版社，2005：850.

▲贼小豆花

▲黑龙江南瓮河国家级自然保护区湿地秋季景观

▲ 直酢浆草植株

酢浆草科 Oxalidaceae

本科共收录 1 属、3 种、1 变种。

酢浆草属 *Oxalis* L.

▲ 酢浆草种子

酢浆草 *Oxalis corniculata* L.

别　　名	酸浆　酸母　三叶酸浆　酸迷迷草
俗　　名	山锄板　酸米草　三叶酸
药用部位	酢浆草科酢浆草的全草。
原 植 物	多年生草本，高 10 ~ 35 cm。茎直立或匍匐，匍匐茎节上生根。叶基生或茎上互生；托叶长圆形或卵形；叶柄基部具关节；小叶 3，无柄，倒心形，长 4 ~ 16 mm，宽 4 ~ 22 mm，先端凹入，基部宽楔形。花单生或数朵集为伞形花序状，腋生，总花梗淡红色，与叶近等长；花梗长 4 ~ 15 mm，果后延伸；小苞片 2，披针形，萼片 5，披针形或长圆状披针形；花瓣 5，黄色，长圆状倒卵形，长 6 ~ 8 mm，宽 4 ~ 5 mm；雄蕊 10，花丝白色半透明，有时被疏短柔毛，基部合生，长、短互间；子房长圆形，5 室，被短伏毛，花柱 5，柱头头状。蒴果长圆柱形，5 棱。种子长卵形。花期 6—7 月，果期 8—9 月。

▲酢浆草植株

生　境　生于林下、灌丛、河岸、路旁、农田及住宅附近，常聚集成大面积生长。

分　布　黑龙江哈尔滨、伊春、牡丹江、鸡西、七台河、大庆、黑河、齐齐哈尔、佳木斯等地。吉林长白山各地及九台。辽宁丹东市区、宽甸、凤城、本溪、桓仁、抚顺、鞍山市区、岫岩、大连市区、新民、庄河、清原、新宾、西丰、铁岭、开原、海城、盖州、营口市区等地。全国各地。亚洲温带及亚热带、欧洲、地中海沿岸和北美洲皆有分布。

采　制　夏、秋季采收全草，除去杂质，洗净，鲜用或晒干。

性味功效　味酸，性寒。有清热利湿、凉血散瘀、消肿解毒、止咳祛痰的功效。

主治用法　用于感冒发热、肠炎、泄泻、痢疾、黄疸肝炎、淋病、尿路感染、结石、神经衰弱、带下病、瘾疹、吐血、衄血、咽喉痛、痈疖疔疮、湿疹、脚癣、疥癣、癞子、痔疾、脱肛、跌打损伤、劳伤、扭伤疼痛、烧烫伤、毒蛇咬伤等。水煎服，捣汁或研末。外用适量捣敷或捣汁涂患处或煎水洗。

用　量　10 ～ 20 g（鲜品 50 ～ 100 g）。外用适量。

▲直酢浆草果实

▲直酢浆草花

附　方

（1）治肺炎、扁桃体炎：酢浆草研粉压片，每片 0.5 g，每服 5 片，每日 3 ~ 4 次。

（2）治急性肝炎：酢浆草、夏枯草、车前草、茵陈各 25 g，加水 1 000 ml，煎成 500 ml，再加白糖 100 g，待溶解后，分 3 次服。小儿用量酌减。

（3）治小儿上呼吸道感染、支气管炎：酢浆草、半边莲、水蜈蚣各 50 g，海金沙 15 g。水煎分 3 次服，每日 1 剂。

（4）治水泻：酢浆草 15 g 冲水，加红糖蒸服。

（5）治痢疾：酢浆草研末。每服 25 g，开水送服。

（6）治齿龈腐烂、咽喉肿痛：酢浆草 50 ~ 100 g，食盐少许。捣烂绞汁，含漱或擦洗患处。并治口腔炎。

（7）治乳痈：酢浆草 25 g。水煎服，渣捣烂外敷。

（8）治疔疮：鲜酢浆草适量，和红糖少许。捣烂敷患处。

（9）治烫火伤：鲜酢浆草洗净捣烂，调芝麻油敷患处。

（10）治黄疸型肝炎：酢浆草 50 ~ 75 g。水煎 2 次，分服。又方：酢浆草 50 g，猪瘦肉 50 g。炖服。每日 1 剂，连服 1 周。

（11）治尿结石、尿淋：酢浆草 100 g，甜酒 50 ml。共同煎水服，日服 3 次。

（12）治二便不通：酢浆草一大把，车前草一握。捣汁加砂糖 5 g，调服一盏，不通再服。

（13）治尿路感染、妇女湿热赤白带下：鲜酢浆草捣汁，每服一汤匙，黄酒冲服。或用干酢浆草研末，每服 10 ~ 15 g，白开水送服，每日 2 次。

附　注　在东北尚有 1 变种：

直酢浆草 var. *stricta*（ L. ）Huang et L. R. Xu，茎直立，不分枝或少分枝；无托叶或托叶不明显。其他与原种同。

▲ 酢浆草花（侧）

▲ 直酢浆草花（背）

◎ 参考文献 ◎

［1］江苏新医学院．中药大辞典（下册）[M]．上海：上海科学技术出版社，1977：2298-2300．

［2］朱有昌．东北药用植物 [M]．哈尔滨：黑龙江科学技术出版社，1989：646-647．

［3］《全国中草药汇编》编写组．全国中草药汇编（上册）[M]．北京：人民卫生出版社，1975：823-824．

▲ 酢浆草花

▲ 白花酢浆草植株

▲ 白花酢浆草果实

白花酢浆草 *Oxalis acetosella* L.

别　　名　山酢浆草　东北酢浆草
俗　　名　三块瓦　酸溜溜　小山锄板
药用部位　酢浆草科白花酢浆草的干燥或新鲜全草。
原 植 物　多年生草本，高 8 ～ 10 cm。根状茎横生，茎短缩不明显，基部围以残存覆瓦状排列的鳞片状叶柄基。叶基生；托叶与叶柄茎部合生；叶柄长 3 ～ 15 cm，近基部具关节；小叶 3，倒心形，长 5 ～ 20 mm，宽 8 ～ 30 mm，先端凹陷，两侧角钝圆。总花梗基生，单花，与叶柄近等长或更长；花梗长 2 ～ 3 cm，被柔毛；苞片 2，对生，卵形；萼片 5，卵状披针形，先端具短尖，宿存；花瓣 5，白色或稀粉红色，倒心形，长为萼片的 1 ～ 2 倍，先端凹陷，基部狭楔形，具白色或带紫红色脉纹；雄蕊 10，长、短互间，花丝纤细，基部合生；子房 5 室，花柱 5，细长，柱头头状。花期 5—6 月，果期 7—8 月。

▲ 白花酢浆草植株（侧）

▲ 白花酢浆草花（背）

生　　境　生于针叶林、阔叶林、杂木林及灌丛阴湿地等处，常聚集成大面积生长。

分　　布　黑龙江伊春、尚志、五常、东宁、宁安、虎林、密山、饶河等地。吉林长白山各地。辽宁宽甸、凤城、本溪、桓仁、新宾、清原、盖州等地。朝鲜、蒙古、日本、俄罗斯。欧洲、北美洲、非洲（北部）。

采　　制　夏、秋季采收全草，鲜用或晒干药用。

性味功效　味酸、涩，性平。有清热解毒、舒筋活络、止血止痛的功效。

主治用法　用于目赤红痛、小儿口疮、小儿哮喘、咳嗽痰喘、泄泻、痢疾、乳腺炎、带状疱疹、劳伤疼痛、麻风、无名肿毒、癫子、疥癣、小儿鹅口疮、烫火伤、毒蛇咬伤、脱肛、跌打扭伤。水煎服。外用鲜品捣烂敷患处。

用　　量　5 ~ 15 g。外用适量。

◎ 参考文献 ◎

［1］朱有昌. 东北药用植物 [M]. 哈尔滨：黑龙江科学技术出版社，1989：645-646.

［2］中国药材公司. 中国中药资源志要 [M]. 北京：科学出版社，1994：610.

［3］江纪武. 药用植物辞典 [M]. 天津：天津科学技术出版社，2005：559.

▲ 白花酢浆草花

▲ 三角酢浆草植株（花期）

▲ 市场上的三角酢浆草植株

▲ 三角酢浆草果实

三角酢浆草 *Oxalis obtriangulata* Maxim.

别　　名	大山酢浆草　截叶酢浆草
俗　　名	山锄板　酸锄板
药用部位	酢浆草科三角酢浆草的全草。
原 植 物	多年生草本，高 8～10 cm。根状茎横生，节间具 1～2 mm 长小鳞片和细弱的不定根。茎短缩不明显，叶基生；托叶与叶柄茎部合生；叶柄长 3～15 cm，近基部具关节；小叶 3，小叶宽倒三角形，长 3～4 cm，宽 3～6 cm，先端凹陷。总花梗基生；花梗长 2～3 cm，被柔毛；苞片 2，对生，卵形，长约 3 mm，被柔毛；萼片 5，卵状披针形，长 3～5 mm，宽 1～2 mm，先端具短尖，宿存；花瓣 5，白色或稀粉红色，倒心形，长为萼片的 1～2 倍，先端凹陷，基部狭楔形，具白色或带紫红色脉纹；

雄蕊 10，长、短互间，花丝纤细，基部合生；子房 5 室，花柱 5，细长，柱头头状。花期 4—5 月，果期 6—7 月。

生　境　生于腐殖质土较深处及杂木下，常聚集成大面积生长。

分　布　吉林长白山各地。辽宁本溪、丹东市区、凤城等地。朝鲜、俄罗斯（西伯利亚中东部）。

采　制　夏、秋季采收全草，除去杂质，洗净，鲜用或晒干。

性味功效　味苦，性寒。有小毒。有活血化瘀、清热解毒、利湿消肿、通淋的功效。

主治用法　用于劳伤疼痛、淋浊带下、麻风、无名肿毒、癫子、疥癣、小儿鹅口疮、烫火伤、毒蛇咬伤、脱肛、跌打扭伤等。水煎服。外用鲜品捣烂敷患处。

用　量　干品：10 ~ 20 g。鲜品：50 ~ 100 g。外用适量。

▲三角酢浆草花（背）

◎ 参考文献 ◎

［1］朱有昌．东北药用植物 [M]．哈尔滨：黑龙江科学技术出版社，1989：645-646.

［2］江纪武．药用植物辞典 [M]．天津：天津科学技术出版社，2005：559.

▼三角酢浆草种子

▲三角酢浆草花

▼三角酢浆草植株（果期）

▲ 牻牛儿苗植株

牻牛儿苗科 Geraniaceae

本科共收录 2 属、13 种。

牻牛儿苗属 *Erodium* L' Her.

牻牛儿苗 *Erodium stephanianum* Willd.

▲ 牻牛儿苗花（背）

别　　名	太阳花　老鹳草
俗　　名	老鸦嘴　老牛筋　鹌鹑嘴　鹌子嘴　老鹳嘴　老鹳筋　红根　红根根
药用部位	牻牛儿苗科牻牛儿苗的全草。

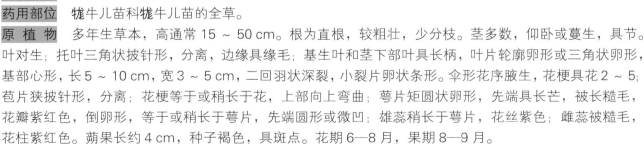

原 植 物　多年生草本，高通常 15 ～ 50 cm。根为直根，较粗壮，少分枝。茎多数，仰卧或蔓生，具节。叶对生；托叶三角状披针形，分离，边缘具缘毛；基生叶和茎下部叶具长柄，叶片轮廓卵形或三角状卵形，基部心形，长 5 ～ 10 cm，宽 3 ～ 5 cm，二回羽状深裂，小裂片卵状条形。伞形花序腋生，花梗具花 2 ～ 5；苞片狭披针形，分离；花梗等于或稍长于花，上部向上弯曲；萼片矩圆状卵形，先端具长芒，被长糙毛，花瓣紫红色，倒卵形，等于或稍长于萼片，先端圆形或微凹；雄蕊稍长于萼片，花丝紫色；雌蕊被糙毛，花柱紫红色。蒴果长约 4 cm，种子褐色，具斑点。花期 6—8 月，果期 8—9 月。

生　　境　生于山坡、荒地、河岸、沙丘、干草甸子、沟边及路旁等处。

分　　布　黑龙江安达、大庆市区、肇东、肇源、泰来、杜尔伯特、虎林等地。吉林通榆、镇赉、洮南、大安、前郭、长岭、双辽、舒兰、九台、农安、榆树、德惠、伊通、公主岭、蛟河、汪清、安图、和龙等地。辽宁朝阳、建昌、凌源、建平、北镇、义县、兴城、彰武、阜新市区、沈阳、新宾、开原、昌图、庄河、

大连市区、瓦房店、盖州等地。内蒙古额尔古纳、牙克石、扎兰屯、
阿尔山、科尔沁右翼前旗、扎赉特旗、科尔沁右翼中旗、扎鲁特旗、
科尔沁左翼后旗、科尔沁左翼中旗、奈曼旗、克什克腾旗、巴林左旗、
巴林右旗、喀喇沁旗、翁牛特旗、阿鲁科尔沁旗、宁城、东乌珠
穆沁旗、西乌珠穆沁旗、正蓝旗、正镶白旗、太仆寺旗、多伦、
镶黄旗等地。全国绝大部分地区。朝鲜、俄罗斯（西伯利亚）、蒙古、
日本、哈萨克斯坦、阿富汗、尼泊尔。亚洲（中部）。

采　　制　夏、秋季采收全草，除去杂质，切段，洗净，鲜用或晒干。

性味功效　味苦、辛，性平。有祛风湿、通经络、止泻痢、清热
解毒的功效。

主治用法　用于风湿性关节炎、痈疽、坐骨神经痛、跌打损伤、肠炎、
痢疾、月经不调、疱疹性角膜炎等。水煎服。外用适量浸酒或熬
膏敷患处。

用　　量　10 ~ 25 g。外用适量。

附　　方

（1）治痢疾、肠炎：牻牛儿苗 100 ~ 150 g。水煎服。

（2）治风湿性关节炎：牻牛儿苗 200 g，放入白酒 1 L 中浸
泡 5 ~ 7 d，过滤，每次服 25 g。每日 2 次。或以牻牛儿苗
25 ~ 50 g。水煎服。又方：牻牛儿苗、透骨草各 10 kg，独活、
威灵仙各 2.5 kg，防风 4 kg，穿山龙 5 kg，制草乌 150 g。先煎，
水煎 2 次，合并滤液浓缩至 20 L，加酒 20 L，每服 15 ~ 30 ml，
每日 3 次。

附　　注　本品为《中华人民共和国药典》（2020 年版）收录的
本区药材。

▲ 牻牛儿苗果实

◎ 参考文献 ◎

[1] 江苏新医学院 . 中药大辞典（上册）[M] . 上海：上海科学技术出版社，1977: 845-847.

[2] 朱有昌 . 东北药用植物 [M] . 哈尔滨：黑龙江科学技术出版社，1989: 637-638.

[3]《全国中草药汇编》编写组 . 全国中草药汇编（上册）[M] . 北京：人民卫生出版社，1975: 330-331.

▲ 牻牛儿苗花

▲ 牻牛儿苗花（侧）

芹叶牻牛儿苗 *Erodium cicutarium*（L.）L' Her. ex Ait.

药用部位 牻牛儿苗科芹叶牻牛儿苗的全草。

原植物 一年生或二年生草本，高10～20 cm。茎直立、斜升或蔓生。托叶三角状披针形；基生叶具长柄，茎生叶具短柄或无柄，叶片矩圆形或披针形，长5～12 cm，宽2～5 cm，二回羽状深裂，裂片7～11，具短柄或几无柄，小裂片短小。伞形花序腋生，通常具花2～10；花梗长为花的3～4倍，花期直立，果期下折；苞片多数，卵形或三角形，合生至中部；萼片卵形，长4～5 mm，宽2～3 mm，3～5脉，先端锐尖，被腺毛或具黏胶质糙长毛；花瓣紫红色，倒卵形，稍长于萼片，先端钝圆或凹；雄蕊稍长于萼片，花丝紫红色。蒴果长2～4 cm，被短伏毛。种子卵状矩圆形。花期6—7月，果期7—10月。

生　境 生于山地沙砾质山坡、沙质平原草地和干河谷等处。

分　布 黑龙江漠河。内蒙古正蓝旗、镶

▲ 芹叶牻牛儿苗花

黄旗、正镶白旗等地。河北。山西、江苏、陕西、甘肃、四川、西藏。俄罗斯、印度。欧洲、非洲（北部）。

采　制　夏、秋季采收全草，除去杂质，切段，洗净，鲜用或晒干。

性味功效　有收敛、止痢、止血、利尿、清热、解毒、祛风、活血的功效。

主治用法　用于腹泻、月经过多、风湿疼痛、肢体麻木、关节不利、腰部扭伤、跌打损伤、瘀血肿痛等。水煎服。外用浸酒或熬膏敷患处。

用　量　适量。

◎ 参考文献 ◎

［1］江纪武. 药用植物辞典 [M]. 天津：天津科学
　　技术出版社，2005：303.

▲ 芹叶牻牛儿苗植株

▲ 芹叶牻牛儿苗果实

▲ 芹叶牻牛儿苗花（背）

▲ 毛蕊老鹳草花

老鹳草属 *Geranium* L.

毛蕊老鹳草 *Geranium platyanthum* Duthie

▲ 毛蕊老鹳草种子

药用部位 牻牛儿苗科毛蕊老鹳草的全草。

原植物 多年生草本,高 30 ~ 80 cm。茎直立,假二叉状分枝或不分枝。叶基生和茎上互生;托叶三角状披针形,基生叶和茎下部叶具长柄;叶片五角状肾圆形,长 5 ~ 8 cm,宽 8 ~ 15 cm,掌状 5 裂达叶片中部或稍过之。花序通常为伞形聚伞花序,顶生或有时腋生,长于叶,总花梗具花 2 ~ 4;苞片钻状,萼片长卵形或椭圆状卵形;花瓣淡紫红色,宽倒卵形或近圆形,经常向上反折,长 10 ~ 14 mm,宽 8 ~ 10 mm,具深紫色脉纹,先端呈浅波状;雄蕊长为萼片的 1.5 倍,花丝淡紫色,花药紫红色,雌蕊稍短于雄蕊,花柱上部紫红色、分枝。蒴果长约 3 cm,被开展的短糙毛和腺毛。花期 6—7 月,果期 8—9 月。

生 境 生于湿润林缘及灌丛中。

分 布 黑龙江尚志、五常、东宁、宁安、虎林、密山、饶河等地。吉林长白山各地。辽宁宽甸、桓仁等地。内蒙古额尔古纳、根河、

▲ 毛蕊老鹳草根

▲毛蕊老鹳草植株

▲毛蕊老鹳草幼株

▲毛蕊老鹳草果实

陈巴尔虎旗、牙克石、鄂伦春旗、鄂温克旗、扎兰屯、阿尔山、科尔沁右翼前旗、扎鲁特旗、东乌珠穆沁旗、西乌珠穆沁旗等地。河北、山西、陕西、宁夏、甘肃、青海、湖北、四川。朝鲜、俄罗斯（西伯利亚东部）、蒙古。

采　制　夏、秋季采收全草，除去杂质，切段，洗净，鲜用或晒干。

性味功效　味微辛，性微温。有清湿热、疏风通络、强筋健骨、止泻痢的功效。

主治用法　用于风寒湿痹、筋骨酸软、肌肤麻木、肠炎、痢疾、痛疽、跌打损伤等。水煎服，研末或浸酒。

用　量　25～50 g。

附　方

（1）治痢疾、肠炎：毛蕊老鹳草叶、香青。水煎服。

（2）治筋骨疼痛、瘫痪：老鹳草、当归、秦艽、白芍、麻黄。炖肉服。

◎参考文献◎

[1]　江苏新医学院．中药大辞典（上册）[M]．上海：上海科学技术出版社，1977：450．

[2]　朱有昌．东北药用植物[M]．哈尔滨：黑龙江科学技术出版社，1989：641-644．

[3]　《全国中草药汇编》编写组．全国中草药汇编（上册）[M]．北京：人民卫生出版社，1975：330-331．

▲毛蕊老鹳草花（背）

▼毛蕊老鹳草花（浅蓝色）

▲ 东北老鹳草花

▼ 东北老鹳草植株

东北老鹳草 *Geranium erianthum* DC.

| 别　　名 | 大花老鹳草　北方老鹳草 |
| 药用部位 | 牻牛儿苗科东北老鹳草的干燥全草。 |

原 植 物　多年生草本，高 30～60 cm。叶基生和茎上互生，有时上部对生；托叶三角状披针形；基生叶具长柄，茎生叶柄向上渐短；叶片五角状肾圆形，基部心形，长 5～8 cm，宽 8～14 cm，掌状 5～7 深裂至叶片的 2/3 处。聚伞花序顶生，长于叶，每梗具花 2～5；苞片钻状；花梗等于或短于花，直生或弯曲，果期劲直；萼片卵状椭圆形或长卵形，长 7～8 mm，宽约 3 mm，先端具短尖头；花瓣紫红色，长为萼片的 1.5倍，先端圆形、微凹，基部宽楔形，边缘具长糙毛；雄蕊稍长于萼片，花丝棕色，下部扩展，边缘具长糙毛；雌蕊被短糙毛，花柱分枝棕色。蒴果长约 2.5 mm。花期 7—8 月，果期 8—9 月。

生　　境　生于林缘草甸、灌丛及林下等处。

分　　布　黑龙江尚志、五常、东宁、宁安等地。吉林安图、长白、抚松、临江、和龙、敦化、柳河等地。辽宁宽甸、桓仁等地。朝鲜、俄罗斯（西伯利亚）、日本。北美洲。

采　　制　夏、秋季采收全草，除去杂质，切段，洗净，鲜用或晒干。

性味功效　有祛风、活血、通络、清热的功效。

主治用法 用于风寒湿痹、筋骨酸软、感冒发热。水煎服。
用　　量 9 ～ 15 g。

◎参考文献◎

[1] 钱信忠. 中国本草彩色图鉴（第二卷）[M]. 北京：人民卫生
　　出版社，2003：172-173.

[2] 中国药材公司. 中国中药资源志要 [M]. 北京：科学出版社，
　　1994：612.

[3] 江纪武. 药用植物辞典 [M]. 天津：天津科学技术出版社，
　　2005：335.

▲ 东北老鹳草果实

▼ 东北老鹳草花（背）

▲ 东北老鹳草幼苗

▼ 东北老鹳草幼株

▲ 突节老鹳草植株

▲ 突节老鹳草花（背）

突节老鹳草 *Geranium krameri* Franch. et Sav.

药用部位 牻牛儿苗科突节老鹳草的全草。

原 植 物 多年生草本，高 30 ~ 70 cm，具束生细长纺锤形块根。茎 2 ~ 3 簇生，具棱槽，假二叉状分枝，节部稍膨大。叶基生和茎上对生，托叶三角状卵形，基生叶和茎下部叶具长柄，叶片肾圆形，长 4 ~ 6 cm，宽 6 ~ 10 cm，掌状 5 深裂近基部。花序腋生和顶生，长于叶，每梗具花 2；苞片钻状，长 2 ~ 3 mm；花梗与总花梗相似；萼片椭圆状卵形，长 6 ~ 9 mm；花瓣紫红色或苍白色，倒卵形，具深紫色脉纹，长为萼片的 1.5 倍，先端圆形，基部楔形；雄蕊与萼片近等长，花丝棕色，下部扩展，具长缘毛；花柱棕色，分枝长达 5 mm。蒴果长约 2.5 cm，被短糙毛。花期 7—8 月，果期 8—9 月。

生　　境 生于草甸、灌丛、岗地及路边等处。

分　　布 黑龙江塔河、呼玛、尚志、五常、东宁、宁安、虎林、密山、饶河等地。吉林长白山各地。辽宁丹东市区、宽甸、凤城、本溪、桓仁、抚顺、开原、西丰、庄河、海城、大连市区等地。内蒙古鄂伦春旗、鄂温克旗、科尔沁右翼前旗等地。朝鲜、俄罗斯（西伯利亚东部）、日本。

采 制 夏、秋季采收全草，除去杂质，切段，洗净，鲜用或晒干。

性味功效 味苦、辛，性平。有祛风除湿、强筋骨、清热活血、收敛止泻的功效。

主治用法 用于风寒湿痹、筋骨酸软、四肢麻木、陈伤、腹泻、痢疾、肠炎等。水煎服。外用浸酒或熬膏敷患处。

用 量 9～25 g。外用适量。

▲ 突节老鹳草果实

◎ 参考文献 ◎

[1] 钱信忠. 中国本草彩色图鉴（第三卷）[M]. 北京：人民卫生出版社，2003：575-576.

[2] 中国药材公司. 中国中药资源志要 [M]. 北京：科学出版社，1994：612-613.

[3] 江纪武. 药用植物辞典 [M]. 天津：天津科学技术出版社，2005：335-336.

▼ 突节老鹳草花

线裂老鹳草 *Geranium soboliferum* Kom.

药用部位 牻牛儿苗科线裂老鹳草的全草。

原植物 多年生草本，高 30 ~ 60 cm。根状茎短粗，木质化，具簇生细纺锤形块根。茎多数，假二叉状分枝。叶基生和茎上对生，托叶长卵形，基生叶具长柄，长为其叶片的 1 ~ 2 倍，上部叶近无柄；叶片圆肾形，长 5 ~ 6 cm，宽 7 ~ 8 cm，掌状 5 ~ 7 深裂几达基部。花序腋生和顶生，长于叶，总花梗具花 2，苞片披针状钻形，花梗长为花的 1.5 ~ 2.0 倍；萼片长卵形，先端具 1 ~ 2 mm 细尖头；花瓣紫红色，宽倒卵形，长为萼片的 2 倍，先端圆形；雄蕊与萼片近等长，花丝棕色，基部扩展，边缘被缘毛，花药棕色；雌蕊被微柔毛，花柱分枝棕色。蒴果长约 2.5 cm，被短柔毛。花期 7—8 月，果期 8—9 月。

生 境 生于沼泽地踏头、森林地区河谷沼泽化草地上。

分 布 黑龙江尚志、五常、东宁、宁安、虎林、密山、饶河、萝北、伊春等地。吉林长白山各地。朝鲜、俄罗斯（西伯利亚中东部）。

采 制 夏、秋季采收全草，除去杂质，切段，洗净，鲜用或晒干。

性味功效 味苦、辛，性平。有祛风除湿、活血通经、清热止泻、收敛的功效。

主治用法 用于风湿疼痛、拘挛麻木、痈疽、跌打损伤、刀伤出血、肠炎、泻下、痢疾、疮口不收及月经不调等。水煎服。外用适量浸酒或熬膏敷患处。

用 量 10 ~ 25 g。外用适量。

▲线裂老鹳草花（深粉色）

▼线裂老鹳草花（浅粉色）

▲线裂老鹳草幼株
▼线裂老鹳草果实

▲线裂老鹳草花（背）

◎参考文献◎

[1] 中国药材公司. 中国中药资源志要 [M]. 北京: 科学出版社, 1994: 614.

[2] 江纪武. 药用植物辞典 [M]. 天津: 天津科学技术出版社, 2005: 356.

▲ 灰背老鹳草植株

灰背老鹳草 *Geranium wlassowianum* Fisch. ex Link.

▲ 灰背老鹳草花

别　　名	绒背老鹳草
药用部位	牻牛儿苗科灰背老鹳草的全草。

原 植 物　多年生草本，高30～70 cm。根状茎短粗，具簇生纺锤形块根。茎2～3，具棱角，假二叉状分枝。叶基生和茎上对生；托叶三角状披针形，基生叶具长柄，长为叶片的4～5倍；叶片五角状肾圆形，基部浅心形，长4～6 cm，宽6～9 cm，5深裂达中部或稍过之。花序腋生和顶生，稍长于叶，总花梗具花2；苞片狭披针形，花梗花期直立或弯曲，果期水平状叉开；萼片长卵形，先端具长尖头；花瓣淡紫红色，具深紫色脉纹，宽倒卵形，长约为萼片的2倍，先端圆形，基部楔形；雄蕊稍长于萼片，花丝棕褐色，下部扩展，花药棕褐色；花柱分枝棕褐色，与花柱近等长。花期7—8月，果期8—9月。

生　　境　生于沼泽草甸、河岸湿地及林缘等处。

分　　布　黑龙江伊春、北安、密山、黑河、阿城、宁安、依兰、呼玛等地。吉林抚松、靖宇、敦化、汪清、安图、通化等地。内蒙古额尔古纳、牙克石、鄂伦春旗、鄂温克旗、扎兰屯、科尔沁右翼前旗、克什克腾旗、东乌珠穆沁旗等地。河北、山东、山西等。朝鲜、俄罗斯（西伯利亚）、蒙古。

采　　制　夏、秋季采收全草，除去杂质，切段，洗净，鲜用或晒干。

性味功效　有祛风除湿、活血通经、清热止泻的功效。

主治用法　用于风寒湿痹、四肢拘挛、跌打损伤、泻痢等。水煎服。外用浸酒或熬膏敷患处。

用　　量　15～25 g。外用适量。

◎ 参考文献 ◎

［1］朱有昌. 东北药用植物［M］. 哈尔滨：黑龙江科学技术出版社，1989：641-644.

［2］中国药材公司. 中国中药资源志要［M］. 北京：科学出版社，1994：614.

［3］江纪武. 药用植物辞典［M］. 天津：天津科学技术出版社，2005：357.

▲ 兴安老鹳草群落

▼ 兴安老鹳草果实

兴安老鹳草 *Geranium maximowiczii* Regel et Maack

药用部位 牻牛儿苗科兴安老鹳草的全草。

原植物 多年生草本,高 20 ~ 60 cm,具束生细长纺锤形块根。茎直立,假二叉状分枝,具棱槽。叶基生和茎上对生;托叶狭披针形,基生叶具长柄,茎生叶柄较短,最上部叶近无柄;叶片肾圆形,基部深心形,长 4 ~ 5 cm,宽 6 ~ 8 cm,掌状 5 ~ 7 深裂近 2/3 处。花序腋生和顶生,与叶近等长或稍长,总花梗具花 2,苞片钻状或狭披针形,花梗与花近等长,直立,果期叉开,花梗向上弯曲;萼片椭圆状卵形或长卵形,长 7 ~ 8 mm,宽约 3 mm,先端具细尖头;花瓣紫红色,倒圆卵形,长为萼片的 1.5 倍或过之,先端圆形;雄蕊与萼片近等长,花丝棕色。蒴果长约 2.5 cm。花期 7—8 月,果期 8—9 月。

生　境 生于林下、林缘及灌丛等处。

分　布 黑龙江塔河、呼玛、饶河、宝清等地。吉林安图、长白、汪清、和龙等地。内蒙古额尔古纳、根河、陈巴尔虎旗、牙克石、科尔沁右翼前旗等地。朝鲜、俄罗斯(西伯利亚中东部)。

采　制 夏、秋季采收全草,切段,洗净,鲜用或晒干。

性味功效 有祛风除湿、活血通经、清热止泻的功效。

主治用法 用于筋骨麻木、风湿性关节炎、腹泻等。

▲兴安老鹳草花

用　　量　适量。

◎参考文献◎

[1] 中国药材公司.中国中药资源志要[M].北京:科学出版社,1994:613.

[2] 江纪武.药用植物辞典[M].天津:天津科学技术出版社,2005:356.

▲兴安老鹳草花(背)

▼兴安老鹳草幼株

▼兴安老鹳草植株

▲ 朝鲜老鹳草植株

▲ 朝鲜老鹳草花

朝鲜老鹳草 *Geranium koreanum* Kom.

俗　　名　老鸹嘴

药用部位　牻牛儿苗科朝鲜老鹳草的全草。

原 植 物　多年生草本，高 30 ～ 50 cm。茎中部以上假二叉状分枝。叶基生和茎上对生；托叶披针形，先端渐尖；基生叶和茎下部叶具长柄，柄长为叶片的 3 ～ 4 倍；叶片五角状肾圆形，长 5 ～ 6 cm，宽 8 ～ 9 cm，3 ～ 5 深裂至 3/5 处，裂片宽楔形，下部全缘。花序腋生或顶生，二歧聚伞状，长于叶，总花梗具花 2；苞片钻状，花梗与总花梗相似，长为花的 1.5 ～ 2.0 倍，萼片长卵形，先端具长约 2 mm 的尖头，外面沿脉被糙毛；花瓣淡紫色，倒圆卵形，长为萼片的 1.5 ～ 2.0 倍，先端圆形，基部楔形，被白色糙毛，雄蕊稍长于萼片，花丝棕色，雌蕊被短糙毛，花柱上部棕色。花期 7—8 月，果期 8—9 月。

生　　境　生于山地阔叶林下及草甸等处。

分　　布　吉林通化、集安等地。辽宁丹东市区、宽甸、本溪、桓仁、庄河等地。山东。朝鲜、俄罗斯（西伯利亚中东部）。

采　　制　夏、秋季采收全草，切段，洗净，鲜用或晒干。

性味功效　有祛风除湿、强筋骨、清热活血、收敛止泻的功效。

主治用法　用于风湿痹痛、肢体麻木、关节不利等。水煎服。外用适量浸酒或熬膏敷患处。

用　　量　适量。

▲朝鲜老鹳草花（背）

▲朝鲜老鹳草果实

◎参考文献◎

[1] 江纪武. 药用植物辞典 [M]. 天津: 天津科学技术出版社, 2005: 355.

▲朝鲜老鹳草幼株

▲ 粗根老鹳草植株

▲ 粗根老鹳草花

▲ 粗根老鹳草花（背）

粗根老鹳草 *Geranim dahuricum* DC.

别　名　块根老鹳草

药用部位　牻牛儿苗科粗根老鹳草的全草。

原植物　多年生草本，高 20 ～ 60 cm。茎多数，假二叉状分枝，叶基生和茎上对生；托叶披针形或卵形，长 6 ～ 8 mm，宽 2 ～ 3 mm，先端长渐尖；基生叶和茎下部叶具长柄，叶片七角状肾圆形，长 3 ～ 4 cm，宽 5 ～ 6 cm，掌状 7 深裂近基部，裂片羽状深裂，小裂片披针状条形。花序腋生和顶生，长于叶，总花梗具花 2；苞片披针形，长 4 ～ 9 mm，宽约 2 mm；花梗长约为花的 2 倍，花、果期下弯，萼片卵状椭圆形；花瓣紫红色，倒长卵形，长约为萼片的 1.5 倍，先端圆形，基部楔形，密被白色柔毛；雄蕊稍短于萼片，花丝棕色，下部扩展，被睫毛，花药棕色；雌蕊密被短伏毛。花期 7—8 月，果期 8—9 月。

生　境　生于林缘、灌丛、山地草甸及亚高山草甸等处。

分　布　黑龙江呼玛、黑河、尚志、五常、东宁、宁安、虎林、密山、饶河等地。吉林长白、抚松、安图、集安、梅河口等地。辽宁桓仁。内蒙古额尔古纳、根河、牙克石、鄂伦春旗、鄂温克旗、阿尔山、克什克腾旗、东乌珠穆沁旗等地。河北、山西、陕西、宁夏、甘肃、青海、四川、西藏。朝鲜、俄罗斯（西伯利亚）、蒙古。

采　　制　夏、秋季采收全草，切段，洗净，鲜用或晒干。

性味功效　有清湿热、祛风湿、通经络、止泻痢的功效。

主治用法　用于风湿痹痛、筋骨酸痛、拘挛麻木、痈疽、跌打损伤、肠炎、泄泻、痢疾等。水煎服。外用适量浸酒或熬膏敷患处。

用　　量　10～25 g。外用适量。

▲粗根老鹳草根

◎参考文献◎

［1］江苏新医学院. 中药大辞典（上册）[M]. 上海：上海科学技术出版社，1977：845-847.

［2］朱有昌. 东北药用植物 [M]. 哈尔滨：黑龙江科学技术出版社，1989：641-644.

［3］《全国中草药汇编》编写组. 全国中草药汇编(上册)[M]. 北京：人民卫生出版社，1975：330-331.

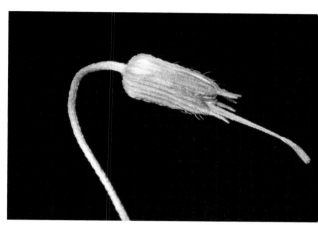

▲粗根老鹳草果实

▼粗根老鹳草幼株

▲ 草原老鹳草植株

▲ 草原老鹳草果实

草原老鹳草 *Geranium pratense* L.

别　　名　　草地老鹳草　草甸老观草　草甸老鹳草

药用部位　　牻牛儿苗科草原老鹳草的全草。

原 植 物　　多年生草本，高 30 ~ 90 cm。根状茎短而直立，生有一簇肥厚肉质粗根，长 6 ~ 10 cm。茎直立。叶对生，肾状圆形，直径 2.5 ~ 6.0 cm，7 深裂，裂片倒卵状楔形，上部深羽裂或羽状缺裂；基生叶和下部茎生叶有长柄，长为叶片的 3 ~ 4 倍，聚伞花序顶生，柄长 2 ~ 10 cm，生花 2；花梗长 0.5 ~ 2.0 cm，果期弯曲，花序轴与花梗皆被短柔毛和腺毛；萼片狭卵形或椭圆形，具脉 3，顶端具芒，密被短毛及腺毛，长约 8 mm，花瓣蓝紫色，比萼片长约 1 倍，基部有毛；花丝基部扩大部分具长毛；花柱合生部分长 5 ~ 7 mm，花柱分枝长 2 ~ 3 mm。蒴果具短柔毛及腺毛，长 2 ~ 3 cm。花期 6—7 月，果期 8—9 月。

生　　境　　生于湿草甸子、河边湿地、林缘及山坡草甸等处。

分　　布　内蒙古额尔古纳、牙克石、鄂温克旗、科尔沁右翼前旗、东乌珠穆沁旗、西乌珠穆沁旗等地。河北、山西、甘肃、四川、新疆等。俄罗斯（西伯利亚）、蒙古、日本。欧洲、北美洲。

采　　制　夏、秋季采收全草，洗净，晒干。

性味功效　有祛风湿、强筋骨、活血通络、消炎止血、清热止泻的功效。

主治用法　用于风湿痹痛、关节炎、四肢麻木、血瘀、痢疾、肠炎、咳血、胃痛、血崩、肾结核尿血等。水煎服。

用　　量　适量。

◎参考文献◎

［1］江纪武．药用植物辞典 [M]．天津：天津科学技术出版社，2005：90.

［2］中国药材公司．中国中药资源志要 [M]．北京：科学出版社，1994：555.

▲ 草原老鹳草花（背）

草原老鹳草花

▼ 草原老鹳草群落

鼠掌老鹳草 *Geranium sibiricum* L.

别　　名　鼠掌草　西伯利亚老鹳草　块根牻牛儿苗

俗　　名　风露草　老鸹筋　老鹳筋　老鹳咀　鹌鹑咀　仙鹤咀　五齿耙　鹌子草　小老鹳筋

药用部位　牻牛儿苗科鼠掌老鹳草的全草。

原 植 物　一年生或多年生草本，高30～70 cm。茎纤细，多分枝，具棱槽。叶对生；托叶披针形，棕褐色，基生叶和茎下部叶具长柄，柄长为叶片的2～3倍下部叶片肾状五角形,基部宽心形,长3～6 cm,宽4～8 cm,掌状5深裂。总花梗丝状，单生于叶腋，长于叶，具花1；苞片对生，棕褐色，生于花梗中部或基部；萼片卵状椭圆形或卵状披针形，长约5 mm，先端急尖，具短尖头；花瓣倒卵形，淡紫色或白色，等于或稍长于萼片，先端微凹或缺刻状，基部具短爪；花丝扩大成披针形，具缘毛；花柱不明显，分枝长约1 mm。蒴果长15～18 mm，被疏柔毛，果梗下垂。花期7—8月，果期8—9月。

生　　境　生于荒地、林缘、路旁及住宅附近，常聚集成片生长。

分　　布　黑龙江塔河、呼玛、尚志、五常、东宁、宁安、虎林、密山、饶河、萝北、伊春等地。吉林长白山各地。辽宁桓仁、抚顺、西丰、鞍山、海城、大连、沈阳、北镇、建昌、朝阳、喀左、建平、凌源等地。内蒙古额尔古纳、牙克石、鄂伦春旗、扎兰屯、科尔沁右翼前旗、扎赉特旗、科尔沁右翼中旗、扎鲁特旗、科尔沁左翼后旗、科尔沁左翼中旗、奈曼旗、克什克腾旗、巴林左旗、巴林右旗、喀喇沁旗、翁牛特旗、阿鲁科尔沁旗、宁城、东乌珠穆沁旗、西乌珠穆沁旗、正蓝旗、正镶白旗、太仆寺旗、多伦、镶黄旗等地。河北、山西、湖北、陕西、宁夏、甘肃、四川、西藏。朝鲜、俄罗斯（西伯利亚）、蒙古、日本。高加索地区、亚洲（中部）、欧洲。

采　　制　夏、秋季采收全草，除去杂质，切段，洗净，鲜用或晒干。

▲ 鼠掌老鹳草果实

▲鼠掌老鹳草居群

性味功效　味苦、辛，性平。有祛风除湿、活血通经、清热止泻、收敛的功效。

主治用法　用于风湿疼痛、拘挛麻木、坐骨神经痛、痈疽、刀伤出血、肠炎、泻下、痢疾、疮口不收、疱疹性结膜炎、月经不调及跌打损伤等。水煎服。外用适量浸酒或熬膏敷患处。

用　　量　15～25 g。外用适量。

附　　方

▲鼠掌老鹳草花

（1）治痢疾、肠炎：鼠掌老鹳草100～150 g。水煎服，每日1剂。又方：老鹳草30 g，大枣4个。煎浓汤，每日3次分服。

（2）治风湿性关节炎：鼠掌老鹳草120 g放入白酒1 L中浸泡5～7 d，过滤，每次服1小盅（约15 ml），每日2次。或以老鹳草25～50 g，水煎服。

（3）治疱疹性角膜炎：鼠掌老鹳草制成20%眼药水，每小时点眼1次。同时用1%阿托品散瞳。

（4）治腰扭伤：鼠掌老鹳草根50 g，苏木25 g。煎汤，血余炭15 g冲服。每日1剂，日服2次。

（5）治风寒腰腿痛：鼠掌老鹳草根、茜草根各75 g，白酒500 ml。浸泡1周，每次饮用1酒盅，每日2次（辽宁桓仁民间方）。或用鲜鼠掌老鹳草50 g（干品25 g）。水煎，日服2次。

（6）治子宫内膜炎、不孕：鼠掌老鹳草25 g，决明子15 g。水煎，取浓汁一碗，分2次服用，每日2次。

（7）治妇女经期受寒、月经不调、经来发热、腹胀腰痛、不能受胎：鼠掌老鹳草25 g，川芎10 g，大蓟、白芷各10 g，水、酒各一碗，合煎，临睡前服用，服后避风。

（8）治湿疹、痈疖、疔疮、小面积水火烫伤：鼠掌老鹳草软膏涂敷患处，每日1次。

▲鼠掌老鹳草花（背）

◎参考文献◎

[1] 江苏新医学院．中药大辞典（上册）[M]．上海：上海科学技术出版社，1977：845-847.

[2] 朱有昌．东北药用植物[M]．哈尔滨：黑龙江科学技术出版社，1989：639-641.

[3] 《全国中草药汇编》编写组．全国中草药汇编(上册）[M]．北京：人民卫生出版社，1975：330-331.

▼鼠掌老鹳草植株

老鹳草果实

▲ 老鹳草植株

老鹳草 *Geranium wilfordii* Maxim.

别　　名　短嘴老鹳草　鸭脚老鹳草

俗　　名　鸭脚草

药用部位　牻牛儿苗科老鹳草的全草。

原 植 物　多年生草本，高 30 ～ 50 cm。根状茎直生，粗壮，具簇生纤维状细长须根。茎直立，单生，具棱槽，假二叉状分枝。叶基生和茎生叶对生；托叶卵状三角形或上部为狭披针形，基生叶片圆肾形，长 3 ～ 5 cm，宽 4 ～ 9 cm，5 深裂达 2/3 处。花序腋生和顶生，稍长于叶，总花梗每梗具花 2；苞片钻形，长 3 ～ 4 mm；花梗长为花的 2 ～ 4 倍，花、果期通常直立；萼片长卵形或卵状椭圆形；花瓣白色或淡红色，倒卵形，与萼片近等长，内面基部被疏柔毛；雄蕊稍短于萼片，花丝淡棕色，下部扩展，被缘毛；雌蕊被短糙状毛，花柱分枝紫红色。蒴果长约 2 cm，被短柔毛和长糙毛。花期 7—8 月，果期 8—9 月。

生　　境　生于荒地、林缘、路旁及住宅附近，常聚集成片生长。

分　　布　黑龙江大庆市区、安达、肇东、肇源、泰来、杜尔伯特、尚志、五常、东宁、宁安、虎林、密山、饶河、萝北、伊春等地。吉林长白山各地。辽宁本溪、桓仁、西丰、沈阳、鞍山等地。河北、山西、山东、江苏、福建、安徽、江西、陕西、甘肃、四川。朝鲜、俄罗斯（西伯利亚中东部）、日本。

采　　制　夏、秋季采收全草，除去杂质，切段，洗净，鲜用或晒干。

性味功效　味辛、苦，性平。有祛风湿、通经络、止泻痢的功效。

主治用法　用于风寒湿痹、筋骨酸痛、拘挛麻木、痈疽、跌打损伤、泄泻、肠炎、痢疾。水煎服。外用适量浸酒或熬膏敷患处。

用　　量　10 ～ 25 g。外用适量。

▲老鹳草花（背）

▲老鹳草花

▲老鹳草幼株

附　方

（1）治痢疾、肠炎：老鹳草100～150 g。水煎服。

（2）治风湿性关节炎：老鹳草200 g，放入白酒1 L中浸泡5～7 d，过滤，每次服25 ml。每日2次。或以老鹳草25～50 g，水煎服。又方：老鹳草、透骨草各10 kg，独活、威灵仙各2.5 kg，防风4 kg，穿山龙5 kg，制草乌150 g。先煎，水煎2次，合并滤液浓缩至20 L，加酒20 L，每服15～30 ml，每日3次。

附　注　本品为《中华人民共和国药典》（2020年版）收录的药材。

◎参考文献◎

［1］朱有昌.东北药用植物［M］.哈尔滨：黑龙江科学技术出版社，1989：641-644.

［2］《全国中草药汇编》编写组.全国中草药汇编（上册）［M］.北京：人民卫生出版社，1975：330-331.

［3］中国药材公司.中国中药资源志要［M］.北京：科学出版社，1994：614.

▲老鹳草花（侧）

▲内蒙古自治区陈巴尔虎旗莫日格勒河草原夏季景观

▲ 白刺植株（果期）

蒺藜科 Zygophyllaceae

本科共收录 4 属、5 种。

白刺属 *Nitraria* L.

▲ 白刺果实

白刺 *Nitraria tangutorum* Bobr.

别　　名	唐古特白刺　大白刺　毛瓣白刺
俗　　名	酸胖
药用部位	蒺藜科白刺的果实。

原植物　落叶灌木，高 1 ~ 2 mm。多分枝，弯、平卧或开展；不孕枝先端刺针状；嫩枝白色。叶在嫩枝上 2 ~ 4 片簇生，宽倒披针形，长 18 ~ 30 mm，宽 6 ~ 8 mm，先端圆钝，基部渐窄成楔形，全缘，稀先端齿裂。花排列较密集。核果卵形，有时椭圆形，熟时深红色，果汁玫瑰色，长 8 ~ 12 mm，直径 6 ~ 9 mm。果核狭卵形，长 5 ~ 6 mm，先端短渐尖。花期 5—6 月，果期 7—8 月。

生　　境　生于沙地、盐碱地及半荒漠上。

分　　布　辽宁葫芦岛、盘山等地。内蒙古阿巴嘎旗、苏尼特右旗、正蓝旗等地。陕西、宁夏、甘肃、青海、新疆、西藏。蒙古、俄罗斯（西伯利亚）。

采　制　秋季果实成熟时割取全株，晒干，打下果实。生用或炒用。

性味功效　味甘、酸，性温。有健脾胃、滋补强壮、调经活血、催乳的功效。

主治用法　用于脾胃虚弱、消化不良、神经衰弱、高血压头晕、感冒、乳汁不下等。水煎服。或研末泡酒服。

用　量　30 ～ 60 g。

◎参考文献◎

［1］中国药材公司．中国中药资源志要［M］．北京：科学出版社，1994：615-616．

［2］江纪武．药用植物辞典［M］．天津：天津科学技术出版社，2005：543．

▼ 白刺植株（花期）

▲ 白刺枝条

白刺花

▲小果白刺植株（果期）

▼小果白刺果实（橙红色）

▼小果白刺果实（蓝黑色）

小果白刺 *Nitraria sibirica* Pall.

别　　名	西伯利亚白刺　白刺　东廧　卡密	
俗　　名	哈蟆儿　酸胖	

药用部位　蒺藜科小果白刺的果实。

原 植 物　落叶灌木，高 0.5 ~ 1.5 m，弯，多分枝，枝铺散，少直立。小枝灰白色，不孕枝先端刺针状。叶近无柄，在嫩枝上 4 ~ 6 片簇生，倒披针形，长 6 ~ 15 mm，宽 2 ~ 5 mm，先端锐尖或钝，基部渐窄成楔形，无毛或幼时被柔毛。聚伞花序长 1 ~ 3 cm，被疏柔毛；萼片 5，绿色，花瓣黄绿色或近白色，矩圆形，长 2 ~ 3 mm。果椭圆形或近球形，两端钝圆，长 6 ~ 8 mm，熟时暗红色，果汁暗蓝色，带紫色，味甜而微咸；果核卵形，先端尖，长 4 ~ 5 mm。花期 5—6 月，果期 7—8 月。

生　　境　生于沙地或沙丘上，常聚集成片生长。

分　　布　黑龙江大庆。吉林乾安。内蒙古阿鲁科尔沁旗、克什克腾旗、苏尼特左旗、苏尼特右旗、正蓝旗、镶黄旗、正镶白旗等地。

采　　制　秋季果实成熟时割取全株，晒干，打下果实。生用或炒用。

▲小果白刺枝条（花期）

▲小果白刺花序

▲小果白刺枝条（果期）

性味功效　味甘、酸、微咸，性温。有调经活血、消食健脾、滋补强壮的功效。

主治用法　用于身体虚弱、气血两亏、脾胃不和、高血压头晕、神经衰弱、感冒、消化不良、月经不调、腰酸腿痛等。水煎服。外用捣烂敷患处。

用　　量　25 ~ 50 g。外用适量。

附　　方

（1）治身体虚弱：小果白刺 50 g，红糖 15 g。水煎服。

（2）治月经不调、虚寒腰痛：小果白刺 50 g，益母草、石榴各 25 g，肉桂、红花各 15 g。共研细末，炼成 10 g 重蜜丸，每日 2 次，每服 1 丸。

（3）治脾胃虚寒、消化不良：小果白刺 50 g，石榴 25 g，肉桂、干姜各 15 g。共研细末。每日 1 次，每服 5 g。

◎参考文献◎

［1］江苏新医学院.中药大辞典（上册）[M].上海：上海科学技术出版社，1977：644-645.

［2］朱有昌.东北药用植物 [M].哈尔滨：黑龙江科学技术出版社，1989：652-653.

［3］中国药材公司.中国中药资源志要 [M].北京：科学出版社，1994：615.

▲ 小果白刺群落

▲ 小果白刺果实（鲜红色）

▲ 小果白刺果实（暗红色）

▲ 蒺藜群落

蒺藜属 *Tribulus* L.

蒺藜 *Tribulus terrestris* L.

别　　名	刺蒺藜　白蒺藜　三角蒺藜
俗　　名	蒺藜狗子　硬蒺藜　八角刺　拦路虎
药用部位	蒺藜科蒺藜的果实（入药称"刺蒺藜"）。

原 植 物　一年生或多年生草本，全株密被灰白色柔毛。茎匍匐，由基部生出多数分枝，枝长 30 ~ 60 cm，表面有纵纹。偶数羽状复叶，对生，叶连柄长 2.5 ~ 6.0 cm；托叶对生，卵形至卵状披针形；小叶宽，5 ~ 7 对，长椭圆形，长 0.5 ~ 1.6 cm，宽 2 ~ 6 mm，先端短尖或急尖。花单生叶腋间，直径 8 ~ 20 mm，花梗丝状；萼片 5，卵状披针形，边缘膜质透明；花瓣 5，黄色，倒广卵形；花盘环状；雄蕊 10，生于花盘基部，花药椭圆形，花丝丝状；子房上位，卵形，通常 5 室，花柱短，圆柱形，柱头 5，线形。果实五角形，直径约 1 cm，由 5 个果瓣组成，果瓣两端有硬尖齿各一对。花期 7—8 月，果期 8—9 月。

生　　境　生于沙丘、荒野、草地及路旁等处。

分　　布　黑龙江安达、肇东、肇州、大庆市区、泰来、杜尔伯特、龙江、林甸、齐齐哈尔市区等地。吉林通榆、镇赉、洮南、大安、前郭、长岭、乾安、双辽、珲春、梅河口、靖宇等地。辽宁丹东、本溪、抚顺、铁岭、

▼ 蒺藜幼苗

▼ 蒺藜幼株

▲ 蒺藜植株（花期）

▼ 蒺藜植株（果期）

▼ 蒺藜果实

法库、康平、开原、昌图、盖州、庄河、长海、大连市区、沈阳市区、新民、北镇、义县、黑山、营口市区、辽中、台安、盘山、朝阳、喀左、凌源、建平、兴城、阜新市区、彰武等地。内蒙古扎赉特旗、科尔沁右翼中旗、扎鲁特旗、科尔沁左翼后旗、科尔沁左翼中旗、奈曼旗、克什克腾旗、巴林左旗、巴林右旗、喀喇沁旗、翁牛特旗、阿鲁科尔沁旗、宁城、东乌珠穆沁旗、西乌珠穆沁旗、正蓝旗、正镶白旗、太仆寺旗、多伦、镶黄旗等地。河北、山东、四川、安徽、江苏、云南、陕西、山西、青海、湖北、湖南。朝鲜、蒙古、俄罗斯（西伯利亚）。

采　制　秋季果实成熟时割取全株，晒干，打下果实。生用或炒用。

性味功效　味苦、辛，微温。有小毒。有疏肝解郁、祛风止痒、明目的功效。

主治用法　用于头痛、眩晕、气管炎、高血压、乳汁不通、阳痿、小便不利、风疹瘙痒、肝气郁结、目赤肿翳、胸满、咳逆、痈疽、瘰疬等。水煎服或入丸、散。外用适量捣烂敷或研末撒患处。

用　量　10 ~ 15 g。外用适量。

附　方

（1）治风疹瘙痒：蒺藜果实、防风、蝉蜕各9 g，白鲜皮、地肤子各12 g。水煎服。

（2）治急性结膜炎：蒺藜果实20 g，菊花10 g，青葙子、木贼、决明子各15 g。水煎服。

（3）治高血压、目赤多泪：蒺藜果实25 g，菊花20 g，决明子50 g，甘草10 g。水煎服。

（4）治角膜溃疡（角膜开始起白点，眼红、流泪，涩痛不欲睁眼）：蒺藜果实9 g。煎汤一大碗，为一日量，分3次熏洗。第一次趁热先熏，稍凉澄清去渣再洗，第二、三次，临用时再加温。

（5）治眼疾、翳障不明：蒺藜200 g（带刺炒），葳蕤150 g（炒）。共为散，每早食后服15 g，白汤调服。

（6）治荨麻疹、皮肤瘙痒：蒺藜（果）、防风、蝉蜕各15 g，白鲜皮、地肤子各120 g。水煎服。又方：蒺藜（果）、防风各15 g，蝉蜕10 g。水煎服。或用蒺藜苗适量，煎汤外洗。

（7）治白癜风：蒺藜花阴干为末，每服10～15 g，饭后以酒调服。

（8）治慢性气管炎：刺蒺藜全草（每日75 g），洗净、切碎、水浸24h，制成糖浆，每日2次，每次10 mml，10 d为一个疗程。孕妇忌用。

（9）治乳胀不行或乳岩作块肿痛：刺蒺藜1.0～1.5 kg，带刺炒，为末。每早、午、晚不拘时，白汤做糊调服。

（10）治身体风痒、燥涩顽痹：刺蒺藜20 g（带刺炒，磨为末），胡麻仁100 g（泡汤去皮，捣如泥），葳蕤150 g，金银花50 g（炒磨为末）。四味炼蜜为丸。早晚各服15 g，白汤下。

（11）治牙周炎、牙龈出血、牙齿松动：刺蒺藜适量。研末，擦患处或含漱，每日2次。

▲蒺藜花

▲蒺藜花（侧）

附　注　本品为《中华人民共和国药典》（2020年版）收录的药材。

◎参考文献◎

［1］江苏新医学院．中药大辞典（上册）[M]．上海：上海科学技术出版社，1977:1274-1276.

［2］江苏新医学院．中药大辞典（下册）[M]．上海：上海科学技术出版社，1977:2452-2453.

［3］朱有昌．东北药用植物 [M]．哈尔滨：黑龙江科学技术出版社，1989:653-655.

［4］中国药材公司．中国中药资源志要 [M]．北京：科学出版社，1994:616.

▲ 匐根骆驼蓬植株

▼ 匐根骆驼蓬花（侧）

▼ 匐根骆驼蓬花

骆驼蓬属 *Peganum* L.

匐根骆驼蓬 *Peganum nigellastrum* Bge.

别　　名　骆驼蓬

俗　　名　骆驼蒿

药用部位　蒺藜科匐根骆驼蓬的全草。

原 植 物　多年生草本，高 10 ~ 25 cm，全株密被短硬毛。茎直立或开展，由基部多分枝。叶近肉质，二或三回羽状全裂，小裂片条形，先端渐尖，托叶披针形。花较大，单生于分枝顶端或叶腋，萼片 5，披针形，各具 5 ~ 7 条状裂片，花瓣 5，白色或淡黄色，雄蕊 15，花丝基部加宽，子房 3 室。蒴果近球形，成熟时黄褐色，3 瓣裂。种子黑褐色，纺锤形，表面具小疣状突起。花期 5—7 月，果期 7—9 月。

生　　境　生于沙地、沙丘、路旁、旧舍旁及居民点附近，常聚集成片生长。

分　　布　内蒙古阿巴嘎旗、苏尼特左旗、苏尼特右旗、镶黄旗等。宁夏、甘肃。蒙古。

▲ 匐根骆驼蓬群落

采 制	夏、秋季采收全草，洗净，晒干。
性味功效	有祛风湿、强筋骨的功效。
主治用法	用于关节炎、气管炎、瘫痪、筋骨酸痛等。水煎服。
用 量	适量。

◎ 参考文献 ◎

[1] 江纪武. 药用植物辞典 [M]. 天津：天津科学技术出版社，2005：90.

[2] 中国药材公司. 中国中药资源志要 [M]. 北京：科学出版社，1994：555.

▼ 匐根骆驼蓬种子

▲ 匐根骆驼蓬果实

霸王属 *Zygophyllum* L.

霸王 *Zygophyllum xanthoxylon*（Bge.）Maxim.

药用部位　蒺藜科霸王的根。

原 植 物　落叶灌木，高 50 ~ 100 cm。枝弯曲，开展，皮淡灰色，木质部黄色，先端具刺尖，坚硬。叶在老枝上簇生，幼枝上对生；叶柄长 8 ~ 25 mm；小叶 1 对，长匙形、狭矩圆形或条形，长 8 ~ 24 mm，宽 2 ~ 5 mm，先端圆钝，基部渐狭，肉质。花生于老枝叶腋；萼片 4，倒卵形，绿色，长 4 ~ 7 mm；花瓣 4，倒卵形或近圆形，顶端圆，基部渐狭成爪，淡黄色，长 8 ~ 11 mm；雄蕊 8，长于花瓣，褐色，倒披针形，顶端浅裂，长约花丝长度的一半。蒴果近球形，不开裂，长 18 ~ 40 mm，翅宽 5 ~ 9 mm，常 3室，每室有 1 粒种子。种子肾形，长 6 ~ 7 mm，宽约 2.5 mm。花期 4—5 月，果期 7—8 月。

生　　境　生于荒漠和半荒漠的沙砾质河流阶地、低山山坡、碎石低丘及山前平原等处。

分　　布　内蒙古苏尼特右旗、二连浩特等。宁夏、甘肃、青海、新疆等。蒙古。

采　　制　秋季采挖根，洗净，切段，晒干。

性味功效　有通气的功效。

主治用法　用于气滞腹胀等。水煎服。

用　　量　适量。

◎ 参考文献 ◎

［1］江纪武 . 药用植物辞典［M］. 天津：天津科学技术出版社，2005：90.

［2］中国药材公司 . 中国中药资源志要［M］. 北京：科学出版社，1994：555.

▲霸王植株（果实后期）

▼霸王枝条

▲内蒙古自治区陈巴尔虎旗莫日格勒河草原夏季景观

亚麻科 Linaceae

本科共收录 1 属、3 种。

亚麻属 *Linum* L.

野亚麻 *Linum stelleroides* Planch.

别　　名　山胡麻

俗　　名　疔毒草　珍珠菜

药用部位　亚麻科野亚麻的干燥全草及种子。

原 植 物　一年生或二年生草本，高 20 ~ 90 cm。茎直立，不分枝或自中部以上多分枝。叶互生，线状披针形或狭倒披针形，长 1 ~ 4 cm，宽 1 ~ 4 mm，无柄，全缘。单花或多花组成聚伞花序；花梗长 3 ~ 15 mm，花直径约 1 cm；萼片 5，绿色，长椭圆形或阔卵形，宿存；花瓣 5，倒卵形，长达 9 mm，顶端啮蚀状，基部渐狭，淡红色、淡紫色或蓝紫色；雄蕊 5，与花柱等长，基部合生，通常有退化雄蕊 5；子房 5 室，有 5 棱；花柱 5，中下部结合或分离，柱头头状，干后黑褐色。蒴果球形或扁球形，直径 3 ~ 5 mm，有纵沟 5 条，室间开裂。种子长圆形，长 2.0 ~ 2.5 mm。花期 7—8 月，果期 8—9 月。

生　　境　生于干燥山坡、林缘、草地及路旁等处。

▲野亚麻植株

▲ 野亚麻果实

▼ 野亚麻幼苗

▼ 野亚麻花（背）

分　布　黑龙江安达、大庆市区、泰来、肇东、肇源、杜尔伯特、阿城、五常、双城、呼兰、林甸、绥化、宾县、巴彦、尚志、宁安、东宁、密山、依兰、黑河、萝北、呼玛等地。吉林长白山各地及九台、伊通、通榆、镇赉、榆树、梨树、公主岭、洮南、大安、乾安、扶余、农安等地。辽宁本溪、桓仁、东港、凤城、新宾、清原、西丰、鞍山市区、岫岩、海城、庄河、大连市区、营口、康平、新民、北镇、凌源、建平、喀左、葫芦岛、彰武等地。内蒙古陈巴尔虎旗、扎赉特旗、科尔沁右翼中旗、扎鲁特旗、科尔沁左翼后旗、科尔沁左翼中旗、奈曼旗、克什克腾旗、巴林左旗、巴林右旗、喀喇沁旗、翁牛特旗、阿鲁科尔沁旗等地。河北、河南、山东、山西、江苏、湖北、陕西、甘肃、贵州、四川、青海、广东等。朝鲜、日本、俄罗斯（西伯利亚）。

采　制　秋季果实成熟时采收全草，割取地上部分，晒干，打下种子，分别备用。

性味功效　味甘，性平。有养血润燥、祛风解毒的功效。

主治用法　用于血虚便秘、皮肤瘙痒、荨麻疹、疮痈肿毒等。水煎服。大便滑泻者慎用。外用捣烂敷患处，或以种子煎水洗。

用　量　5～15g。外用适量。

附　方

（1）治疗毒疖疮：鲜野亚麻全草适量。捣烂敷患处，每日换1次。

▲ 野亚麻花

▲ 野亚麻幼株

（2）治过敏性皮炎、皮肤瘙痒：野亚麻子、白鲜皮、地骨皮各 15 g。水煎服或煎汤外洗。

（3）治老年皮肤干燥起鳞屑：野亚麻、当归各 150 g，紫草 50 g。做蜜丸，每服 15 g，日服 2 次，温开水送服。

◎ 参考文献 ◎

[1] 朱有昌. 东北药用植物 [M]. 哈尔滨: 黑龙江科学技术出版社, 1989: 649-650.

[2] 钱信忠. 中国本草彩色图鉴（第四卷）[M]. 北京: 人民卫生出版社, 2003: 419-420.

[3] 中国药材公司. 中国中药资源志要 [M]. 北京: 科学出版社, 1994: 617.

▲ 野亚麻种子

宿根亚麻 *Linum perenne* L.

药用部位　亚麻科宿根亚麻花及种子。

原植物　多年生草本，高 20 ~ 70 cm。根为直根，粗壮，根颈头木质化。茎多数，直立或仰卧，中部以上多分枝，叶互生；叶片狭条形或条状披针形，长 8 ~ 25 mm，全缘内卷，先端锐尖，基部渐狭，脉 1 ~ 3。花多数，组成聚伞花序，蓝色、蓝紫色、淡蓝色，直径约 2 cm；花梗细长，长 1.0 ~ 2.5 cm，直立或稍向一侧弯曲。萼片 5，卵形，长 3.5 ~ 5.0 mm，外面 3 片先端急尖，内面 2 片先端钝，全缘，脉 5 ~ 7，稍突起；花瓣 5，倒卵形，长 1.0 ~ 1.8 cm，顶端圆形，基部楔形；雄蕊 5，长于或短于雌蕊、或与雌蕊

▲ 宿根亚麻花（背）

近等长，花丝中部以下稍宽，基部合生；退化雄蕊5，与雄蕊互生；子房5室，花柱5，分离，柱头头状。蒴果近球形，直径3.5～8.0 mm。种子椭圆形，褐色，长4 mm。花期6—8月，果期8—9月。

生　境　生于干旱草原、沙砾质干河滩和干旱的山地阳坡疏灌丛或草地等处。

分　布　内蒙古满洲里、额尔古纳、牙克石、鄂温克旗、陈巴尔虎旗、新巴尔虎左旗、新巴尔虎右旗、科尔沁右翼前旗、科尔沁右翼中旗、科尔沁左翼后旗、阿鲁科尔沁旗、巴林右旗、克什克腾旗、东乌珠穆沁旗、西乌珠穆沁旗、正蓝旗、正镶白旗、镶黄旗、太仆寺旗等地。河北、山西、陕西、宁夏、甘肃、四川、青海、云南、西藏、新疆等。俄罗斯、蒙古。亚洲（西部）、欧洲。

采　制　夏季采收花，除去杂质、晒干。秋季采收果实，去掉果皮，打下种子，除去杂质、晒干。

性味功效　有通经利尿的功效。

主治用法　用于子宫瘀血、经闭、身体虚弱、治神经性头痛、伤口红肿等。水煎服。

用　量　3～9 g。

▼ 宿根亚麻花

◎参考文献◎

[1] 江纪武. 药用植物辞典 [M]. 天津：天津科学技术出版社，2005：467.

▲ 黑水亚麻种子

▲ 黑水亚麻花

▲ 黑水亚麻花（背）

▲ 黑水亚麻果实

黑水亚麻 *Linum amurense* Alef.

药用部位 亚麻科黑水亚麻的干燥全草。

原 植 物 多年生草本，高 25 ~ 60 cm。茎多数，丛生，直立，中部以上分枝，基部木质化；具密集线形叶的不育枝。叶互生或散生，狭条形或条状披针形，长 15 ~ 20 mm，宽约 2 mm，先端锐尖，边缘稍卷或平展，1 脉。花多数，排成稀疏的聚伞花序；花梗纤细；萼片 5，卵形或椭圆形，长 4 ~ 5 mm，先端有短尖，基部有明显突起的 5 脉，侧脉仅至中部或上部；花瓣蓝紫色，倒卵形，长 12 ~ 15 mm，宽 4 ~ 5 mm，先端圆形，基部楔形，脉纹显著；雄蕊 5，花丝近基部扩展，基部耳形；子房卵形，花柱基部连合，上部分离。蒴果近球形，直径约 7 mm，草黄色，果梗向下弯垂。花期 6—7 月，果期 8 月。

生 境 生于草原、山地干山坡及干河床沙砾地等处。

分 布 黑龙江安达、肇源、泰来、伊春、黑河等地。吉林镇赉、洮南、乾安等地。内蒙古满洲里、额尔古纳、阿尔山、科尔沁右翼前旗等地。陕西、甘肃、宁夏、青海。俄罗斯（西伯利亚）、蒙古。

采 制 秋季果实成熟时采收全草，割取地上部分，晒干备用。

性味功效 有清热解毒的功效。

主治用法 用于疮痈肿毒等。水煎服。外用捣烂敷患处。

用 量 适量。

◎ 参考文献 ◎

[1] 中国药材公司. 中国中药资源志要 [M]. 北京: 科学出版社, 1994: 617.

[2] 江纪武. 药用植物辞典 [M]. 天津: 天津科学技术出版社, 2005: 467.

▲黑水亚麻植株

▲内蒙古自治区克什克腾旗白敏查干草原秋季景观

▲ 铁苋菜植株（侧）

▲ 铁苋菜种子

大戟科 Euphorbiaceae

本科共收录 6 属、15 种、1 变型。

铁苋菜属 *Acalypha* L.

铁苋菜 *Acalypha australis* L.

别　　名　海蚌含珠

俗　　名　血见愁　鬼见愁　野麻草　铁苋头
铁头草　铁杆愁　叶里含珠　红眼斑

药用部位　大戟科铁苋菜的全草。

原 植 物　一年生草本，高 0.2 ～ 0.5 m，小枝细长。叶膜质，近菱状卵形或阔披针形，长 3 ～ 9 cm，宽 1 ～ 5 cm，边缘具圆锯齿；叶柄长 2 ～ 6 cm，托叶披针形。雌雄花同序，腋生，长 1.5 ～ 5.0 cm，花序梗长 0.5 ～ 3.0 cm，雌花苞片 1 ～ 4，卵状心形，花后增大，边缘具三角形齿，苞腋具雌花 1 ～ 3；花梗无；雄花生于花序上部，雄花苞片卵形，苞腋具雄花 5 ～ 7，簇生；花梗长 0.5 mm。雄花花蕾时近球形，花萼裂片 4，卵形，长约 0.5 mm；雄蕊 7 ～ 8。雌花萼片 3，长卵形，长 0.5 ～ 1.0 mm；花柱 3，长约 2 mm，撕裂 5 ～ 7 条。蒴果直径 4 mm，具 3 个分果片，种皮平滑。花期 7—8 月，果期 8—9 月。

生　　境　生于田野、路旁、荒地及住宅附近，为常见的田间杂草。

分　　布　黑龙江尚志、五常、牡丹江市区、东宁、宁安、密山、虎林、饶河等地。吉林长白山各地及长春、松原。辽宁丹东市区、宽甸、凤城、本溪、桓仁、鞍山市区、岫岩、庄河、盖州、大连市区、营口市区、沈阳市区、新民、凌源、建昌、北镇、葫芦岛市区等地。全国绝大部分地区（除西部高原或干燥地区外）。朝鲜、蒙古、俄罗斯（西伯利亚）。

采　　制　夏季开花前采收全草，除去杂质，洗净，晒干。

▲铁苋菜居群

性味功效　味苦、涩，性平。有清热解毒、利水、化痰止咳、杀虫、收敛止血的功效。

主治用法　用于菌痢、肠炎、腹泻、咯血、吐血、便血、衄血、尿血、子宫出血、崩漏、外伤出血、皮炎、湿疹、疳积、湿热黄疸、乳汁不通、痈疖疔疮及跌打损伤等。水煎服。外用适量捣烂或研末敷患处。

用　　量　15 ～ 25 g（鲜品 50 ～ 100 g）。外用适量。

附　　方

（1）治细菌性痢疾：铁苋菜 100 g（鲜品 250 g）。水煎分 3 次服。或铁苋菜 50 g、马齿苋 25 g。水煎服。

（2）治急性肠炎、细菌性痢疾：铁苋菜、凤尾草各 100 g，石榴皮 25 g。水煎服。

（3）治小儿疳积：外敷时，鲜铁苋菜 25 g，姜、葱各 50 g，鸭蛋白 1 个。捣匀外敷脚底心，敷一夜去掉，每隔 3 d 敷 1 次，一般需敷 5 ～ 7 次。内服时，铁苋菜 100 g，煎水去渣后，加猪肝 150 g 再煎，吃肝喝汤，连服 5 ～ 6 次。轻症者任选一法，重症者二法并用。

▲铁苋菜雄花序

▲ 铁苋菜植株

▲ 铁苋菜花序

▲ 铁苋菜果实

（4）治疟疾：铁苋菜 150 g。于发作前 2 ～ 3 h 服，连服 1 ～ 3 次。

（5）治外伤出血：鲜铁苋菜适量，白糖少许。捣烂外敷。

（6）治乳汁不足：鲜铁苋菜 25 ～ 50 g，或用干品 10 ～ 15 g。煎汤煮鱼服。

◎ 参考文献 ◎

[1] 江苏新医学院. 中药大辞典（下册）[M]. 上海：上海科学技术出版社，1977：1854-1855.

[2] 朱有昌. 东北药用植物 [M]. 哈尔滨：黑龙江科学技术出版社，1989：673-674.

[3] 《全国中草药汇编》编写组. 全国中草药汇编(上册)[M]. 北京：人民卫生出版社，1975：702.

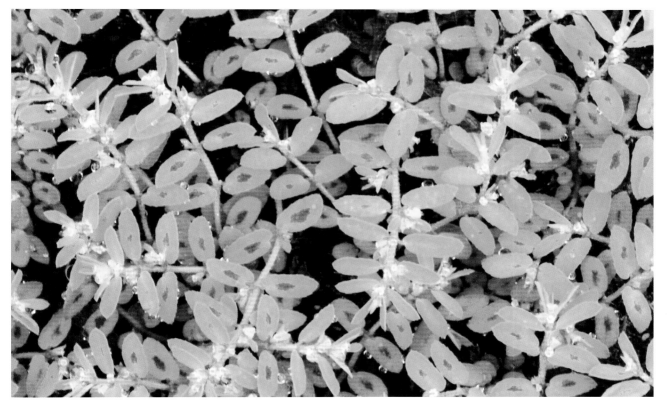

大戟属 *Euphorbia* L.

斑地锦 *Euphorbia maculata* L.

药用部位 大戟科斑地锦的全草。

原 植 物 一年生草本。根纤细,茎匍匐,长 10 ~ 17 cm。叶对生, 长椭圆形至肾状长圆形, 长 6 ~ 12 mm,宽 2 ~ 4 mm,先端钝,基部偏斜,边缘中部以下全缘,中部以上常具细小疏锯齿;叶面绿色,中部常具有一个长圆形的紫色斑点;叶柄极短, 托叶钻状, 边缘具睫毛。花序单生于叶腋,基部具短柄,柄长 1 ~ 2 mm; 总苞狭杯状,腺体 4, 黄绿色,横椭圆形。雄花 4 ~ 5, 微伸出总苞外; 雌花 1, 子房柄伸出总苞外; 花柱短,近基部合生; 柱头 2 裂。蒴果三角状卵形,长约 2 mm,直径约 2 mm,成熟时易分裂为 3 个分果片。种子卵状四棱形,每个棱面具 5 个横沟,无种阜。花期 7—8 月,果期 8—9 月。

生 境 生于田野、路旁、草地、荒地及住宅附近。

分 布 吉林临江、通化、集安等地。辽宁大连、营口等地。江苏、江西、浙江、湖北、河南、河北、台湾。朝鲜。原产于北美洲,归化于欧亚大陆。

采 制 夏、秋季采收全草,洗净晒干。

性味功效 味辛,性平。有清热解毒、凉血止血、清湿热、通乳的功效。

主治用法 用于黄疸、泄泻、疳积、血痢、尿血、便血、痔疮出血、血崩、外伤出血、创伤出血、乳汁不通、痈肿疮毒、尿路感染、子宫出血、跌打损伤及毒蛇咬伤等。水煎服或和鸡肝煮服。外用捣烂敷患处。

用 量 15 ~ 50 g(大剂量 100 g)。外用适量。

附 方
(1)治痢疾:干斑地锦 100 ~ 150 g。水煎,冲糖服。
(2)治乳汁不多:干斑地锦 100 g 左右。水煎冲黄酒服。
(3)治疣赘:鲜斑地锦,捣汁外敷。

附 注 本品为《中华人民共和国药典》(2020 年版)收录的药材。

◎ 参考文献 ◎

[1] 江苏新医学院. 中药大辞典(下册)[M]. 上海: 上海科学技术出版社, 1977: 2283.
[2] 中国药材公司. 中国中药资源志要 [M]. 北京: 科学出版社, 1994: 628.
[3] 江纪武. 药用植物辞典 [M]. 天津: 天津科学技术出版社, 2005: 318.

地锦 *Euphorbia humifusa* Willd. ex Schlecht.

别　　名　地锦草　地锦大戟

俗　　名　红头绳　铺地红　铺地锦　烂脚丫子草　搬脚丫子草　星星草　多叶果　猫眼花　雀扑拉　家雀　斑雀草　血见愁

药用部位　大戟科地锦的全草。

原 植 物　一年生草本。茎匍匐，自基部以上多分枝，基部常红色或淡红色，长达 20 ～ 30 cm，直径 1 ～ 3 mm。叶对生，矩圆形或椭圆形，长 5 ～ 10 mm，宽 3 ～ 6 mm，先端钝圆，基部偏斜，略渐狭，边缘常于中部以上具细锯齿；叶柄极短，长 1 ～ 2 mm。花序单生于叶腋，基部具 1 ～ 3 mm 的短柄；总苞陀螺状，高与直径各约 1 mm，边缘 4 裂，裂片三角形；腺体 4，矩圆形，边缘具白色或淡红色附属物。雄花数枚，近与总苞边缘等长；雌花 1，子房柄伸出至总苞边缘；子房三棱状卵形，光滑无毛；花柱 3，分离；柱头 2 裂。蒴果三棱状卵球形，成熟时分裂为 3 个分果片，花柱宿存。花期 7—8 月，果期 8—9 月。

生　　境　生于田野、路旁、草地、荒地及住宅附近，为常见农田杂草。

分　　布　黑龙江哈尔滨、牡丹江、伊春、七台河、鸡西、大庆、齐齐哈尔、佳木斯、黑河、加格达奇等地。吉林省各地。辽宁宽甸、凤城、本溪、桓仁、抚顺、新宾、西丰、鞍山市区、岫岩、海城、庄河、沈阳、绥中、彰武、凌源、建平、葫芦岛市区等地。内蒙古满洲里、新巴尔虎左旗、新巴尔虎右旗、科尔沁右翼中旗、扎鲁特旗、科尔沁左翼后旗等地。全国各地（广东、广西除外）。朝鲜、蒙古、俄罗斯（西伯利亚）。

采　　制　夏、秋季采收全草，除去杂质，洗净，晒干。

性味功效　味辛，性平。有清热解毒、活血、止血、利湿、通乳的功效。

主治用法 用于痢疾、腹泻、黄疸、咳嗽、吐血、便血、痈肿疔疮、子宫出血、崩漏、疳积、肿胀、皮炎、湿疹、乳汁不通、创伤出血、下肢溃疡、烧烫伤、跌打损伤、毒蛇咬伤等。水煎服。外用捣烂敷患处。

用　　量 5 ~ 10 g（鲜品 25 ~ 50 g）。外用适量。

附　　方

（1）治细菌性痢疾：地锦、铁苋菜、凤尾草各 1.25 kg，加水 8 L，煎至 3 L。加调味剂、防腐剂各适量。每次口服 30 ~ 40 ml，每日3 ~ 4 次。

（2）治菌痢、肠炎：地锦草鲜品 100 g（干品50 g）。水煎服，每日分 3 次服。或用地锦草500 g，加体积分数为 30% 的酒精 1000 ml，浸泡 24 h 过滤，每次服 15 ~ 20 ml，每日 3 次。

（3）治乳汁不通：地锦草 35 g，用公猪前蹄一只炖汤，以汤煎药，去渣，兑甜酒 100 ml，温服。

（4）治小儿疳积：地锦草 10 ~ 15 g，同鸡肝一个或猪肝 150 g 蒸熟，食肝及汤。

（5）治臁疮烂疮：地锦草适量焙干研末，用芝麻油或凡士林调和，外敷患处，每日 1 次。

（6）治水疱脚气：鲜地锦草适量。捣碎外敷患处，翌日患处即可脱皮痊愈，每验均效（辽宁民间方）。

（7）治咯血：地锦草 15 ~ 20 g。水煎服。早晚各服 1 次。此方对轻度咯血效果较好，并无副作用。

（8）治内痔出血、功能性子宫出血：地锦草25 g。水煎服。

附　　注 本品为《中华人民共和国药典》（2020 年版）收录的药材。

◎ 参考文献 ◎

[1] 江苏新医学院. 中药大辞典（上册）[M].
　　上海：上海科学技术出版社，1977：827-
　　828.

[2] 朱有昌. 东北药用植物 [M]. 哈尔滨：黑
　　龙江科学技术出版社，1989：678-679.

[3]《全国中草药汇编》编写组. 全国中草药
　　汇编（上册）[M]. 北京：人民卫生出版社，
　　1975：346-347.

▲ 地锦植株

▲ 地锦果实

▲ 地锦花

泽漆 *Euphorbia helioscopia* L.

别　　名	泽漆大戟
俗　　名	猫眼草　猫儿眼睛　烂肠草
药用部位	大戟科泽漆的全草。

原 植 物　一年生草本。茎直立，单一或自基部多分枝，分枝斜展向上，高 10 ~ 50 cm。叶互生，倒卵形或匙形，长 1.0 ~ 3.5 cm，宽 5 ~ 15 mm，先端具牙齿，中部以下渐狭或呈楔形；总苞叶 5，倒卵状长圆形，先端具牙齿，基部略渐狭，无柄；总伞幅 5，长 2 ~ 4 cm；苞叶 2，卵圆形，先端具牙齿，基部呈圆形。花序单生，有柄或近无柄；总苞钟状，光滑无毛，边缘 5 裂，裂片半圆形，边缘和内侧具柔毛；腺体 4，盘状，中部内凹，基部具短柄，淡褐色。雄花数枚，明显伸出总苞外；雌花 1，子房柄略伸出总苞边缘。蒴果三棱状阔圆形，光滑；具明显的三纵沟。花期 5—6 月，果期 8—9 月。

生　　境　生于山沟、路旁、荒野和山坡等处。

分　　布　吉林集安、通化、抚松、靖宇、安图、敦化、蛟河、磐石、桦甸、辉南、吉林、九台、舒兰、

▲泽漆花序　　　　　　　　　　　　　　　　▲泽漆花序（背）

伊通、东丰、梅河口等地。辽宁丹东市区、沈阳、营口、庄河、凤城、宽甸、桓仁、岫岩、本溪、新宾、西丰、营口、海城、瓦房店、大连市区、阜新、凌源、建昌、绥中、兴城等地。全国各地（除黑龙江、内蒙古、广东、海南、台湾、新疆、西藏外）。欧亚大陆、非洲（北部）。

采　　制　春、夏季采收全草，洗净，晒干。

性味功效　味辛、苦，性凉。有毒。有逐水消肿、散结、杀虫、解毒的功效。

主治用法　用于水肿、肝硬化腹腔积液、细菌性痢疾、淋巴结结核、结核性瘘管、癣疮、骨髓炎、神经性皮炎。水煎服。外用适量熬膏敷或研末调敷。

用　　量　5～15 g。外用适量。

附　　方

（1）治结核性肛瘘：泽漆全草。水煎过滤浓缩成流浸膏，直接涂于患处，盖上纱布，每日1次。

（2）治淋巴结结核：泽漆全草。水煎过滤熬膏，涂患处，盖上纱布，每日1次。

（3）治骨髓炎：泽漆、秋牡丹根、铁线莲、蒲公英、紫堇、甘草各等量。水煎服。

（4）治肺源性心脏病：鲜泽漆茎叶100 g。洗净切碎，加水500 ml，放鸡蛋2个煮熟，去壳刺孔，再煮数分钟。先吃鸡蛋后服汤，每日1剂。

（5）防治流行性腮腺炎：泽漆50 g（干品25 g）。加水300 ml，浓煎至150 ml，每次50 ml，日服3次，以愈为度。

◎参考文献◎

［1］江苏新医学院．中药大辞典（上册）[M]．上海：上海科学技术出版社，1977：1464-1465.

［2］朱有昌．东北药用植物[M]．哈尔滨：黑龙江科学技术出版社，1989：676-678.

［3］《全国中草药汇编》编写组．全国中草药汇编（上册）[M]．北京：人民卫生出版社，1975：469-470.

▲ 狼毒大戟幼株

▲ 狼毒大戟花

狼毒大戟 *Euphorbia fischeriana* Steud.

别　　名	狼毒　白狼毒大戟
俗　　名	猫眼草　猫眼根子　猫眼花　狼毒大戟疙瘩
	大猫眼草　山红萝卜根
药用部位	大戟科狼毒大戟的根。

原 植 物　多年生草本。茎单一不分枝，高 15 ~ 45 cm。叶互生，于茎下部鳞片状至卵状长圆形，向上渐大，逐渐过渡到正常茎生叶；茎生叶长圆形，长 4.0 ~ 6.5 cm，宽 1 ~ 2 cm，先端圆或尖；总苞叶同茎生叶，常 5；伞幅 5，次级总苞叶常 3，卵形，苞叶 2，三角状卵形，长与宽均约 2 cm。花序单生二歧分枝的顶端；总苞钟状，高约 4 mm，直径 4 ~ 5 mm，边缘 4 裂，裂片圆形；腺体 4，半圆形，淡褐色。雄花多枚，伸出总苞之外；雌花 1，子房柄长 3 ~ 5 mm；花柱 3，中部以下合生；柱头不分裂，中部微凹。蒴果卵球状，花柱宿存；成熟时分裂为 3 个分果片。花期 5—6 月，果期 6—7 月。

生　　境　生于林下、灌丛、草地及干燥的石质山坡上。

分　　布　黑龙江漠河、塔河、呼玛、黑河市区、嫩江、孙吴、逊克、嘉荫、讷河、北安、龙江、伊春市区、铁力、富锦、甘南、阿城、五常、尚志、海林、东宁、宁安、穆棱、林口、鸡东、密山、虎林、饶河、同江、抚远、方正、勃利、桦南、延寿、通河、木兰、汤原、依兰、庆安、绥棱等地。吉林长白山和西部草原各地。辽宁沈阳、凤城、建平等地。内蒙古额尔古纳、牙克石、鄂伦春旗、扎兰屯、阿尔山、科尔沁右翼中旗、扎鲁特旗、克什克腾旗、巴林左旗、巴林右旗、翁牛特旗、阿鲁科尔沁旗、东乌

▲ 狼毒大戟幼株

▲ 狼毒大戟幼苗

珠穆沁旗、西乌珠穆沁旗等地。河北、山东。朝鲜、俄罗斯（西伯利亚）、蒙古。

采　　制　春、秋季挖根，除去泥土，洗净，晒干。

性味功效　味辛，性平。有大毒。有逐水祛痰、破积杀虫、除湿止痒的功效。

主治用法　用于水肿腹胀、心腹疼痛、气管炎、咳嗽、气喘、淋巴结炎、皮肤结核、骨结核、副睾结核、疥癣、牛皮癣、神经性皮炎、痔瘘、阴道滴虫等。水煎服。或入丸、散。外用磨汁涂或研末调敷，或以狼毒大戟膏外搽。本品有毒，内服要特别小心，体弱者或孕妇禁用。

用　　量　炮制后 1.0 ~ 2.5 g。

附　　方

（1）治淋巴结结核：狼毒大戟片 2 kg，大枣 2 kg。将狼毒大戟片放锅内加水，上坐笼屉，把大枣洗净放屉上，将水烧开，保持开锅 3 h，取

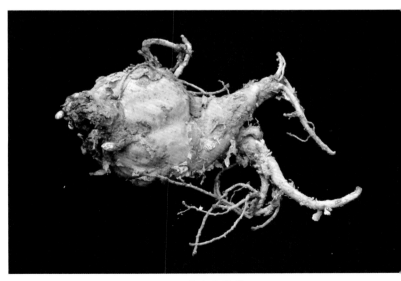

▲ 狼毒大戟根

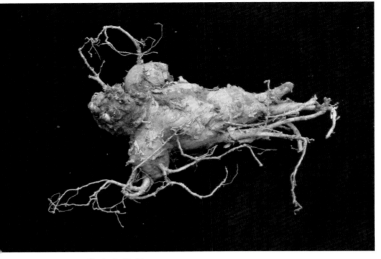

▲ 狼毒大戟根

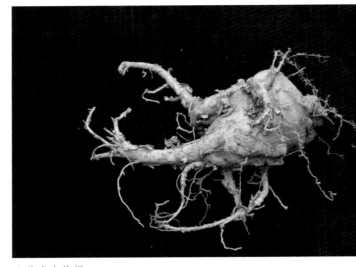

▲ 狼毒大戟根

▲ 狼毒大戟根

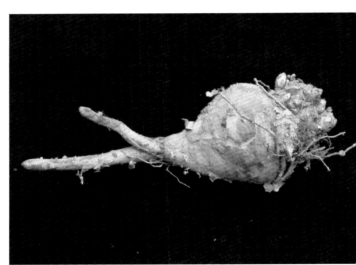

▲ 狼毒大戟根

▲ 狼毒大戟根

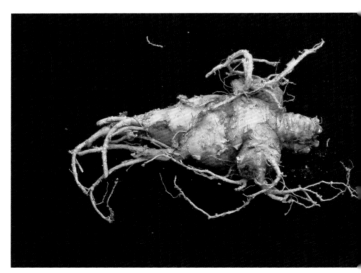

▲ 狼毒大戟根

▲ 狼毒大戟植株（侧）

大枣服用。日服 3 次，初服每次 10 个。如无副作用，可连续服用，以后每次增加 1 个。如有副作用，可减少 1 ~ 2 个。增加至每次 20 个枣即每日总量 60 个枣为极量。饭前服。忌辛辣食物，孕妇忌服。在蒸制狼毒大戟枣时，尽量避免接触食具，饭锅用后彻底刷净，严防中毒。

（2）治牛皮癣、神经性皮炎：将狼毒大戟熬膏，每日或隔日外搽 1 次。

（3）治阴道滴虫：狼毒大戟 2.5 g，荆芥 15 g，苦参 10 g，蛇床子 15 g，枯矾 2.5 g。水煎熏洗。

（4）治肿瘤：取狼毒大戟 5 g 放入 200 ml 水中煮后捞出，再打入鸡蛋 2 个煮熟后吃蛋喝汤。用于治疗胃癌、肝癌、肺癌、甲状腺乳头状腺癌等，治后症状减轻，少数病例可见肿瘤缩小。

（5）治睾丸结核：狼毒大戟、核桃、白矾各等量。烧存性，共研细末，每日 1 次，每次 4 g，开水送服。

▲ 狼毒大戟根

▲ 狼毒大戟植株

▲ 狼毒大戟果实

▲ 毛狼毒大戟果实

▲ 狼毒大戟花序

附　注

（1）全草含刺激性乳汁，皮肤接触后，能引起水疱，误食后会引起恶心、呕吐、出血性下痢、腹痛、出冷汗、面色苍白、血压下降、烦躁、眩晕、站立不稳、抽搐、痉挛，甚至死亡。

（2）本品为《中华人民共和国药典》（2020年版）收录的药材，也为东北地道药材。

（3）在东北尚有1变型：

毛狼毒大戟 f. pilosa（Regel）Kitag.，全株有毛。其他与原种同。

◎参考文献◎

[1] 江苏新医学院. 中药大辞典（下册）[M]. 上海:
　　上海科学技术出版社，1977: 1898-1900.

[2] 朱有昌. 东北药用植物 [M]. 哈尔滨: 黑龙江
　　科学技术出版社，1989: 681-682.

[3] 《全国中草药汇编》编写组. 全国中草药汇编(上
　　册）[M]. 北京: 人民卫生出版社，1975: 298-
　　300.

▲ 市场上的狼毒大戟根

▲ 狼毒大戟群落

▲ 林大戟植株

▲ 林大戟幼株

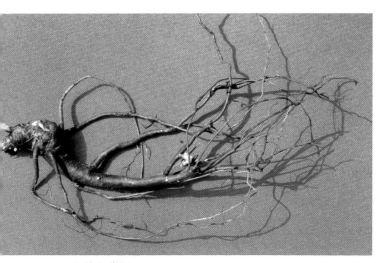

▲ 林大戟根

林大戟 *Euphorbia lucorum* Rupr.

别　　名	猫眼草
俗　　名	山猫眼
药用部位	大戟科林大戟的根。
原 植 物	多年生草本。根自基部多分枝或不分枝，

呈圆锥状，长 10 ～ 15 cm，暗褐色。茎单一或数
个发自基部，向上直立，高达 50 ～ 80 cm，顶部
多分枝。叶互生，椭圆形或长椭圆形，长 3 ～ 5 cm，
宽 1.0 ～ 1.5 cm，先端圆，基部渐狭；侧脉羽状；
近无叶柄；总苞叶常 5，近卵形，先端渐尖或尖；
伞幅 5，长 5.5 ～ 6.0 cm；次级苞叶 3，苞叶 2。
花序单生二歧聚伞分枝的顶端；总苞钟状，直径约
2.5 mm，高约 2 mm；腺体 4，狭椭圆形，暗褐色。
雄花多数，微伸出总苞外；雌花 1，子房柄明显伸
出总苞外；子房除沟外被长瘤；花柱 3，近基部合生；

柱头 2 裂。花期 5—6 月，果期 7—8 月。

生　境　生于林缘、路旁、山坡、灌丛及河岸附近等处。

分　布　黑龙江尚志、五常、海林、东宁、宁安、密山、虎林、勃利等地。吉林长白山各地。辽宁丹东市区、宽甸、凤城、本溪、桓仁、新宾、清原、鞍山等地。朝鲜、俄罗斯（西伯利亚中东部）。

采　制　春、秋季挖根，除去泥土，洗净，晒干。

性味功效　味辛，性平。有大毒。有逐水、通便、消肿、散结的功效。

主治用法　用于水肿腹胀、心腹疼痛、皮肤结核、骨结核及疥癣等。本品有毒，内服要特别小心，体弱者或孕妇禁用。

用　量　1.5 ~ 3.0 g。内服醋制用。外用适量，生用。

◎ 参考文献 ◎

[1] 朱有昌. 东北药用植物 [M]. 哈尔滨: 黑龙江科学技术出版社，1989: 683-684.

[2] 中国药材公司. 中国中药资源志要 [M]. 北京: 科学出版社，1994: 628.

[3] 江纪武. 药用植物辞典 [M]. 天津 天津科学技术出版社，2005: 316.

▲ 林大戟花

▲ 林大戟果实

▲ 林大戟幼苗

▲ 大戟植株

大戟 *Euphorbia pekinensis* Rupr.

别　　名　京大戟

俗　　名　山猫眼　猫眼草　猫儿眼

药用部位　大戟科大戟的根。

原植物　多年生草本。根圆柱状，长 20 ～ 30 cm。茎单生或自基部多分枝，每个分枝上部又 4 ～ 5 分枝，高 40 ～ 80 cm。叶互生，常为椭圆形，变异较大；主脉明显；总苞叶 4 ～ 7，长椭圆形，伞幅 4 ～ 7，长 2 ～ 5 cm；苞叶 2，近圆形，先端具短尖头。花序单生于二歧分枝顶端；总苞杯状，高约 3.5 mm，直径 3.5 ～ 4.0 mm，边缘 4 裂，裂片半圆形；腺体 4，半圆形或肾状圆形，淡褐色。雄花多数，伸出总苞之外；雌花 1，具较长的子房柄，柄长 3 ～ 6 mm；子房幼时被较密的瘤状突起；花柱 3，分离；柱头 2 裂。蒴果球状，长约 4.5 mm，直径 4.0 ～ 4.5 mm，被稀疏的瘤状突起。花期 6—7 月，果期 8—9 月。

生　　境　生于山坡、灌丛、路旁、荒地、草丛、林缘和疏林内等处。

分　　布　黑龙江大庆市区、安达、肇东、

▲ 大戟花序（侧）

▲ 大戟果实

▲ 大戟花序

肇源、泰来、虎林等地。吉林通榆、镇赉、洮南、前郭、长岭、双辽、九台、蛟河、通化等地。辽宁丹东市区、宽甸、凤城、桓仁、鞍山等地。内蒙古科尔沁左翼后旗。全国各地（除台湾、云南、西藏和新疆外）。朝鲜、日本。

采 制 春、秋季挖根，除去泥土，洗净，晒干。

性味功效 味苦、辛，性寒。有毒。有泻水逐饮、消肿散结的功效。

主治用法 用于水肿胀满、胸腹腔积液、痰饮积聚、气逆咳喘、二便不利、痈肿疮毒、瘰疬痰核。煎汤或入丸、散，或研粉冲服。外用叶适量捣烂敷患处。本品有毒，内服要特别小心，体弱者或孕妇禁用。

用 量 2.5～5.0 g。内服醋制用。外用适量，生用。

附 方
（1）治急、慢性肾炎水肿：将大戟根洗净，刮去粗皮，切片，每500 g加食盐15 g，加水混匀，焙干呈淡黄色，研成细粉，装入胶囊内，每次0.8 g～1.0 g，日服2次，隔日服1次，温开水空腹送服。6～9次为一个疗程，禁食生冷、辛辣、鱼腥及猪头肉等。

（2）治肝硬化腹腔积液：大戟根研粉，焙成咖啡色，装入胶囊，每粒0.5 g，每3～7 d服1次，每次

13～16粒，儿童酌减。早饭后2 h用温开水送服，连服至腹腔积液消失。腹腔积液消失后可服人参养荣丸调理。

（3）治水肿：大枣6 kg，锅内入水，上有四指，用大戟并根苗盖之一遍，盆合之，煮熟为度，去大戟不用，旋旋吃，无时。

（4）治腹腔积液胀满、二便不通：大戟1.5 g，牵牛子5 g，大枣5个。水煎服。

（5）治黄疸小便不通：大戟50 g，茵陈100 g。水浸空腹服。

（6）治淋巴结结核：大戟100 g，鸡蛋7个。共放砂锅内，水煮3 h，将蛋取出，每早去壳食鸡蛋1个。7 d为一个疗程。

附 注 本品为《中华人民共和国药典》（2020年版）收录的药材。

◎参考文献◎

[1] 江苏新医学院.中药大辞典（上册）[M].上海：上海科学技术出版社，1977：108-110.

[2] 朱有昌.东北药用植物[M].哈尔滨：黑龙江科学技术出版社，1989：683-684.

[3]《全国中草药汇编》编写组.全国中草药汇编（上册）[M].北京：人民卫生出版社，1975：469-470.

钩腺大戟 *Euphorbia sieboldiana* Morr.

别　　名	锥腺大戟
俗　　名	山猫眼
药用部位	大戟科钩腺大戟的根及根皮。

原 植 物　多年生草本。根状茎较粗状，基部具不定根，长 10 ～ 20 cm。茎单一或自基部多分枝，每个分枝向上再分枝，高 40 ～ 70 cm。叶互生，椭圆形、倒卵状披针形、长椭圆形，长 2 ～ 5 cm，宽 5 ～ 15 mm，先端钝或尖或渐尖；总苞叶 3 ～ 5，椭圆形或卵状椭圆形，伞幅 3 ～ 5，长 2 ～ 4 cm；苞叶 2，常呈肾状圆形。花序单生于二歧分枝的顶端；总苞杯状，高 3 ～ 4 mm，直径 3 ～ 5 mm，边缘 4 裂，裂片三角形或卵状三角形，腺体 4，新月形，两端具角，角尖钝或长刺芒状。雄花多数，伸出总苞之外；雌花 1，子房柄伸出总苞边缘；花柱 3，分离；柱头 2 裂。蒴果三棱状球状。花期 5—6 月，果期 7—8 月。

生　　境　生于田间、林缘、灌丛、林下、山坡及草地等处。

分　　布　黑龙江尚志、五常、东宁等地。吉林珲春、集安、吉林等地。辽宁庄河、长海等地。全国各地（除内蒙古、福建、海南、台湾、西藏、青海、新疆）。朝鲜、日本、俄罗斯（西伯利亚中东部）。

采　　制　春、秋季挖根，除去泥土，洗净，晒干。也可直接剥去根皮，晒干备用。

性味功效　味辛，性平。有毒。有散结杀虫、利尿泻下的功效。

主治用法　用于腹腔积液、便秘、肺结核、骨结核、皮肤结核、跌打损伤、干湿疥疮、顽癣等。本品有毒，内服要特别小心，体弱者或孕妇禁用。

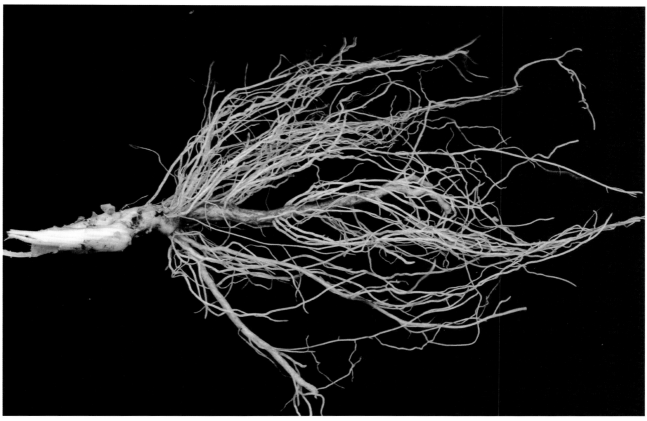

▲ 钩腺大戟根

▼ 钩腺大戟花序

用　　量　适量。

◎参考文献◎

[1] 中国药材公司.中国中药
　　资源志要[M].北京：科学
　　出版社，1994：630.
[2] 江纪武.药用植物辞典[M].
　　天津：天津科学技术出版
　　社，2005：318.

▲ 东北大戟植株

▲ 东北大戟幼株

▲ 东北大戟根

东北大戟 *Euphorbia mandshurica* Maxim.

俗　名　山猫眼

药用部位　大戟科东北大戟的根。

原 植 物　多年生草本，高 25 ～ 90 cm。茎直立，基部带紫红色，上部有时分枝。叶较密，叶质坚实，近无柄；叶片卵状长圆形、狭椭圆形、卵状披针形或卵形，长 2 ～ 5 cm，宽 0.8 ～ 2.0 cm，基部圆形或圆楔形，先端钝，有时微凹，全缘，表面绿色，背面灰绿色，叶脉较明显；分枝上的叶长圆形或倒披针形。总花序顶生，具伞梗 5 ～ 12，伞梗基部具轮生苞叶 5 ～ 12，苞叶长圆状卵形、卵形或卵圆形；杯状总苞钟形，黄绿色，缘部 4 裂，腺体 4；子房具 3 纵槽，花柱 3，于 1/2 稍下处离生先端各 2 裂。蒴果近球形，3 瓣裂，平滑无毛。种子卵状球形，灰棕色，平滑。花期 5—6 月，果期 7—8 月。

生　境　生于河边沙丘及沙质地、河岸湿地及灌丛间、向阳山坡的石砾质地及林缘，常聚集成片生长。

分　布　黑龙江尚志、五常、东宁等地。吉林蛟河、通化、吉林等地。辽宁丹东市区、凤城、本溪、岫岩、鞍山市区等地。内蒙古牙克石、阿尔山等地。朝鲜、俄罗斯（西

▲东北大戟果实

伯利亚）。

采制 春、秋季挖根，除去泥土，洗净，晒干。

性味功效 味苦，性寒。有毒。有泻水逐饮的功效。

主治用法 用于水肿、血吸虫病、肝硬化、结核性腹膜炎引起的腹腔积液、胸腔积液、痰饮积聚、疔疮疖肿。研粉冲服（每次0.75～1.00 g）。外用鲜叶适量捣烂敷患处。本品有毒，内服要特别小心，体弱者或孕妇禁用。

用量 2.5～5.0 g。外用适量。

◎参考文献◎

[1] 中国药材公司. 中国中药资源志要 [M]. 北京：科学出版社，1994：630.
[2] 江纪武. 药用植物辞典 [M]. 天津：天津科学技术出版社，2005：318.

▲东北大戟花序

▲乳浆大戟花序

乳浆大戟 *Euphorbia esula* L.

别　　名	华北大戟　东北大戟　松叶乳汁大戟　宽叶乳浆大戟　乳浆草　猫儿眼
俗　　名	烂疤眼　猫眼草
药用部位	大戟科乳浆大戟的根（入药称"鸡肠狼毒"）。
原 植 物	多年生草本。根圆柱状，长 20 cm 以上，褐色或黑褐色。茎单生或丛生，单生时自基部多分枝，高 30 ~ 60 cm，直径 3 ~ 5 mm；叶线形至卵形，长 2 ~ 7 cm，宽 4 ~ 7 mm，先端尖或钝尖；无叶柄；不育枝叶常为松针状，长 2 ~ 3 cm；总苞叶 3 ~ 5，与茎生叶同形；伞幅 3 ~ 5，长 2 ~ 5 cm；苞叶 2，常为肾形，少为卵形或三角状卵形。花序单生于二歧分枝的顶端，基部无柄；总苞钟状，高约 3 mm，直径 2.5 ~ 3.0 mm，边缘 5 裂，裂片半圆形至三角形；腺体 4，新月形，两端具角，褐色。雄花多枚，苞片宽线形；雌花 1，子房柄明显伸出总苞之外；花柱 3，分离；柱头 2 裂。花期 5—6 月，果期 7—8 月。
生　　境	生于路旁、杂草丛、山坡、林下、河沟边、荒山、沙丘及海边沙地等处。
分　　布	黑龙江安达、大庆市区、泰来、杜尔伯特、肇东、肇源、密山、虎林、宾县、黑河市区、孙吴、呼玛等地。吉林通榆、镇赉、洮南、长岭、前郭、大安、双辽、磐石、蛟河、永吉、九台、舒兰、伊通、东丰、梅河口等地。辽宁丹东、本溪、铁岭、法库、昌图、凌海、盘山、台安、辽中、沈阳市区、新民、鞍山、海城、盖州、瓦房店、长海、大连市区、北镇、黑山、兴城、开原、朝阳、凌源、建昌、建平、阜新、彰武等地。内蒙古阿尔山、科尔沁右翼前旗、科尔沁左翼中旗、科尔沁右翼中旗、科尔沁左翼后旗、扎赉特旗、扎鲁特旗、奈曼旗、阿鲁科尔沁旗等地。全国各地（除海南、贵州、云南和西藏外）。广布于欧亚大陆，且归化于北美洲。
采　　制	春、秋季挖根，除去泥土，洗净，晒干。
性味功效	味苦、辛，性微寒。有毒。有利尿消肿、拔毒止痒、杀虫的功效。

▼乳浆大戟植株

主治用法　用于四肢水肿、小便淋痛不利、疝疾、瘰疬、疮癣瘙痒。熬膏外敷或碾粉用芝麻油调敷患处（用此药敷能拔出疮内脓水，待疮口干净则停药，改敷生肌长肉药）。本品有毒，内服要特别小心，体弱者或孕妇禁用。

用　　量　3～9 g。外用适量。

附　　方

（1）治颈淋巴结结核：乳浆大戟9 g，鸡蛋3个。乳浆大戟切碎水煎，再将鸡蛋打入煮熟，单吃鸡蛋，7 d吃1次，连吃7～10次。适用于未溃破的淋巴结结核。如已破成瘘管，则熬成乳浆大戟膏，外敷患处。

（2）治慢性气管炎：乳浆大戟（去根）、葶苈子、沙参各等量。共研细末，压成0.5 g片剂。每次服4片，每日3次。10 d为一个疗程。疗程间停药7～10 d。又方：乳浆大戟、白头翁各4份，炒杏仁、麻黄各1份。共为细末，水泛为丸，如绿豆大，每次服5 g（30粒），每日3次。10 d为一个疗程。疗程间停药7～10 d。

（3）治癣疮发痒：乳浆大戟适量研末。用芝麻油、花生油或猪油调敷患处。

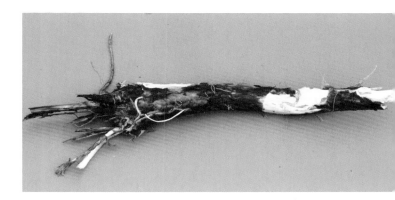

▲乳浆大戟根

（4）治疮疖（未溃）、痈肿、淋巴结结核：乳浆大戟 15 g，鲜蒲公英 25 g。捣烂外敷患处。

（5）治腮腺炎：乳浆大戟 15 g，鲜蒲公英 25 g，鲜大葱根 15 g。一同捣烂，外敷患处。

（6）治疮疖及淋巴结结核：乳浆大戟、苍耳草、蒲公英各等量。先将全草洗净，切碎，分别用水煎 2 h，澄清挤出药液去渣，再将三种药液混合，加热浓缩至滴时成线状不断，即用文火再熬，随时搅拌，先起小泡，当起大泡（中央一个大气泡）时，立即离火，放冷后即可摊成膏药。加体积分数为 3% ~ 5% 的蓖麻油及质量分数为 2% ~ 3% 的松香进行固定，此拔毒膏不变形、不变软，四季都可用，用时贴患处。

◎ 参考文献 ◎

[1] 江苏新医学院. 中药大辞典（上册）[M]. 上海：上海科学技术出版社，1977：1219.

[2] 朱有昌. 东北药用植物 [M]. 哈尔滨：黑龙江科学技术出版社，1989：674-676.

[3] 钱信忠. 中国本草彩色图鉴（第三卷）[M]. 北京：人民卫生出版社，2003：165-166.

▲ 乳浆大戟幼株

▲ 乳浆大戟花（侧）

▲ 乳浆大戟花

▲ 猫眼草植株

▲ 猫眼草花序

猫眼草 *Euphorbia lunulata* Bge.

别　名　耳叶大戟　华北大戟

药用部位　大戟科猫眼草的根。

原植物　多年生草本，高达 40 cm。茎通常分枝，基部坚硬。下部叶鳞片状，早落；中上部叶狭条状披针形，长 2 ~ 5 cm，宽 2 ~ 3 mm，先端钝或具短尖，两面无毛。杯状聚伞花序顶生者通常有伞梗 4 ~ 9，基部有轮生叶与茎上部叶同形；腋生者具伞梗 1；每个伞梗再分叉 2 ~ 3，各有扇状半圆形或三角状心形苞叶 1 对；总苞杯状，无毛，先端 4 裂，裂片间无片状附属物，腺体 4，新月形，黄褐色，两端有短角；雄蕊 1；子房 3 室，花柱 3，分离，柱头 2 浅裂。蒴果扁球形，无毛；种子长圆形，长约 2 mm，光滑，一边有纵沟，无网纹及斑点。花期 5—6 月，果期 7—8 月。

生　境　生于山坡、草甸、山谷或河岸向阳处。

分　布　黑龙江塔河、呼玛、安达等地。辽宁本溪、铁岭、北镇、沈阳、大连等地。内蒙古海拉尔、阿尔山、科尔沁右翼前旗等地。河北、陕西、山东、江苏。

附　注　其采制、性味功效、主治用法、用量同乳浆大戟。

◎ 参考文献 ◎

[1] 江纪武. 药用植物辞典 [M]. 天津：天津科学技术出版社，2005：315.

雀舌木属 *Leptopus* Decne.

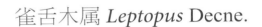

雀儿舌头 *Leptopus chinensis*（Bge.）Pojark.

别　　名	黑钩叶
俗　　名	断肠草
药用部位	大戟科雀儿舌头的叶、嫩苗及枝条。
原 植 物	落叶直立灌木，高达3 m；茎上部和小枝条具棱。

叶片椭圆形或披针形，长1～5 cm，宽0.4～2.5 cm，叶面深绿色，叶背浅绿色；叶柄长2～8 mm；花小，雌雄同株，单生或2～4朵簇生于叶腋；5数。雄花：花梗丝状，长6～10 mm；萼片卵形，浅绿色，膜质，具有脉纹；花瓣白色，匙形，长1.0～1.5 mm，膜质；花盘腺体5，分离，顶端2深裂；雄蕊离生，花丝丝状，花药卵圆形。雌花：花梗长1.5～2.5 cm；花瓣倒卵形，长1.5 mm，宽0.7 mm；萼片与雄花的相同；花盘环状，10裂至中部，裂片长圆形；子房近球形，3室，每室有胚珠2，花柱3，2深裂。花期5—8月，果期7—10月。

▲雀儿舌头果实

▲ 雀儿舌头植株

▼ 雀儿舌头雌花

▼ 雀儿舌头雄花

生　　境　生于山地灌丛、林缘、路旁、岩崖及石缝中。

分　　布　吉林通榆、镇赉、洮南等地。辽宁建昌、绥中、凌源、兴城、大连等地。内蒙古扎赉特旗、克什克腾旗、正蓝旗、多伦等地。全国大部分地区（除黑龙江、新疆、福建、海南、广东外）。朝鲜。

采　　制　春、夏季采摘叶，除去杂质，洗净，晒干。春季采收刚萌发的幼苗，洗净，晒干。四季割去枝条，切段，晒干。

主治用法　叶及嫩苗：用于腹痛、杀虫等。枝条：用于全身瘫痪等。

用　　量　适量。

附　　注　嫩枝叶有毒，羊类多吃会致死。入药时要特别谨慎小心。

◎ 参考文献 ◎

[1] 中国药材公司. 中国中药资源志要 [M]. 北京：科学出版社，1994：634.

[2] 江纪武. 药用植物辞典 [M]. 天津：天津科学技术出版社，2005：453.

叶下珠属 *Phyllanthus* L.

黄珠子草 *Phyllanthus virgatus* Forst. f.

药用部位　大戟科黄珠子草的全草。

原植物　一年生草本，通常直立，高 20 ~ 40 cm；枝条通常自茎基部发出，上部扁平而具棱。叶片近革质，线状披针形、长圆形或狭椭圆形，长 5 ~ 25 mm，宽 2 ~ 7 mm，顶端钝或急尖，有小尖头；托叶膜质，卵状三角形，长约 1 mm，褐红色。雄花 2 ~ 4 朵和 1 朵雌花同簇生于叶腋；雄花：直径约 1 mm；花梗长约 2 mm；萼片 6，宽卵形或近圆形；雄花 3，花丝分离，花药近球形；花盘腺体 6，长圆形；雌花：花梗长约 5 mm；花萼深 6 裂，裂片卵状长圆形，长约 1 mm，紫红色，外折，边缘稍膜质；花盘圆盘状，不分裂；子房圆球形，3 室，具鳞片状突起，花柱分离，2 深裂几达基部，反卷。蒴果扁球形，直径 2 ~ 3 mm，紫红色，有鳞片状突起；萼片宿存。花期 7 月，果期 8—9 月。

生　境　生于多石砾山坡，林缘湿地及河岸石砬子缝间等处。

分　布　黑龙江安达、肇源等地。吉林集安、通化等地。辽宁本溪、抚顺、东港、庄河、海城、大连市区等地。河北、山西、陕西、广东、广西。朝鲜。

采　制　夏、秋季采收全草，洗净，晒干。

性味功效　味甘，性平。有消食、退翳的功效。

主治用法　全草：用于淋病、骨哽喉、小儿疳积等。水煎服。外用捣敷或煎水熏洗。

用　量　15 ~ 25 g。外用适量。

▲黄珠子草果实（侧）

附　注　根入药，可治疗乳房脓肿、乳腺炎等。

◎ 参考文献 ◎

[1] 江苏新医学院. 中药大辞典（下册）[M]. 上海：上海科学技术出版社，1977：2073.

[2] 江纪武. 药用植物辞典[M]. 天津：天津科学技术出版社，2005：598.

▲黄珠子草果实

一叶萩雌花

▲一叶萩枝条

▲一叶萩种子

白饭树属 *Flueggea* Willd.

一叶萩 *Flueggea suffruticosa*（Pall.）Baill.

别　　名	叶底珠　叶下珠
俗　　名	狗杏条　山扫条　白帚条　山帚条　花帚条　山茗帚　横子
药用部位	大戟科一叶萩的嫩枝叶及根。
原植物	落叶灌木，高 1 ~ 3 m，多分枝；小枝浅绿色，近圆柱形，有棱槽。叶片纸质，椭圆形或长椭圆形，长 1.5 ~ 8.0 cm，宽 1 ~ 3 cm，全缘或间中有不整齐的波状齿或细锯齿；叶柄长 2 ~ 8 mm；托叶卵状披针形，宿存。花小，雌雄异株，簇生于叶腋。雄花 3 ~ 18 朵簇生；花梗长 2.5 ~ 5.5 mm；萼片通常 5，椭圆形至卵形，长 1.0 ~ 1.5 mm，宽 0.5 ~ 1.5 mm；雄蕊 5，花丝长 1.0 ~ 2.2 mm，花药卵圆形。雌花花梗长 2 ~ 15 mm；

▲一叶萩植株（花期）

萼片 5，椭圆形至卵形，长 1.0 ～ 1.5 mm；花盘盘状，全缘或近全缘；子房卵圆形，2 ～ 3 室，花柱 3，长 1.0 ～ 1.8 mm。蒴果三棱状扁球形，红褐色，有网纹，3 瓣裂。花期 6—7 月，果期 8—9 月。

生　境　生于干燥山坡、林缘、沟边及灌丛等处。

分　布　黑龙江黑河、哈尔滨、牡丹江等地。吉林省各地。辽宁沈阳市区、宽甸、凤城、抚顺、西丰、清原、岫岩、鞍山市区、大连、法库、建昌、绥中、凌源、义县、绥中、兴城、彰武等地。内蒙古额尔古纳、牙克石、鄂伦春旗、鄂温克旗、科尔沁右翼前旗、扎赉特旗、阿鲁科尔沁旗、克什克腾旗等地。河北、山东、江苏、浙江、安徽、福建、山西、河南、陕西、四川。朝鲜、俄罗斯、蒙古、日本。

采　制　花期采嫩枝叶，除去杂质，晒干。春、秋季采挖根，除去泥土，洗净，晒干。

性味功效　味辛、苦，性温。有毒。有活血舒筋、健脾益肾、祛风补虚的功效。

主治用法　用于风湿腰痛、四肢麻木、耳聋、肾虚、嗜睡症、偏瘫、

▲一叶萩雄花序

▼一叶萩雄花

▲一叶萩植株（果期）

阳痿、面部神经麻痹及小儿麻痹后遗症等。水煎服。

用　量　15 ~ 25 g。

附　方

（1）治阳痿：一叶萩根 25 ~ 30 g。水煎服。

（2）治面神经麻痹：面部穴位注射本品提取的硝酸一叶萩碱 3 ~ 4 mg，每日 1 次，12 次为一个疗程。患侧部穴位注射，药液体积分数为 0.4%，共选 9 个穴位，分 3 组轮流注射。第 1 组：太阳、阳白、四白；第 2 组：牵正、面瘫 1、迎香；第 3 组：颊车、面瘫 2、地仓。每日 1 组，每穴注射 0.2 ~ 0.3 ml。

（3）治小儿麻痹后遗症：硝酸一叶萩碱按年龄体重不同，剂量为 4 ~ 14 mg（0.2 ~ 0.3 mg/kg 体重），穴位注射，每日 1 次。10 ~ 15 d 为一个疗程。用药后，可使病人患肢血液循环改善，温度增高，肌力增加，功效改进。

（4）治眩晕、耳聋、兴奋性降低的神经衰弱、嗜睡症：硝酸一叶萩碱 2 mg，皮下或肌肉注射，每日 1 次，10 ~ 15 d 为一个疗程。

◎ 参考文献 ◎

[1] 江苏新医学院. 中药大辞典（上册）[M].
　　上海：上海科学技术出版社，1977：2-3.

[2] 朱有昌. 东北药用植物 [M]. 哈尔滨：黑龙江
　　科学技术出版社，1989：687-689.

[3]《全国中草药汇编》编写组. 全国中草药汇
　　编（上册）[M]. 北京：人民卫生出版社，
　　1975：264-265.

市场上的一叶萩枝条

▲一叶萩果实

▲ 地构叶植株

▲ 地构叶果实

地构叶属 *Speranskia* Baill.

地构叶 *Speranskia tuberculata*（Bge.）Baill.

别　　名	珍珠透骨草　瘤果地构叶　海地透骨草　透骨草
俗　　名	气死大夫草　发饱草
药用部位	大戟科地构叶的全草（入药称"透骨草"）。

原 植 物 多年生草本；茎直立，高 25 ～ 50 cm，分枝较多。叶卵状披针形，长 1.8 ～ 5.5 cm，宽 0.5 ～ 2.5 cm，边缘具疏离圆齿或有时深裂；叶近无柄；托叶卵状披针形。总状花序长 6 ～ 15 cm，上部有雄花 20 ～ 30，下部有雌花 6 ～ 10，位于花序中部的雌花的两侧有时具雄花 1 ～ 2；苞片卵状披针形或卵形，长 1 ～ 2 mm。雄花 2 ～ 4 朵生于苞腋，花梗长约 1 mm；花萼裂片卵形；花瓣倒心形，具爪；雄蕊 8 ～ 15。雌花 1 ～ 2 朵生于苞腋，花梗长约 1 mm；花萼裂片卵状披针形，顶端渐尖，疏被长柔毛，花瓣与雄花相似，具脉纹；花柱 3，各 2 深裂，裂片呈羽状撕裂。花期 5—6 月，果期 8—9 月。

▲ 地构叶花（侧）

▲ 地构叶花

生　　境　生于草原沙质地、干燥山坡、草甸及灌丛中等处。

分　　布　黑龙江安达、大庆市区、肇东、肇源等地。吉林通榆、镇赉、洮南、长岭、前郭、大安、扶余、农安等地。辽宁阜新、彰武、朝阳、北票、喀左、凌源、瓦房店等地。内蒙古鄂伦春旗、科尔沁右翼中旗、科尔沁左翼中旗、扎赉特旗、科尔沁左翼后旗等地。河北、河南、山西、陕西、甘肃、山东、江苏、安徽、四川。朝鲜。

采　　制　夏、秋季采收全草，洗净，晒干。

性味功效　味辛、苦，性温。有毒。有活血舒筋、健脾益肾、祛风补虚的功效。

主治用法　用于风湿关节痛、肢体瘫痪、阴囊湿疹、疮疡肿毒、寒湿脚气等。水煎服或入丸、散。外用煎水洗患处。

用　　量　15～25 g。外用适量。

附　　方

（1）治风湿关节痛：地构叶、防风、苍术、黄檗各15 g，鸡血藤25 g，牛膝20 g。水煎服。或单独用地构叶25 g。水煎服。

（2）治肿毒初起：地构叶、漏芦、防风、地榆各等量。煎汤棉蘸，乘热不住荡之。

（3）治阴囊湿疹、疮疡肿毒：地构叶、蛇床子、白鲜皮、艾叶。煎水外洗。

（4）治消化不良及便秘：地构叶根50 g。每日1剂，煎服2次，煎液加糖适量（内蒙古鄂尔多斯民间方）。

（5）治膨闷胀饱：地构叶全草15 g。水煎服（辽宁瓦房店民间方）。

附　　注　根有毒，能泻下逐水，可治疗便秘、腹腔积液。煎服或煎水洗敷。孕妇忌用。

◎ 参考文献 ◎

[1] 江苏新医学院 . 中药大辞典（下册）[M].上海：上海科学技术出版社，1977：1878-1879.

[2] 朱有昌 . 东北药用植物 [M]. 哈尔滨：黑龙江科学技术出版社，1989：689-690.

[3]《全国中草药汇编》编写组. 全国中草药汇编(上册) [M]. 北京：人民卫生出版社，1975：713-714.

▲内蒙古自治区科尔沁右翼前旗乌兰毛都九曲湾草原夏季景观

▲ 白鲜幼苗

▲ 白鲜幼株

芸香科 Rutaceae

本科共收录 5 属、5 种。

白鲜属 *Dictamnus* L.

白鲜 *Dictamnus dasycarpus* Turcz.

| 别　　名 | 白藓　白鲜皮 |

俗　　名　八股牛　野花椒　羊鲜草　八木籽　好汉拔　山牡丹
羊藓草

药用部位　芸香科白鲜的干燥根皮（称"白鲜皮"）。

原植物　多年生草本，茎高 40 ~ 100 cm。根斜生，肉质粗长，淡黄白色。茎直立，幼嫩部分密被水泡状油点。叶有小叶 9 ~ 13，对生，无柄，顶生小叶具长柄，椭圆至长圆形，长 3 ~ 12 cm，宽 1 ~ 5 cm，叶缘有细锯齿；叶轴有甚狭窄的翼叶。总状花序长可达 30 cm；花梗长 1.0 ~ 1.5 cm；苞片狭披针形；萼片长 6 ~ 8 mm，宽 2 ~ 3 mm；花瓣白色带淡紫红色或粉红色带深紫红色脉纹，倒披针形，长 2.0 ~ 2.5 cm，宽 5 ~ 8 mm；雄蕊伸出花瓣外；萼片及花瓣均密生透明油点。蓇葖果沿腹缝线开裂为 5 瓣，每瓣又深裂为 2 小瓣，瓣的顶角短尖，有种子 2 ~ 3。花期 6 月，果期 8—9 月。

生　　境　生于山坡、林下、林缘或草甸等处。

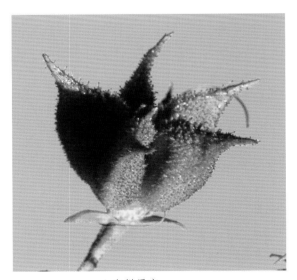

▲ 白鲜果实

▲ 白鲜植株

▲ 白鲜群落

▲ 白鲜花（背）

▲ 白鲜花序（粉色）

分　　布　黑龙江黑河市区、牡丹江市区、佳木斯市区、伊春市区、七台河市区、鸡西市区、密山、齐齐哈尔市区、五大连池、阿城、宾县、五常、尚志、宁安、海林、东宁、林口、穆棱、虎林、鸡东、饶河、富锦、集贤、宝清、桦南、勃利、延寿、方正、巴彦、木兰、依兰、通河、汤原、铁力、庆安、绥棱、绥化、望奎、北安、克山等地。吉林省各地。辽宁凌源、建昌、北镇、沈阳、昌图、开原、新宾、本溪、鞍山市区、凤城、宽甸、桓仁、盖州、瓦房店、大连市区等地。内蒙古额尔古纳、牙克石、鄂伦春旗、鄂温克旗、扎兰屯、科尔沁右翼前旗、扎鲁特旗、克什克腾旗、巴林左旗、巴林右旗、翁牛特旗、阿鲁科尔沁旗、东乌珠穆沁旗、西乌珠穆沁旗、正蓝旗、多伦等地。河北、山东、河南、山西、陕西、宁夏、甘肃、新疆、安徽、江苏、江西、四川。朝鲜、俄罗斯（西伯利亚中东部）、蒙古。

采　　制　春、秋季采挖根，洗净，剪掉须根，刮去外表糙皮，纵向剖开，抽去木心，切片，晒干。

性味功效　味苦、咸，性寒。有清热燥湿、祛风解毒、杀虫止痒的功效。

主治用法　用于风热疮毒、疥癣、皮肤瘙痒、风湿痹痛、黄疸、刀伤、肝炎、淋巴结炎、产后中风、荨麻疹、痔疮、湿疹、黄水疮、漆疮及阴部瘙痒等。水煎服。外用干品适量研末敷患处。

▲ 白鲜花

▼ 白鲜花序（白色）

用　量　10～25 g。外用适量。

附　方

（1）治外伤出血：白鲜皮研细粉。敷患处。

（2）治阴囊湿疹：白鲜皮100 g。煎水洗。

（3）治淋巴结结核、疥疮、外伤出血：白鲜皮研细粉。敷患处（东北民间方）。

（4）治淋巴结炎、头痛：白鲜皮适量。研粉（鲜品捣碎），加玉米饭或高粱米饭（忌用小米饭），捣成糊状敷患处。感觉蜇痛时取下，时间过长则皮肤发疱（辽宁本溪民间方）。

（5）治急性黄疸型肝炎：白鲜皮15 g，茵陈蒿50 g。水煎服，日服2次。

（6）治皮肤湿疹、皮肤瘙痒症：白鲜皮、苦参各150 g。做水丸，每次服10 g，开水送服，每日2次，并可单用白鲜皮适量，煎汤外洗，每日1～2次。

（7）治痔疮：白鲜皮100 g（干品），茅莓鲜根150～200 g。煎汤放于罐内，患者坐在罐上，围上被子趁热气熏之出汗（辽宁瓦房店民间方）。

（8）治荨麻疹：白鲜皮、威灵仙、苦参、蛇床子各15 g。共研细末，每次10 g，开水冲服，日服2次。

（9）治漆疮：白鲜根煎水外洗或捣碎外敷（辽宁本溪民间方）。

▲ 白鲜种子

▲ 白鲜花序（粉紫色）

附　注

（1）本品为《中华人民共和国药典》（2020年版）收录的药材，也为东北地道药材。

（2）全草有毒，人接触到蒴果在阳光下暴晒，皮肤会出现红色斑点，偶尔会出现黄豆粒大小的水疱。

（3）本种的根皮是止血的特效药，在民间有"家有八股牛，止血不用愁"的说法；把本品的根削成碎屑或碾成细末可用于止血。

◎参考文献◎

［1］江苏新医学院.中药大辞典（上册）[M].上海：上海科学技术出版社，1977：737-739.

［2］朱有昌.东北药用植物[M].哈尔滨：黑龙江科学技术出版社，1989：655-658.

［3］《全国中草药汇编》编写组.全国中草药汇编(上册)[M].北京：人民卫生出版社，1975：302.

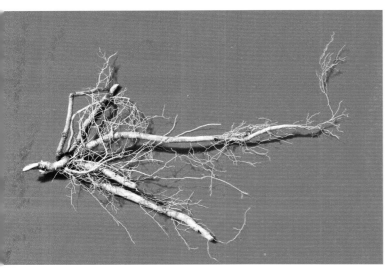

▲ 白鲜根

▲ 市场上的白鲜根皮

▲ 臭檀吴萸植株

▲ 臭檀吴萸种子

吴茱萸属 *Evodia* J. R. et G. Forst.

臭檀吴萸 *Evodia daniellii*（Benn.）Hemsl.

别　　名	臭檀　臭檀吴茱萸
药用部位	芸香科臭檀吴萸的果实。

原 植 物　落叶乔木,高可达 10 m,胸径约 50 cm。叶有小叶 5 ～ 11,小叶纸质,卵状椭圆形,长 6 ～ 15 cm,宽 3 ～ 7 cm,有时一侧略偏斜,散生少数油点或油点不显,叶缘有细钝裂齿;小叶柄长 2 ～ 6 mm。伞房状聚伞花序,花序轴及分枝被灰白色或棕黄色柔毛,花蕾近圆球形;萼片及花瓣均 5;萼片卵形,长不及 1 mm;花瓣长约 3 mm;雄花的退化雌蕊圆锥状,顶部 4 ～ 5 裂,裂片约与不育子房等长;雌花的退化雄蕊约为子房长的 1/4,鳞片状。分果片紫红色,干后变淡黄或淡棕色,顶端有芒尖,内、外果皮均较薄,内果皮干后软骨质,蜡黄色,每分果片有种子 2。花期 6—7 月,果期 9—10 月。

生　　境　生于山崖及山坡等处。

分　　布　辽宁大连市区、长海等地。河北、山东、山西、河南、湖北、陕西、甘肃。朝鲜、日本。

采　　制　秋季剪取近成熟的果序,晒干后搓下果实,去净枝叶,再晒至全干。

性味功效　味辛、苦,性温。有散寒、温中、止痛的功效。

主治用法　用于脘腹冷痛、疝气痛、口腔溃疡、齿痛等。水煎服。

▲臭檀吴萸枝条（果期）

用　量　1 ~ 3 g。

◎参考文献◎

[1]中国药材公司．中国中药资源志要[M]．北京：科学出版社，1994:647.

[2]江纪武．药用植物辞典[M]．天津：天津科学技术出版社，2005:320.

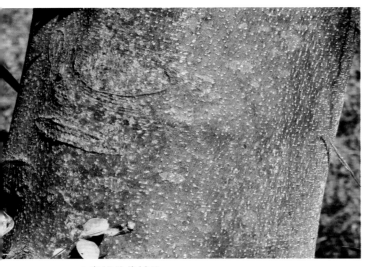

▲臭檀吴萸树干

▲臭檀吴萸果实

▲臭檀吴萸枝条（花期）

▼臭檀吴萸花序

▲ 北芸香群落

拟芸香属 *Haplophyllum* A. Juss.

▲ 北芸香果实

北芸香 *Haplophyllum dauricum*（L.）G. Don

别　　名　假芸香　单叶芸香　草芸香
药用部位　芸香科北芸香的全草。
原 植 物　多年生宿根草本。茎枝甚多，密集成
束状或松散，小枝细长，长 10～20 cm。叶狭
披针形至线形，长 5～20 mm，宽 1～5 mm，
两端尖，位于枝下部的叶片较小，通常倒披针形，
灰绿色，油点甚多，中脉不明显，几无叶柄。伞
房状聚伞花序顶生，通常多花，苞片细小，线形；
萼片 5，基部合生，花瓣 5，黄色，边缘薄膜质，
淡黄色或白色，长圆形，长 6～8 mm，散生半
透明颇大的油点；雄蕊 10，与花瓣等长或略短，
花药长椭圆形，药隔顶端有一大而稍突起的油点；
子房球形而略伸长，3 室，柱头略增大。成熟果
自顶部开裂，在果柄处分离而脱落，每分果片有

▲ 北芸香植株

种子 2。花期 6—7 月，果期 8—9 月。

生　境　生于山坡、草地及岩石旁等处。

分　布　黑龙江安达、大庆市区、肇源、肇东、泰来等地。吉林通榆、镇赉、洮南、大安、前郭、长岭、双辽等地。内蒙古满洲里、海拉尔、新巴尔虎右旗、科尔沁右翼前旗、科尔沁右翼中旗、科尔沁左翼中旗、科尔沁左翼后旗、奈曼旗、扎赉特旗、扎鲁特旗、突泉、克什克腾旗、巴林左旗、巴林右旗、翁牛特旗、阿鲁科尔沁旗、东乌珠穆沁旗、西乌珠穆沁旗、苏尼特左旗、苏尼特右旗、镶黄旗、正镶白旗、太仆寺旗、正蓝旗、多伦等地。河北、宁夏、甘肃、新疆。俄罗斯（西伯利亚）、蒙古。

采　制　夏、秋季采收全草，去掉杂质，洗净，晒干。

附　注　本种为内蒙古地区药用植物。

▲ 北芸香花

▲ 北芸香花（背）

◎ 参考文献 ◎

[1] 江纪武 . 药用植物辞典 [M]. 天津：天津科学技术出版社，2005: 376.

▲北芸香植株（侧）

▼北芸香花序

黄檗属 *Phellodendron* Rupr.

黄檗 *Phellodendron amurense* Rupr.

别　　名　黄檗木　关黄檗　檗木

俗　　名　黄菠萝　黄柏木　黄波罗　黄菠罗　黄菠萝树

药用部位　芸香科黄檗去栓皮的树皮（称"黄檗""元柏""关黄檗"）。

原 植 物　落叶乔木，树高 10 ～ 20 m，枝扩展，大树树皮有木栓层，浅灰色或灰褐色，内皮薄，鲜黄色，味苦，黏质，小枝暗紫红色，无毛。叶轴及叶柄均纤细，有小叶 5 ～ 13，小叶薄纸质或纸质，卵状披针形或卵形，长 6 ～ 12 cm，宽 2.5 ～ 4.5 cm，顶部长渐尖，基部阔楔形，一侧斜尖，叶缘有细钝齿和缘毛，叶面无毛或中脉有疏短毛，叶背仅基部中脉两侧密被长柔毛，秋季落叶前叶色由绿转黄而明亮，毛被大多脱落。花序顶生；萼片细小，阔卵形，长约 1 mm；花瓣紫绿色，长 3 ～ 4 mm；雄花的雄蕊比花瓣长，退化雌蕊短小。果圆球形，蓝黑色，通常有 5 ～ 10 浅纵沟。花期 5—6 月，果期 9—10 月。

▲ 黄檗枝条（果期）

▼ 黄檗内皮

▼ 市场上的黄檗内皮

生　　境　散生于肥沃、湿润、排水良好的林中河岸、谷地、低山坡、林缘及杂木林中。

分　　布　黑龙江五常、阿城、尚志、宁安、东宁、海林、延寿、穆棱、方正、饶河、宝清、勃利、伊春、汤原、桦川、桦南、通河、萝北、逊克、黑河市区、塔河等地。吉林长白山各地。辽宁建昌、绥中、北镇、义县、铁岭、西丰、开原、昌图、新宾、清原、沈阳、抚顺、本溪、营口、岫岩、海城、桓仁、宽甸、丹东市区、庄河、瓦房店、凌源等地。内蒙古鄂伦春旗、扎兰屯、科尔沁左翼后旗等地。河北。朝鲜、俄罗斯（西伯利亚中东部）、日本。

采　　制　在立夏至夏至期间，在被砍伐的树上剥皮，去掉木栓层后，除去粗皮，晒干。切丝生用，或盐水炒用。

性味功效　味苦，性寒。有清热燥湿、泻火除蒸、解毒的功效。

主治用法　用于热痢、泄泻、消渴、黄疸、淋浊、肠炎、前列腺炎、痔疮、梦遗、便血、赤白带下、脚气、骨蒸劳热、目赤肿痛、急性结膜炎、口舌生疮、疮痒肿毒、烧烫伤、黄水疮及疥癣等。水煎服或入丸、散。外用适量干品研末调敷患处或煎水浸渍。脾胃虚寒者禁用。

用　　量　7.5～15.0 g。外用适量。

市场上的黄檗嫩叶

▲ 黄檗植株

黄檗花（后期）

▲黄檗枝条（花期）

▼黄檗种子

▼黄檗树干

附　方

（1）治细菌性痢疾、肠炎：黄檗9g，蒲公英15g。水煎服。

（2）治烧烫伤：黄檗、地榆、白及各等量。焙干研粉，以芝麻油调成稀糊状，外敷创面。

（3）治慢性皮肤溃疡：黄檗研细粉，将溃疡面洗净，撒上药粉，用消毒纱布覆盖。

（4）治黄水疮：黄檗、煅石膏各50g，红升丹10g，枯矾2g。共研细粉，用芝麻油调涂患处。每日1～2次。经2～3d局部见新皮时，用量酌减，继续涂用5～7d。或用黄檗粉、氧化锌粉各等量，以芝麻油调成膏，涂患处，每日1～2次。或单用黄檗煎水，以纱布蘸药液每日擦敷数次。

（5）治流行性结膜炎：制成质量分数为50%的黄檗煎液，用清洁纱布浸湿洗眼约5min，每日1次。

（6）治急性腮腺炎：黄檗末加等量石膏粉，水调成糊状，贴放纱布块上，外敷患处。干则加水，保持湿润，每日换1～2次药。

（7）治男子阴疮损烂：黄檗煎水外洗，外涂白蜜。或用黄连、黄檗各等量，研末。另煮肥猪肉汁，浸渍患处后再用上述药粉撒敷。

（8）治奶发、诸痈疽发背及妒乳：捣黄檗末，过筛后加上鸡蛋清调和，厚厚外敷，干则重换。

（9）治肺壅、鼻中生疮及肿痛：
黄檗、槟榔各等量，捣为末，以猪
脂调敷之。

（10）治下阴自汗、头晕腰酸：黄
檗15g，苍术20g，川椒30粒。
加水2000 ml，煎至600 ml。每次
100 ml，一日3次，2 d服完。

（11）治外伤出血：黄檗、栀子各等
量。研成细末，用飞罗面粉打浆，将
粉掺入搅黏，外敷伤口，有良效（辽
宁抚顺民间方）。

（12）治上火头痛：黄檗果实捣碎成
糊状，外敷太阳穴上（辽宁桓仁民间
方）。

（13）治上火头痛、眼疾：鲜黄檗
皮捣烂成黏糊状，外敷头上（辽宁
本溪民间方）。

（14）治老年慢性气管炎：黄檗
果25g。水煎至60 ml，每次服
20 mg，每日3次。连服数日。

附 注

（1）果实入药，有止咳、祛痰的功效。
可治疗哮喘、咳嗽、慢性气管炎等。

（2）本品为《中华人民共和国药典》
（2020年版）收录的药材，也为东
北地道药材。

◎参考文献◎

[1] 江苏新医学院. 中药大辞典
    （下册）[M]. 上海：上海科
    学技术出版社，1977：2031-
    2036，2072.

[2] 朱有昌. 东北药用植物[M]. 哈
    尔滨：黑龙江科学技术出版社，
    1989：658-690.

[3]《全国中草药汇编》编写组. 全
    国中草药汇编(上册)[M]. 北京：
    人民卫生出版社，1975：769-
    770.

▲ 黄檗花序

▲ 黄檗果实

▲ 黄檗花（前期）

▲青花椒枝条（花期）

花椒属 *Zanthoxylum* L.

青花椒 *Zanthoxylum schinifolium* Sieb. et Zucc.

▲青花椒种子

别　　名 山花椒

俗　　名 香椒子　崖椒　野椒　青椒　狗椒　狗椒棘子

药用部位 芸香科青花椒的果皮及种子。

原 植 物 落叶灌木，高1～2mm；茎枝有短刺，刺基部两侧压扁状，嫩枝暗紫红色。叶有小叶7～19；小叶纸质，对生，几无柄，位于叶轴基部的常互生，其小叶柄长1～3mm，宽卵形至披针形，长5～10mm，宽4～6mm，稀长达70mm，宽25mm，顶部短至渐尖，基部圆形或宽楔形，两侧对称，有时一侧偏斜，油点多或不明显，叶面有在放大镜下可见的细短毛或毛状突体，叶缘有细裂齿，中脉至少中段以下凹陷。花序顶生，萼片及花瓣均5；花瓣淡黄白色，长约2mm；雄花的退化雌蕊甚短，2～3浅裂；雌花有心皮3个，很少4或5个。分果片红褐色，顶端几无芒尖，油点小。花期7—8月，果期9—10月。

▲青花椒树干

▲青花椒枝条（果期）

▲青花椒花（侧）

▲青花椒果实

▲市场上的青花椒果实

生　　境　生于山坡疏林中、灌木丛中及岩石旁等处，常聚集成片生长。

分　　布　辽宁丹东市区、宽甸、凤城、营口、鞍山、庄河、瓦房店、大连市区、长海、绥中、朝阳、北票、建昌、兴城、义县等地。华北、西北、华中、华南、西南。朝鲜、日本。

采　　制　秋季下霜前，采收果实用手反复搓，去掉杂质，分别获取果皮和种子。

性味功效　果皮：味辛，性温。有温中散寒、燥湿杀虫、行气止痛的功效。种子：味苦、辛，性温。有温中散寒、燥湿杀虫、行气止痛的功效。

主治用法　果皮：用于胃腹冷痛、呃逆、咳嗽气逆、风寒湿痹、疝痛、呕吐、泄泻、蛔虫病、蛲虫病、血吸虫病、丝虫病、牙痛、阴痒、疮疥、脂溢性皮炎。水煎服或入丸、散。外用研末调敷或煎水浸洗。种子：用于水肿胀满、痰饮喘逆等。水煎服或入丸、散。

用　　量　果皮：1.50 ~ 7.54 g。种子：2.5 ~ 4.0 g。

附　　方

（1）治慢性喘息性气管炎：青花椒种子研粉过筛，装胶囊或制成片剂内服，每日 2 ~ 3 次，每次量相

▲青花椒花

当于生药 5.0 ~ 7.5 g。10 d 为一个疗程。

（2）治胃腹冷痛：青花椒、干姜各 10 g，党参 20 g。煎后去渣，加入饴糖少许，温服。

（3）治蛔虫性肠梗阻：青花椒 15 g，芝麻油 200 g。将芝麻油放锅中煎熬，投入花椒至微焦为止，捞出冷却，去花椒浮油，一次服完。如梗阻时间过长，中毒症状明显，并有肠坏死或有阑尾蛔虫可能者，皆不宜服用。

（4）治早、中期血吸虫病：青花椒去椒目及杂质，小火微炒约 10 min，磨成细粉，装入胶囊，每粒含量为 0.4 g。成人每日 5 g（儿童酌减），分 3 次服。20 ~ 25 d 为一个疗程。

（5）治丝虫病：青花椒用小火炒焦或在烤箱内烤焦（不可炭化），磨成细粉装入胶囊内。每次服 5 g，每日 3 次。6 d 为一个疗程。按病情可增加药量和疗程。

（6）治脂溢性皮炎：青花椒（炒）100 g，轻粉（微炒），枯矾（煅）、铜绿（炒）各 50 g。共研细末，调芝麻油擦患处，每日 2 次。

（7）用于回乳：青花椒 25 ~ 40 g。用冷水约 400 ml 浸泡，煎至 250 ml，加入红糖 50 ~ 100 g，趁热顿服。每日 1 剂，一般服 2 ~ 3 剂。

（8）治头上白秃：青花椒末，猪脂调敷。

（9）治疥疮、血疮：青花椒叶、松叶、金银花各等量。煎水洗浴。

（10）治蛲虫病：青花椒 50 g。加水 1 L，煮沸 40 ~ 50 min，过滤。取微温滤液 25 ~ 30 ml，进行保留灌肠，每日 1 次，连续 3 ~ 4 次。

附　注　本品为《中华人民共和国药典》（2020 年版）收录的药材。

◎参考文献◎

[1] 朱有昌．东北药用植物 [M]．哈尔滨：黑龙江科学技术出版社，1989：661-663．

[2] 《全国中草药汇编》编写组．全国中草药汇编(上册) [M]．北京：人民卫生出版社，1975：447-448．

[3] 江纪武．药用植物辞典 [M]．天津：天津科学技术出版社，2005：869．

▲ 臭椿植株

苦木科 Simaroubaceae

本科共收录 2 属、2 种。

臭椿属 *Ailanthus* Desf.

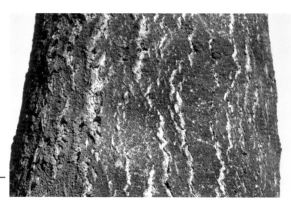

▲ 臭椿树干

臭椿 *Ailanthus altissima*（Mill.）Swingle

别　　名	樗
俗　　名	山樗树

药用部位　苦木科臭椿根皮（入药称"樗白皮"）和果实（入药称"凤眼草"）。

原植物　落叶乔木，高可达 20 余米，树皮平滑而有直纹。奇数羽状复叶，长 40 ~ 60 cm，叶柄长 7 ~ 13 cm，有小叶 13 ~ 27；小叶对生或近对生，纸质，卵状披针形，长 7 ~ 13 cm，宽 2.5 ~ 4.0 cm，基部偏斜，两侧各具 1 或 2 个粗锯齿，齿背有腺体 1 个，柔碎后具臭味。圆锥花序长 10 ~ 30 cm；花淡绿色，花梗长 1.0 ~ 2.5 mm；萼片 5，覆瓦状排列，裂片长 0.5 ~ 1.0 mm；花瓣 5，长 2.0 ~ 2.5 mm，基部两侧被硬粗毛；雄蕊 10，花丝基部密被硬粗毛，雄花中的花丝长于花瓣，雌花中的花丝短于花瓣；花药长圆形；心皮 5，花柱黏合，柱头 5 裂。翅果长椭圆形，长 3.0 ~ 4.5 cm，宽 1.0 ~ 1.2 cm。花期 5—6 月，果期 9—10 月。

▲ 臭椿枝条

生 境　生于山坡、路旁及农田附近。

分 布　辽宁丹东、本溪、鞍山市区、岫岩、盖州、庄河、瓦房店、大连市区、营口市区、兴城、义县、凌源、建昌、北票等地。全国绝大部分地区（除黑龙江、吉林、新疆、青海、宁夏、甘肃和海南外）。朝鲜、日本。

采 制　春、秋季采挖根，去净外面粗皮和其中木心，切丝晒干。秋季采摘果实，除去杂质，晒干。

性味功效　根皮：味苦、涩，性寒。有清热、燥湿、涩肠、止泻、止血、杀虫的功效。果实：味苦、涩，性寒。有清热利尿、止痛、止血的功效。

主治用法　根皮：用于慢性痢疾、肠炎、便血、遗精、崩漏、白带异常、功能性子宫出血、蛔虫病等。水煎服，研末或入丸、散。外用煎水洗或熬膏涂。果实：用于胃痛、便血、尿血、痢疾、阴道滴虫。水煎服。外用煎水冲洗。

用 量　根皮：10 ~ 20 g。果实：5 ~ 15 g。外用适量。

附 方

（1）治久痢、便血：臭椿根皮焙干研粉，每服 15 g，温开水送下，或制成面糊丸如黄豆大，滑石粉为衣，每服 20 粒，每日 3 次。

（2）治湿热白带：臭椿果实、益母草各等量。共研细粉，水泛为丸，每服 15 g，每日 2 ~ 3 次。

▲ 臭椿叶痕

▲ 臭椿花序

▲ 臭椿果实

（3）治滴虫性阴道炎：臭椿皮 25 g。水煎服。另用千里光 50 g，薄荷 25 g，蛇床子 25 g。煎水外洗。

（4）治遗精：良姜 15 g（烧灰存性），黄檗、芍药各 10 g（烧灰存性），臭椿根皮 75 g。上为末，面糊丸如梧桐子大。每服 30 丸，空心茶汤下。

（5）治赤白带下、膀胱炎及尿道感染：川柏、臭椿皮、知母、白术、生甘草、泽泻、生黄芪片各等量。水煎服。

（6）治赤白带下、腹痛：樗树皮 75 g，炮姜炭、白芍、炒黄檗各 10 g。研末或做水丸。每服 15 g，白开水送服，每日 2 次。又方（单用于赤白带下）：臭椿皮、鸡冠花各 26 g。水煎服。

（7）治慢性痢疾：臭椿皮 200 g。焙干，研末，
每服 15 g，白开水送服，每日 2 次。

（8）治大便带血：凤眼草 100 g。微炒，研末，每服 5 ~ 10 g，白开水或米汤送服，每日 2 次。

（9）治痔疮：臭椿皮 15 g，蜂蜜 50 g。水煎服。

（10）治疥癣：臭椿皮适量。煎水洗患处。

附　　注　本品为《中华人民共和国药典》（2020 年版）收录的药材。

◎ 参考文献 ◎

[1] 江苏新医学院. 中药大辞典（上册）[M]. 上海：上海科学技术出版社，1977：490.

[2] 江苏新医学院. 中药大辞典（下册）[M]. 上海：上海科学技术出版社，1977：2587-2589.

[3] 朱有昌. 东北药用植物 [M]. 哈尔滨：黑龙江科学技术出版社，1989：663-665.

[4]《全国中草药汇编》编写组. 全国中草药汇编（上册）[M]. 北京：人民卫生出版社，1975：711.

▲ 苦树植株

苦树属 *Picrasma* Bl.

苦树 *Picrasma quassioides*（D. Don）Benn.

别　　名	苦木　黄楝树
俗　　名	苦皮树　臭辣树
药用部位	苦木科苦树干燥根及茎皮。

原 植 物　落叶乔木，高达 10 余米；树皮紫褐色，平滑，有灰色斑纹，全株有苦味。叶互生，奇数羽状复叶，长 15 ～ 30 cm；小叶 9 ～ 15，卵状披针形或广卵形，边缘具不整齐的粗锯齿，除顶生叶外，其余小叶基部均不对称。花雌雄异株，组成腋生复聚伞花序，花序轴密被黄褐色微柔毛；萼片小，通常 5，偶 4，卵形或长卵形，外面被黄褐色微柔毛，覆瓦状排列；花瓣与萼片同数，卵形或阔卵形，两面中脉附近有微柔毛；雄花中雄蕊长为花瓣的 2 倍，与萼片对生，雌花中雄蕊短于花瓣；花盘 4 ～ 5 裂；心皮 2 ～ 5，分离，每心皮有胚珠 1。核果成熟后蓝绿色，种皮薄，萼宿存。花期 5—6 月，果期 8—9 月。

生　　境　生于湿润肥沃的山坡、山谷及路旁等处。

分　　布　吉林集安。辽宁宽甸、桓仁、丹东市区等地。华南、西南。河北、河南、山东、山西。朝鲜、尼泊尔、不丹、印度。

▲ 市场上的苦树皮

▲ 苦树枝条

▼ 苦树花

▼ 苦树树干

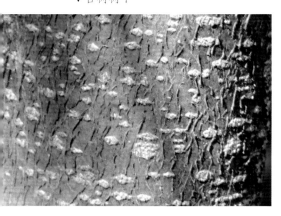

采　　制　　春、秋季采挖根，除去杂质，晒干或阴干。春、夏、秋三季剥去树皮，除去杂质，晒干或阴干。

性味功效　　味苦、涩，性寒。有毒。有清热解毒、燥湿杀虫的功效。

主治用法　　用于上呼吸道感染、风热感冒、咽喉肿痛、肺炎、急性胃肠炎、痢疾、腹泻下痢、胆道感染、疮疖、疥癣、湿疹、水火烫伤、毒蛇咬伤。水煎服。外用煎水洗或研末敷。

用　　量　　5～15g。外用适量。

附　　方

（1）治急性化脓性感染：苦树皮2份，金樱根1份。水煎3次，第一次煮沸2h，第二、三次各煮沸1.5h，过滤，合并3次滤液，浓缩成膏，外敷。

（2）治细菌性痢疾：苦树皮研粉，每次1～3g，每日3～4次；或用苦树木质部15～25g，每日1～2次煎服。

（3）治烧伤和外伤：用质量分数为10%～20%的苦树皮煎液洗涤创面，涂以质量分数为5%～30%的苦树皮软膏或撒布粉剂。对皮肤黏膜无刺激性，可使肉芽生长快、伤口愈合迅速。

附　　注

（1）本品有一定毒性，内服不宜过量。孕妇慎服。

（2）本品为《中华人民共和国药典》（2020年版）收录的药材。

▲苦树花序（浅绿色）

◎参考文献◎

［1］江苏新医学院．中药大辞典（上册）[M].上海：上海科学技术出版社，1977: 1294-1295.

［2］朱有昌．东北药用植物 [M].哈尔滨：黑龙江科学技术出版社，1989: 665-666.

［3］《全国中草药汇编》编写组．全国中草药汇编（上册）[M].北京：人民卫生出版社，1975: 514-515.

▲苦树果实

▲苦树花序（淡黄色）

▲ 小扁豆植株（花粉紫色）

▲ 小扁豆果实

远志科 Polygalaceae

本科共收录 1 属、4 种。

远志属 *Polygala* L.

小扁豆 *Polygala tatarinowii* Regel

别　　名　小远志

药用部位　远志科小扁豆的全草及根。

原 植 物　一年生直立草本，高 5 ~ 15 cm。茎具纵棱。单叶互生，阔椭圆形，长 0.8 ~ 2.5 cm，宽 0.6 ~ 1.5 cm，叶柄长 5 ~ 10 mm，稍具翅。总状花序顶生，花密，花后延长达 6 cm；花长 1.5 ~ 2.5 mm，具小苞片 2，萼片 5，绿色，外面 3 枚小，卵形或椭圆形，内面 2 枚花瓣状，长倒卵形；花瓣 3，红色至紫红色，侧生花瓣较龙骨瓣稍长，2/3 以下合生，龙骨瓣顶端圆形，具乳突；雄蕊 8，花丝 3/4 以下合生成鞘，

▲ 小扁豆植株（花粉红色）

▲ 小扁豆花序

花药卵形；子房圆形，直径约 0.5 mm，花柱长约 2 mm，弯曲，向顶端呈喇叭状，具倾斜裂片，柱头生于下方的短裂片内。蒴果扁圆形，直径约 2 mm，顶端具短尖头，具翅。花期 7—8 月，果期 8—9 月。

生　境　生于山坡草地、杂木林下或路旁草丛中。

分　布　吉林通化。辽宁本溪、新宾、清原、岫岩等地。华北、西北、华东、华中、西南。朝鲜、日本、马来西亚、菲律宾。

采　制　夏、秋季采收全草，除去杂质，洗净，晒干。春、秋季采挖根，除去泥土，洗净，晒干。

性味功效　有益智安神、散郁、化痰止咳、清热解毒、截疟、补虚弱的功效。

主治用法　用于神经衰弱、心悸健忘、失眠、支气管炎、痰多咳嗽、感冒发热、疟疾等。水煎服。

用　量　适量。

◎ 参考文献 ◎

[1] 中国药材公司 . 中国中药资源志要 [M]. 北京：科学出版社，1994: 665.

[2] 江纪武 . 药用植物辞典 [M]. 天津：天津科学技术出版社，2005: 627.

▲远志植株（岩生型）

▲远志花

▲远志花（侧）

远志 *Polygala tenuifolia* Willd.

别　　名　小草　细叶远志

俗　　名　光棍茶　小鸡腿　小鸡根

药用部位　远志科远志的干燥根、根皮及全草。

原植物　多年生草本，高15～50cm；主根粗壮，韧皮部肉质，浅黄色，长达10余厘米。茎多数丛生，具纵棱槽。单叶互生，线形至线状披针形，长1～3cm，宽0.5～3.0mm，先端渐尖。总状花序呈扁侧状生于小枝顶端，细弱，长5～7cm，略俯垂，少花；苞片3，披针形；萼片5，宿存，外面3枚线状披针形，里面2枚花瓣状，带紫堇色，基部具爪；花瓣3，紫色，侧瓣斜长圆形，基部与龙骨瓣合生，龙骨瓣较侧瓣长，具流苏状附属物；雄蕊8，花丝3/4以下合生成鞘，3/4以上两侧各3枚合生，花丝具狭翅，花药长卵形；子房扁圆形，花柱弯曲。蒴果圆形，顶端微凹。花期5—6月，果期8—9月。

生　　境　生于多砾山坡、草地、林下及灌丛中。

分　　布　黑龙江大庆市区、安达、肇源、肇东、肇州、泰来、杜尔伯特、呼兰、龙江、宾县、富裕、阿城、五常、依兰、富锦、集贤、宁安、东宁、林甸、宝清、萝北、黑河等地。吉林长白山及西部草原各地。辽宁凌源、建昌、建平、北票、喀左、义县、

▲ 远志植株（草原型）

▲ 远志根

彰武、绥中、葫芦岛市区、北镇、昌图、开原、西丰、桓仁、本溪、沈阳、营口市区、盖州、大连市区等地。内蒙古额尔古纳、牙克石、扎兰屯、科尔沁右翼前旗、科尔沁右翼中旗、科尔沁左翼中旗、科尔沁左翼后旗、奈曼旗、扎赉特旗、扎鲁特旗、突泉、克什克腾旗、巴林左旗、巴林右旗、翁牛特旗、阿鲁科尔沁旗、喀喇沁旗、东乌珠穆沁旗、西乌珠穆沁旗、苏尼特左旗、苏尼特右旗、镶黄旗、正镶白旗、太仆寺旗、正蓝旗、多伦等地。华北、西北、华中。朝鲜、俄罗斯、蒙古。

采　制　春、秋季采挖根，除去残茎和泥沙，洗净，晒干。趁新鲜时，较粗的根抽去木心，名"远志筒"；较细的根抽去木心，名"远志肉"；最细的根不去木心，名"远志棍"。生用或炙用。夏、秋季采收全草，除去杂质，洗净，晒干。

性味功效　根及根皮：味苦、辛，性微温。有安神益智、祛痰解郁、强壮、消肿的功效。全草：味苦，性温。有安神、化痰、消肿的功效。

主治用法　根及根皮：用于失眠多梦、健忘惊悸、神志恍惚、咳痰不爽、支气管炎、膀胱炎、梦遗、疮疡肿毒、乳房肿痛、刺激子宫收缩等。水煎服。全草：用于惊悸健忘、咳嗽多痰、痈疮肿毒。水煎服。心肾有火、阴虚阳亢者忌服。

用　量　根及根皮：5～15 g。全草：15～25 g。

附　方
（1）治慢性气管炎：远志、甘草、曼陀罗浸膏、蜂蜜各等量。制成丸，每丸重 0.5 g，每日早、晚各服 1 丸。10 d 为一个疗程。
（2）治神经衰弱、心悸、失眠：远志 15 g，五味子 10 g，糖适量。水煎服或制成糖浆服。

▲ 远志种子

▲ 远志果实

（3）治气郁成鼓胀、诸药不效：远志肉 120 g（麸拌炒）。每日取 25 g，加生姜 3 片煎服。

（4）治遗精：远志 15 g，莲肉 10 g，生龙骨 20 g，菟丝子 20 g，水煎服。

▲ 远志花（白色）

附　注　本品为《中华人民共和国药典》（2020年版）收录的药材。

◎ 参考文献 ◎

［1］江苏新医学院 . 中药大辞典（上册）[M].
　　上海：上海科学技术出版社，1977: 242;
　　1028-1030.

［2］朱有昌 . 东北药用植物 [M]. 哈尔滨：黑龙
　　江科学技术出版社，1989: 671-672.

［3］《全国中草药汇编》编写组 . 全国中草药
　　汇编（上册）[M]. 北京：人民卫生出版社，
　　1975: 418.